高潜水位采煤沉陷区复垦生态效应研究

谭 敏 董霁红 渠俊峰 郝 明 著

合肥工业大学出版社

图书在版编目(CIP)数据

高潜水位采煤沉陷区复垦生态效应研究/谭敏等著．—合肥：合肥工业大学出版社，2023.6

ISBN 978-7-5650-6443-2

Ⅰ.①高…　Ⅱ.①谭…　Ⅲ.①煤矿开采—采空区—复土造田—生态恢复—研究
Ⅳ.①TD88②X322.2

中国国家版本馆 CIP 数据核字(2023)第 199222 号

高潜水位采煤沉陷区复垦生态效应研究

谭　敏　董霁红　渠俊峰　郝　明　著　　　　责任编辑　郭　敬

出　版	合肥工业大学出版社	版　次	2023 年 6 月第 1 版
地　址	合肥市屯溪路 193 号	印　次	2023 年 6 月第 1 次印刷
邮　编	230009	开　本	787 毫米×1092 毫米　1/16
电　话	理工图书出版中心：0551-62903004	印　张	12.75
	营销与储运管理中心：0551-62903198	字　数	295 千字
网　址	press.hfut.edu.cn	印　刷	安徽联众印刷有限公司
E-mail	hfutpress@163.com	发　行	全国新华书店

ISBN 978-7-5650-6443-2　　　　定价：38.00 元

如果有影响阅读的印装质量问题，请与出版社营销与储运管理中心联系调换。

前　言

高潜水位矿区是我国重要的煤炭产地，在推动社会发展和经济建设中发挥着至关重要的作用。但是长期的煤炭井工开采带来了一系列生态问题，制约着社会的可持续发展。高潜水位采煤沉陷区生态修复迫在眉睫。

煤矸石充填、湖泥充填、混推平整等是目前在采煤沉陷非积水区广泛应用的复垦模式，净化型湿地、渔业养殖塘、光伏湿地、渔光互补湿地等为目前采煤沉陷积水区生态修复的主要模式。不同修复模式下土壤重金属污染情况、水环境因子变化规律、温室气体释放特征、微生物群落组成等尚不清楚，其特征及影响因素亟须明确。

基于此，本书以典型高潜水位矿区所在县——沛县为例，从土壤环境、水环境、大气环境、微生物等方面，开展高潜水位采煤沉陷区复垦生态效应研究。期望本研究成果可为面向“双碳”目标的采煤沉陷区国土空间格局优化方式的选择提供数据支撑。

全书共分为10章。第1章介绍了高潜水位矿区的生态环境现状。第2章分析了典型高潜水位矿区土壤重金属污染。第3章介绍了高潜水位采煤沉陷区识别及复垦。第4章探讨了不同复垦模式下采煤沉陷区的土壤生态效应。第5章分析了不同修复模式下采煤沉陷积水区的水生态效应。第6章研究了高潜水位采煤沉陷区复垦微生物效应。第7章分析了不同修复模式下采煤沉陷积水区的温室效应。第8章介绍了高潜水位采煤沉陷区重金属健康风险评估。第9章提出了一种顾及未来沉陷影响的沉陷区复垦方式和用地类型的适宜性评价方法，实现了沉陷非积水区和积水区开发再利用方式的适宜性评价。第10章为结论。

本书受到中国矿业大学英才培育工程专项“遥感大数据信息处理、应用与可信度估计”(2021YCPY0113)、国家自然科学基金青年项目“不同修复模式下高潜水位采煤沉陷积水区甲烷释放机制及减排路径”(52204190)、徐州市生态文明建设科研专项“矿区水土资源调查利用与生态重建研究——以徐州市为例”(2019ZD03)、国家自然科学基金面上项目“基于倾斜摄影的城市不透水面精细化提取方法”(41971400)等的联合资助,作者谨致谢意。

在撰写过程中,作者引用或参考了国内外相关领域专家学者的文献、研究成果,在此对文献作者表示诚挚的敬意。在本书成稿之际,我们向所有为本书出版提供帮助和支持的同仁表示衷心的感谢。

由于作者的水平有限,本书中难免存在疏漏,敬请各位专家和读者批评指正。

著　者

2023 年 5 月

目　　录

1. 高潜水位矿区的生态环境现状

1.1 高潜水位煤矿分布

现阶段煤炭依旧是世界上很多国家的主要能源[1]，其在能源产业中的主要地位短期内无法改变。2019 年，中国煤炭产量占全球总量的 47.3%[2]，其中 90%以上的煤炭开采方式为井工开采[3]。

我国高潜水位矿区主要分布于中东部五省，分别为江苏省、山东省、安徽省、河南省和河北省。五个省份的地理坐标介于北纬 29°41′～42°40′、东经 110°21′～122°43′，地下水埋深较浅，一般在 1.5～15 m[4]。区域内平均海拔低于 50 m，东部沿海平原地区海拔更低，普遍低于 10 m。五省具有十分丰富的煤炭资源，且多为优质煤，其中石炭二叠纪煤田占全国储量的 80%以上。高潜水位煤矿分布详见表 1-1 所列。

表 1-1 高潜水位煤矿分布表

省 份	城 市
山东省	济宁、枣庄、泰安、龙口、菏泽
江苏省	徐州
安徽省	淮北、淮南、亳州、涡阳
河南省	平顶山、郑州、焦作、许昌、三门峡、永城
河北省	石家庄、邯郸、张家口

区域内涵盖 4 个大型煤炭生产基地，分别是山东省的鲁西基地、安徽省的两淮基地、河南省的河南基地和河北省的冀中基地。高潜水位煤矿基地及其主要矿区名单详见表 1-2 所列。据统计，2021 年全国规模以上煤炭企业原煤产量为 40.7 亿吨，其中安徽、河南、山东、河北、江苏产量分别达到 11274.1 万 t、9335.5 万 t、9312.0 万 t、4641.0 万 t 和 934.3 万 t，在推动社会发展和经济建设中发挥着至关重要的作用。

表 1-2 高潜水位煤矿基地及其主要矿区名单

煤炭基地	主要矿区名单
两淮基地	淮南、淮北矿区
鲁西基地	兖州、济宁、新汶、枣滕、龙口、淄博、肥城、巨野、黄河北矿区
河南基地	鹤壁、焦作、义马、郑州、平顶山、永夏矿区
冀中基地	峰峰、邯郸、邢台、开滦、平原矿区

1.2 高潜水位煤矿开采带来的环境问题

高潜水位矿区采煤方式为井工开采，该区域煤矿开采历史长、开发强度大，具有采深与采厚比较大、累计采出煤层厚度大、地表下沉系数大、沉陷面积与深度大等特点。[5]长期采煤形成地下采空区，达到一定程度时会导致地表沉陷，这不仅破坏了地形、地貌，还改变了地下水赋存条件，破坏了生态环境、经济与社会的原有平衡。[6]据中国煤炭学会的不完全统计，我国高潜水位矿区被破坏耕地中90%以上位于高产农业区[4]，这直接影响了我国的粮食产量和粮食安全，给当地的可持续发展、生态文明建设和社会稳定埋下了巨大的隐患。此外，高潜水位地区因其本身地下水位比较高，一般情况下，下沉1～2 m即出现积水，这导致大量高产优质耕地常年积水或季节性积水[7]，造成耕地、林地等被淹没，导致水热循环、物质、能量等受到人为扰动，打破了原水土资源配置的相对平衡，影响了土地生产力，破坏了生态环境，不仅造成了巨大的经济损失，还会带来很多的生态问题，沉陷区重金属污染就是其中不容忽视的一点。[8]

1. 地表沉陷

煤炭井工开采导致地表沉陷、积水、矸石压占和土地损毁等，使土地利用结构和功能发生了变化，生态系统由陆生生态系统演替为水陆复合生态系统。大量采煤沉陷区的存在使得宝贵的土地资源长期处于闲置或者低效利用状态，经济产出效益差，不能体现出资源的最大利用价值。

采煤沉陷区很大一部分分散在各田块中间，加剧了耕地的零碎化程度，不能实现耕地的集中连片，不利于高标准农田的建设，阻碍了农业现代化的实现。沉陷引起多处地面积水，形成积水区，大片土地没入水中，永久丧失土地的生产功能，只能进行少量的水产养殖；非积水沉陷地地形起伏凸凹，水浸区、浅滩与高滩交错，导致农田荒芜，产出能力严重下降，无法正常耕作。另外，由于土地不断沉陷，致使农用排灌设施、道路、管道、通信等基础设施损毁严重，给当地居民正常生活造成极为不便的影响。此外，煤矿开采区村落密度较大，因煤矿开采而导致的地表下沉，迫使沉陷区村庄必须整体搬迁。房屋开裂现象严重，大片土地因没入水中而丧失土地生产功能，浅滩与高滩交错，无法正常耕作，严重影响当地的发展建设。

2. 景观破坏

采矿活动在影响土地利用类型变化的同时，也影响着矿区景观格局。矿区景观格局演变是以煤矿开采为原动力的时空变化过程。[9,10]煤矿开采造成植被破坏，改变了原有物种的生存环境。随着灌木、乔木等天然植被的减少，矿区由单一的陆生系统演变为水陆复合生态系统，沉陷积水区无规则地分布在原有农田等地，景观破坏程度逐渐增大。孙立颖等[9]分析了高潜水位矿区芦岭矿的土地利用景观格局变化。研究结果表明，受采矿活动的影响，采矿区景观破碎化程度增加，斑块分布不集中，景观格局朝着多样性发展。

3. 水资源扰动

在高潜水位矿区，煤矿开采不可避免地会对水资源产生扰动，显著改变流域水文循环，影响区域水资源供给等。[11]对水资源的扰动主要包含地表径流变化、地下水资源短缺、矿井水排放、水质污染等方面。

沉陷形成的积水会改变流域内地表径流的滞留时间，改变地层蓄水构造，影响流域水文循环路径，改变地表径流方向和汇水条件，导致地表水资源分布紊乱。[12]地表沉陷导致排水系统失灵，采煤沉陷引起的地表沉降和地裂缝使地表水沿裂缝渗入地下，从而使矿井水资源减少，潜水干涸、井泉断流。

采煤活动损害了含水岩组，可能导致地下水水位区域性下降，部分地下水断流或变道，形成大规模的降落漏斗。随着生产矿山开采深度和开采层位的进一步增加，地下水循环条件发生改变，严重时可导致地下水资源干涸。此外，地下水质也会受到影响。

在采煤过程中，地下水或地表水经裂隙渗入采煤巷道形成矿井水。高潜水位矿区矿井水主要来自顶底板砂岩，部分来自薄层灰岩，如徐州煤田、兖州煤田、新汶煤田等。[13]矿井水原水水质一般较好，但是在开采过程中，矿井水原水与煤层、岩层发生一系列物理、化学反应，使矿井水水质发生变化。矿井水水质的演化机制十分复杂，主要受到水文地质条件、水动力条件、采煤方式等综合因素的影响，具有显著的煤炭行业特征。[14]依据矿井水来源和水质特征，我们可以将矿井水分为洁净矿井水、高悬浮矿井水、高矿化度矿井水、酸性矿井水 4 种类型。一般情况下，矿井水的酸度、浊度、硬度、氟化物等超标，不可直接排放。

在我国东部平原矿区，地下潜水位较高，采煤历史悠久，扰动程度剧烈，采煤沉陷后会出现大规模采煤沉陷积水区。[15]研究发现，我国东部采煤沉陷积水率达 20%～40%，常年积水面积约为 20 万 ha。[16]由于回填复垦成本较高，只有很少的沉陷深度较浅的积水区被复垦为土地加以利用，其余大部分积水区长期处于积水状态[17]。沉陷水域一般为封闭或半封闭系统，水循环不畅，水体自净能力差。再加上周边大量的用于生产、生活和农业耕作的化肥、农药残留等点源、面源污染排入沉陷水域，这易造成水体富营养化[18]、重金属污染[19]等一系列生态问题。

采煤沉陷造成的水体污染问题被人们广泛关注。孔令健[20]以淮北市临涣矿采煤沉陷区地表水和地下水为研究对象，分析了水体的化学特征、水环境质量、重金属污染情况等，结果发现临涣矿沉陷区地表水体总溶解性固体物质（TDS）平均质量浓度较高，地表水质总体达到Ⅲ类水水质标准，化学需氧量（COD）、总氮（TN）、铬（Cr）等超出地表水Ⅳ类标准，超标较为严重。地表水营养盐含量较高，可能存在较大的富营养化风险。范廷玉等[21]研究分析了淮南潘集开放型和封闭型采煤沉陷区地表水和浅层地下水中氮、磷的时空分布特征，研究发现采煤沉陷积水区富营养化的风险不容忽视。

4. 空气污染

煤矿生产与运输产生的大量有害气体及矿物灰尘会危害人体健康，影响空气质量。煤炭开采过程中，形成大量煤矸石，其长时间露天存放易风化、氧化，由此形成大量的灰尘和有毒有害气体，严重污染大气环境。

5. 土壤污染

地表倾斜影响耕地的正常灌溉，加剧土壤养分流失。在高潜水位地区，采煤沉陷使潜水位相对上升，蒸发量增大，加速土壤盐渍化；浅层土壤中含水量饱和或接近饱和，影响作物根系发育、促使病虫害侵袭。此外，沉陷区土壤重金属污染也是不可忽视的重要环境问题。在煤矿开采过程中，矿体暴露导致伴生元素被释放到土壤中，矿渣、尾矿无序堆放与不当处理也会造成重金属在土壤中富集，当富集量超过土壤自净能力时，便会造成土壤重金属污染。[22]众多专家学者研究了矿区重金属污染、肥力下降等问题。李芳等[23]研究了鲁西南地区煤矿周边农田耕层土壤中 Cr、Ni、Cu、Cd、Zn、Pb 重金属污染问题，结果发现，Ni 元素在小范围内轻度污染，Cd 元素存在轻度污染至中度污染。范廷玉等[24]以安徽省淮北矿区朱庄煤矿为研究对象，分析了高潜水位矿区地表拉张裂隙区土壤特性。研究发现，矿区采煤裂隙对土壤有效钾影响显著，土壤整体肥力属于瘦瘠到一般水平，斜坡水土流失与裂隙的拦截作用导致土壤有机碳在台阶区积累，土壤有效磷在低区积累，土壤有效钾在高区积累。根据徐蕾[25]、Tan M[26]等人的研究可知，沛县土壤存在一定的重金属富集情况，导致土地产出能力下降。

6. 地质灾害

高潜水位矿区地质环境复杂，采煤方式主要为走向长壁法，顶板管理为自动垮落法，顶板垮落导致围岩变形、塌落等问题，从而引发地下踩空沉陷、地裂缝等问题[27]。目前矿山开采次生地质灾害主要有地表沉陷、崩塌、滑坡（不稳定斜坡）等。崩塌、滑坡地质灾害隐患点随着时间推移，在降雨、冻胀、振动等多种因素作用下，有发生崩塌、滑坡的可能性，影响周边居民生命财产安全。此外，采煤沉陷区导致灌木、乔木等天然植被被破坏，水土保持能力逐渐减弱，由此可能引发水土流失等地质问题。

1.3 高潜水位煤矿开采对社会经济的影响

长期采煤导致高潜水位煤矿区地表沉陷，采煤沉陷区的水、热循环，物质、能量、信息的流动和交换等条件受到人为扰动，资源之间的时空匹配遭到破坏，生态环境被破坏，经济与社会条件失去原有的平衡，原水土资源配置的相对平衡发生改变。地表沉陷、积水使土地生产力严重下降，生态环境变差，经济效益衰减，严重影响了资源的可持续利用和社会经济的可持续发展。高潜水位煤矿开采对社会经济的影响主要表现在破坏基础设施、加剧人地矛盾、引发社会动荡等方面。

高潜水位采煤沉陷区的地表构筑物、生活基础设施等不同程度地被破坏，如道路路基、路面、桥梁出现裂缝、破碎等。交通设施的破坏易引发交通事故，给居民的出行带来安全隐患。此外，采煤沉陷区输电、供水、通信装置也会随着地表沉降被破坏，给矿区周边百姓生产、生活带来不便。积水区周边沉陷斜坡地发生季节性积水，农田水利设施等地表建（构）筑物破坏严重，房屋出现裂缝和倒塌，甚至被淹没。此外，采煤沉陷区的存在无法涵养水源及保护植被，破坏当地的生态环境，不利于社会主义新农村的建设。

我国中东部五省除了拥有丰富的煤炭资源，还是重要的粮、棉、油生产基地，是我国重要的煤粮复合区。[28,29]该区域长时间、高强度的煤炭开采，对耕地造成了极大的破坏，影响了农业生产，加剧了矿区人地矛盾，减少了农民的经济收入。[30]此外，重金属具有影响周期较长和不可生物降解等特点，将长期积累在土壤、沉积物、水体、大气、粮食作物和人体重要器官中。[31,32]当重金属富集量超过环境承载力时，重金属就会威胁人体及其他生物的健康。[33,34]

耕地的减少使矿区农民失去赖以生存的土地，没有稳定的收入来源导致失地农民不得不另谋生路。当失地农民数量较大且得不到有效安置时，可能造成社会动荡。此外，当失地农民与煤炭企业、当地政府就土地赔偿、安置等问题达不成统一意见时，争议、上访、聚众闹事时有发生，影响社会的和谐稳定。

2. 典型高潜水位矿区土壤重金属污染

矿区土壤重金属污染主要是指在矿产资源的开发、利用和运输过程中，释放到矿区土壤中的重金属元素的释放速度和总量超出了土壤自净能力，造成土壤生产功能、环境功能和生态功能受损。[35－37]重金属是很难降解的污染物之一，土壤中重金属的富集超标对生物体及生态系统具有较大的危害性[38]，不仅使地球生态环境遭到破坏[39]、作物减产且品质降低[37]，还会对人体的健康造成严重的危害[40－42]。因此，矿区土壤重金属污染将继续成为全球关注和研究的热点。

沛县是我国典型的高潜水位煤炭资源城市，拥有 8 座矿井，其中三河尖煤矿、沛城煤矿、龙固煤矿已关停。截至 2020 年底，沛县沉陷面积达到 8573.56 ha。且沛县煤炭开采历史长达 100 多年[4]，复垦方式多样，这为本书提供了完整的时间序列和多样化的研究样本。了解高潜水位煤矿区不同复垦方式和用地类型下土壤重金属的污染特征，有助于指导沉陷区生态复垦方向。

因此，本章以典型高潜水位矿区城市——沛县为例，重点分析煤矿城市土壤重金属时空分布特征、评价其污染程度、探究其污染来源，为高潜水位煤矿区土地利用和沉陷区复垦提供科学依据。

2.1 研究区概况

2.1.1 自然环境现状

1. 地理位置

沛县位于我国东部高潜水位地区江苏省徐州市，为江苏省北大门，地理坐标介于北纬 34°28′～34°59′，东经 116°41′～117°09′。全境南北长约 60 km，东西宽约 30 km，区域总面积约为 1806 km^2，下辖 4 个街道、13 个镇。沛县处于苏、鲁、豫、皖四省交界之地，东靠微山湖、昭阳湖，与山东省微山县相连，西北与山东鱼台县相接，西临徐州市丰县，南接徐州市铜山区。沛县位于淮海经济区中心位置，为徐州、枣庄、济宁、商丘、淮北五市经济辐射交汇点，是中国东部地区南北过渡带，又是东部沿海和西部腹地的重要结合部，具备资源、环境、区位、市场多重优势。

2. 气候条件

沛县属温带半湿润季风气候，其气候有长江流域与黄河流域的过渡性质，四季分明，冬季寒冷干燥，夏季炎热多雨、秋季天高气爽，春季天干多变。年均无霜期有 260 d，年均气温为 14.2 ℃，年均降水量为 816.4 mm，能满足作物一年两熟的热量要求。沛县年均湿度为

72%，最大冻土深度为 19 cm。沛县常年以东南风为主导风向，多年平均风速为 3.1 m/s，年均空气质量指数为 92。沛县月均气温和平均气温日差见表 2-1 所列。

表 2-1 沛县月均气温和平均气温日差表 单位：℃

月份	1	2	3	4	5	6	7	8	9	10	11	12	平均
月均气温	-0.4	2.2	7.9	14.8	20.4	25.2	27.1	26.3	21.5	15.6	8.2	1.8	14.2
平均气温日差	9.5	10	11	11.4	11.6	10.9	8.1	8.1	9.6	10.7	10.2	9.4	10

沛县年均日照时数为 2201.1 h。其中作物生长期的日照时数为 1972 h。在光能空间分布方面，年内日照率在 1 月最低，在 5 月下旬至 6 月中旬最高。进入雨季后，日照率明显下降，仅为 43%。7 月下旬至 8 月上旬雨季结束，光能升高，8 月下旬后光能逐渐减少。

3. 水文资源

沛县境内水资源较丰富，其水系属于淮河流域泗河水系。境内河网密布，因受地形影响，河流多自西南流向东北入湖。东西走向的主要河道有杨屯河、沿河、鹿口河等，南北流向的主要河道有大沙河、姚楼河、龙口河、徐沛河、苏北堤河、顺堤河等。其中直接经过城区的河流为徐沛河、沿河；姚楼河、大沙河、杨屯河、沿河、鹿口河为主要行洪干道，由西南向东北呈扇形，分散流入昭阳湖和微山湖。京杭运河、顺堤河、苏北堤河、徐沛运河、龙口河 5 条调度河则贯穿南北，构成河网。另有 54 条东西向大沟组成排水引水系统，从而构成沛县排、引、蓄、调的梯级河网。地下水资源储量约为 22.19 亿 m^3。

根据地下水含水介质赋存条件、水力特征，我们将沛县地下水分为松散岩类孔隙水，碳酸岩类裂隙溶洞水和碎屑岩类、变质岩类、侵入岩类裂隙水 3 种类型。地下水主要接受大气降水、灌溉水入渗和地下侧向径流补给，每年的 11 月到翌年的 2 月为低水位期，这一时期降水量小，因蒸发和开采而被消耗；3～4 月份水位因春雨和春灌而略有上升；6～9 月为全年主要降雨期，水位升高，最高水位在 8 月份。区域浅层地下水流向既受地形控制，又受构成含水介质物源方向的控制，在天然状态下总的趋势由西南流向东北，在区域浅层水开采状态下，地下水径流向农业灌溉地下水开采区运移。

4. 地形地质

沛县地势为西南高东北低，为典型的冲积平原形。沛县境内无山，全部为冲积平原，海拔由西南部的 41 m 降至东北部的 31.5 m 左右。地面坡降在 1/34～1/54，本区由一系列近东西向展布的隆起、坳陷及规模较大的断裂和褶皱组成。

沛县地层属华北地层区，除栖山镇有基岩露头外，其余皆被第四系所覆盖。区域基底地层为太古界片麻岩，其上断续沉积了一套华北陆台型盖层，发育特点：下寒武中奥陶、中石炭上二叠统地层直接覆盖于太古代泰山群地层之上，缺失元古代地层和上奥陶下石炭纪地层；中新生代只在一些凹陷中接受沉积。其中奥陶纪地层对铁矿的形成有主要影响，寒武纪地层则影响不大。岩浆活动主要为中生代中酸性岩浆岩侵入并分布于凹陷隆起带与拗陷带过渡部位。

5. 植被类型

沛县林地面积为 40 万亩(1 亩≈666.7 m^2),活立木蓄积量为 160 万 m^3。境内植物资源有 132 科 323 属 160 种,其中木本植物有 80 科 173 属 240 种,药用植物有 105 科 413 种。主要乔木类针叶树有松树、柏树、杉树,阔叶树有杨、柳、槐、桑、椿、榆、泡桐等。随着城市建设步伐加快,南方的香樟、蜀桧、栾树、朴树等引进城区。灌木类有白蜡条、杞柳条、紫穗槐等。果树类有桃、梨、苹果、石榴等。草本植物主要有荠菜、茅草、索索草、毛谷草、节节草等。水生植物有蓝藻、绿藻、黄藻、苦草等。农作物主要有小麦、水稻、大豆、玉米等。蔬菜类有白菜、萝卜、芹菜、大蒜等。

6. 土壤类型

研究区处于黄淮海夏玉米区,地面为第四系全新统现代沉积,厚度为 50～140 m。沛县土壤是以黄泛冲积物为其母质发育而成的,由西向东依次分布着沙壤土、两合土和淤土。沙壤土黏性差而透水性强,肥力较差,灌溉易板结。两合土呈淡黄或棕黄色,质地为轻壤至中壤,有机物含量较高,肥力高于沙壤土而低于淤土。淤土呈棕色或黑棕色,质地黏重、细腻,肥力好。

7. 煤矿分布

沛县拥有 8 座矿井(龙固煤矿、三河尖煤矿、龙东煤矿、姚桥煤矿、张双楼煤矿、徐庄煤矿、孔庄煤矿、沛城煤矿),是目前江苏省唯一的煤炭生产基地。已探明煤炭储量是 23.7 亿 t。[43] 自 1977 年以来,沛县共开采了 2.3 亿 t 原煤。经调研,沛城煤矿、龙固煤矿和三河尖煤矿已关停。沛县煤矿基本情况详见表 2-2 所列。

表 2-2 沛县煤矿基本情况

采矿权人	矿山名称	经济类型	登记资源储量/万 t	行政区位	开采规模	生产规模/(万 t/年)	矿业产值/万元	登记面积/ha	采矿权有效起止时间	目前状态
上海大屯能源股份有限公司	姚桥煤矿	股份有限公司	45156.38	沛县杨屯镇、山东省张楼乡	大型	300	135667.00	6375.81	2009-2-19 至 2029-4-1	开采中
	孔庄煤矿		21065.99	沛县大屯镇、沛城镇	中型	105	34730.72	4413.45	2000-4-1 至 2029-4-1	开采中
	龙东煤矿		8462.46	沛县龙固镇、杨屯镇、山东微山县张楼乡	中型	90	75584.31	2495.00	2011-2-23 至 2029-4-1	开采中
	徐庄煤矿		30051.23	沛县大屯镇、山东省微山县西平乡	中型	90	36729.70	3844.20	2003-8-26 至 2029-4-26	开采中

（续表）

采矿权人	矿山名称	经济类型	登记资源储量/万 t	行政区位	开采规模	生产规模/（万 t/年）	矿业产值/万元	登记面积/ha	采矿权有效起止时间	目前状态
徐州矿务集团有限公司	三河尖煤矿	国有企业	17702.20	沛县龙固镇	大型	120	73215.84	4350.09	2000-12-5 至 2030-12-5	已关停
	张双楼煤矿		24541.00	沛县安国镇	大型	120	42861.00	3786.28	2007-7-31 至 2030-12-5	开采中
华润天能徐州煤电有限公司	沛城煤矿	国有企业	5836.25	沛县沛城镇、张寨镇、栖山镇	中型	75	7317.36	4577.25	2010-4-28 至 2030-4-28	已关停
	龙固煤矿		3806.53	沛县龙固镇	中型	45	11150.36	1499.25	2010-3-4 至 2019-8-4	已关停

2.1.2 社会经济现状

2021 年，沛县户籍人口为 127.68 万人，地区生产总值达到 926.36 亿元，2022 年沛县实现地区生产总值 1012.23 亿元。由图 2-1 可以明显看出，2010—2021 年，沛县地区生产总值呈持续增长趋势，但 2017—2020 年增速逐渐放缓。煤炭产值一直是沛县第二产业的重要组成部分。2016 年 10 月，国家发展和改革委员会等出台了《关于支持老工业城市和资源型城市产业转型升级的实施意见》，推进资源型城市产业转型。沛县政府响应号召，关停部分

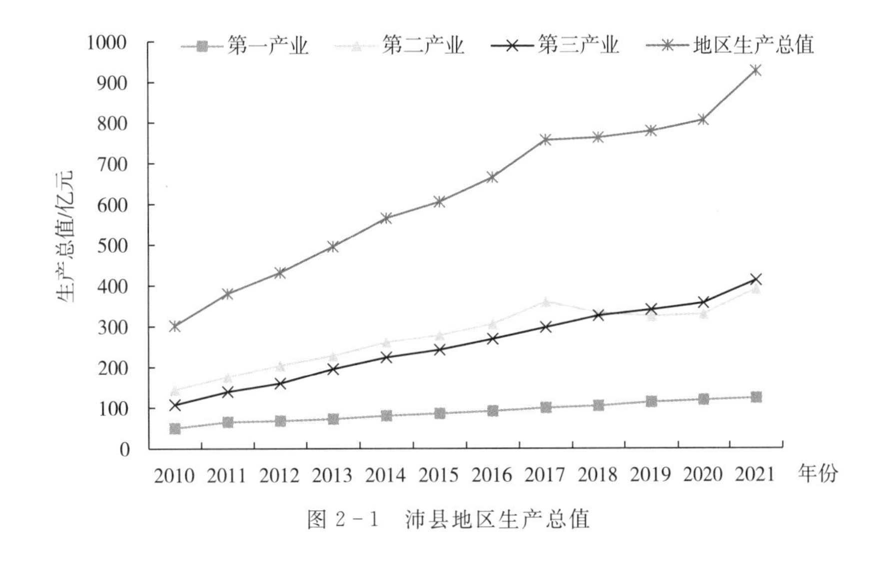

图 2-1 沛县地区生产总值

煤矿后，第二产业产值略有下降。2020年后，煤炭经济运行形势复杂多变，供需阶段性错位失衡矛盾突出。同时，国家强化节能减排、大气环境治理，新能源和可再生能源对煤炭消费的替代作用进一步增强，这将抑制煤炭消费的增速。2021年煤炭行业主要经济技术指标再创新成绩，煤炭经济运行质量效益实现持续提升。

2.2 数据来源

全国土地质量地球化学调查于1999—2014年，在全国范围内开展土地地球化学调查工作，耗费中央和地方财政资金近20亿元，组织全国77家单位，参与人员为10万多人次。调查内容涵盖地质、生态、土壤等各元素含量和分布特征，为地方政府履行土壤环境保护、农业结构调整和土地资源管理等提供了地球化学依据，在全国农业、环境和国土资源管理中起到了重要的基础性作用。[44,45]

本章以沛县的332个土壤或沉积物样本为基础数据，研究沛县土壤重金属的空间分布特征。研究区采样点分布图如图2-2所示。样品采集时，我们将研究区划分为2 km长、2 km宽的网格，在各网格内采集3个表层土(0～20 cm)土壤子样本。

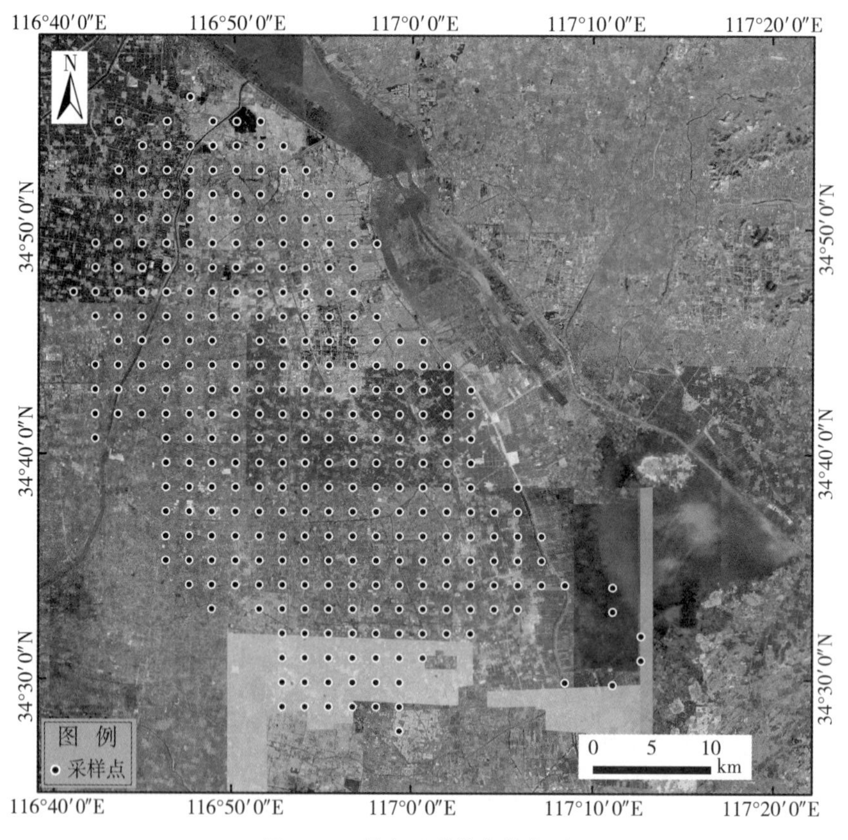

图2-2 研究区采样点分布图

2.3 土壤性质及空间分布

土壤 pH 值介于 7.68～8.70，整体呈碱性，这主要与沛县地理位置有关。江苏省沛县位于长江以北，降水相对较少，淋溶作用弱，土壤碱性离子含量高。土壤有机碳（SOC）介于 0.52～3.29 g·kg^{-1}，平均值为 1.54 g·kg^{-1}。此外，该地区的土壤母质是黄潮土，其有机物含量低，游离碳酸钙含量高。土壤 pH 值和 SOC 空间分布如图 2-3 所示。

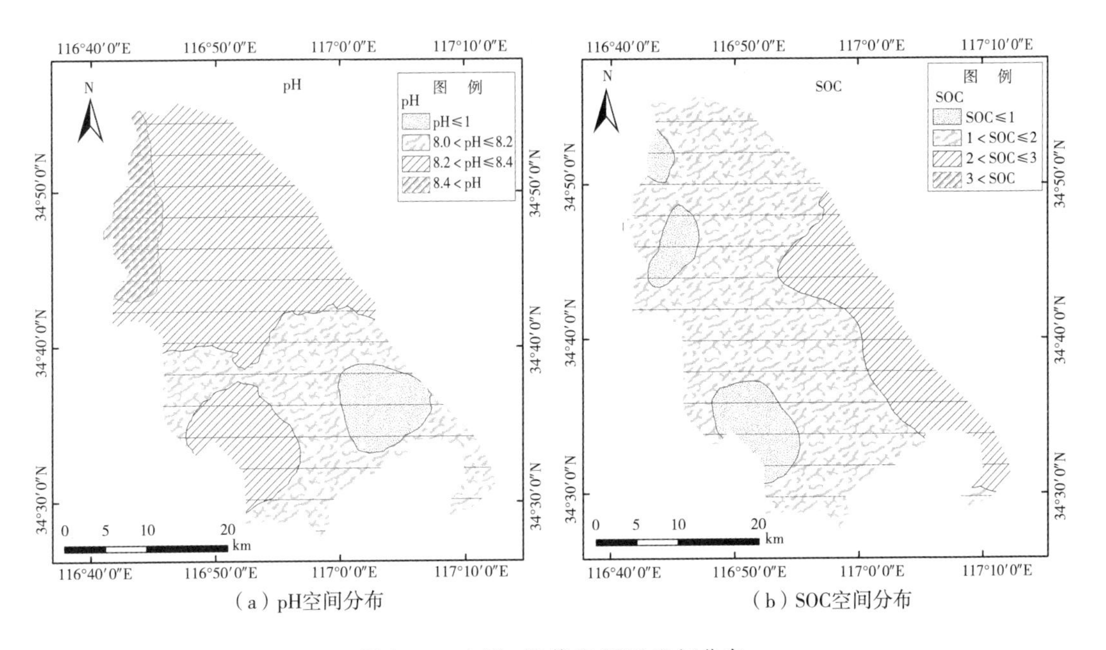

图 2-3 土壤 pH 值和 SOC 空间分布

沛县土壤基础理化性质和重金属含量详见表 2-3 所列。重金属测量精度是通过对每个样品重金属含量重复测定后计算其相对标准偏差（Relative Standard Deviation，RSD）来确定的。[41] Cd、Pb、Cr、Cu、Zn、Hg 和 As 的 RSD 值分别为 7.10%、6.67%、6.25%、2.86%、1.04%、5.49%和 3.00%。Cd、Pb、Cr、Cu、Zn、Hg、As 的准确度分别为 93.50%、92.80%、94.30%、92.80%、95.70%、97.00%、98.85%。

表 2-3 沛县土壤基础理化性质和重金属含量 单位：mg·kg^{-1}

重金属	最小值	最大值	平均值	标准差
Cd		0.09	0.32	0.16
Pb	14.5	39.1	21.07	4.25
Cr	54.8	182	67.97	10.79
Cu	14.3	309	23.52	6.97

（续表）

重金属	最小值	最大值	平均值	标准差
Zn	42.7	114	67.14	14.99
Hg	0.01	0.21	0.03	0.02
As	6.32	25.9	10.52	3.14
总含量	132.72	670.53	190.41	40.21

变异系数(Coefficient of Variation,CV)是衡量测量值变异程度的统计量。[46]在所有重金属中，Hg在空间上的分布差异较大，CV值为66.67%，而其他重金属空间分布较为均匀，CV值在15%～35%。

克里金空间插值方法是一种常用的插值方法，该方法科学、全面地将污染评价结果可视化，方便人们直观分析，在大规模研究区获得广泛应用。[47—50]该方法以变异函数理论和结构分析为理论基础，基于已知采样点数据，对未知采样点进行线性无偏最优化估计[51]，被广泛应用于地统计学中。本书应用ArcGIS(10.2版)软件，使用克里金空间插值方法来研究不同重金属的空间分布特征。

图2-4显示了沛县土壤中重金属含量空间分布模式。从图2-4可以明显看出，Cd、Pb、Cr、Cu、Zn、Hg和As及重金属元素总含量的变化趋势相似，这些重金属元素可能具有相似的自然和人为来源。Hg的空间分布模式与其他重金属明显不同，表明这种金属的来源不同于其他重金属。

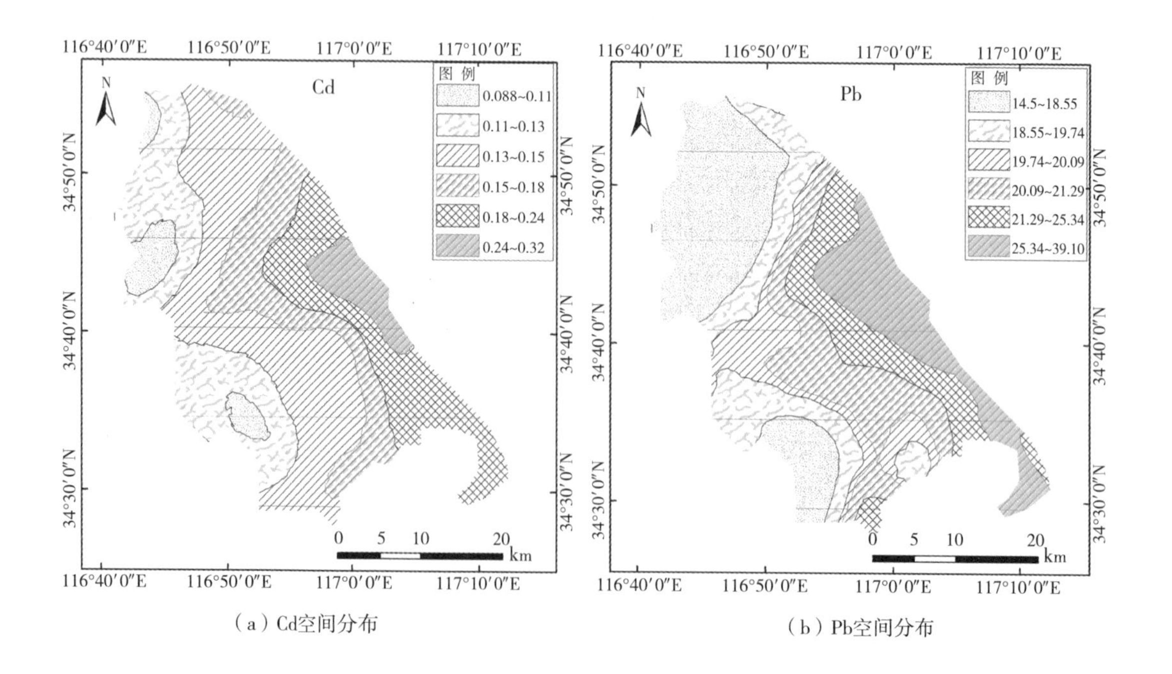

（a）Cd空间分布　　（b）Pb空间分布

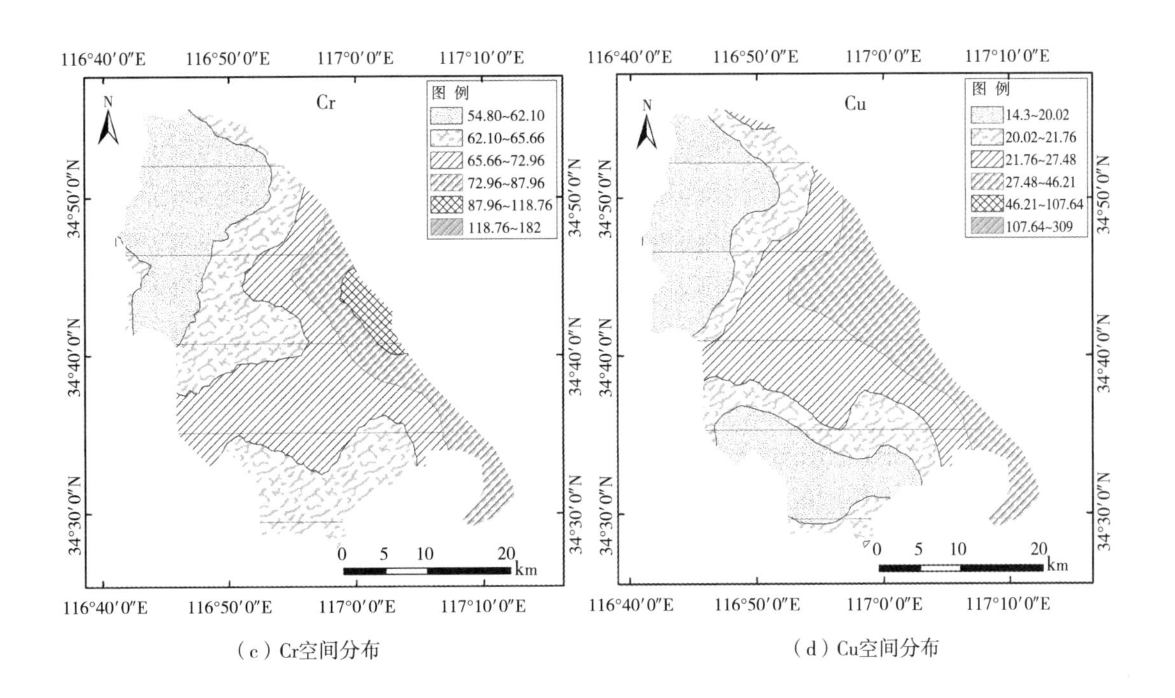

（c）Cr空间分布

（d）Cu空间分布

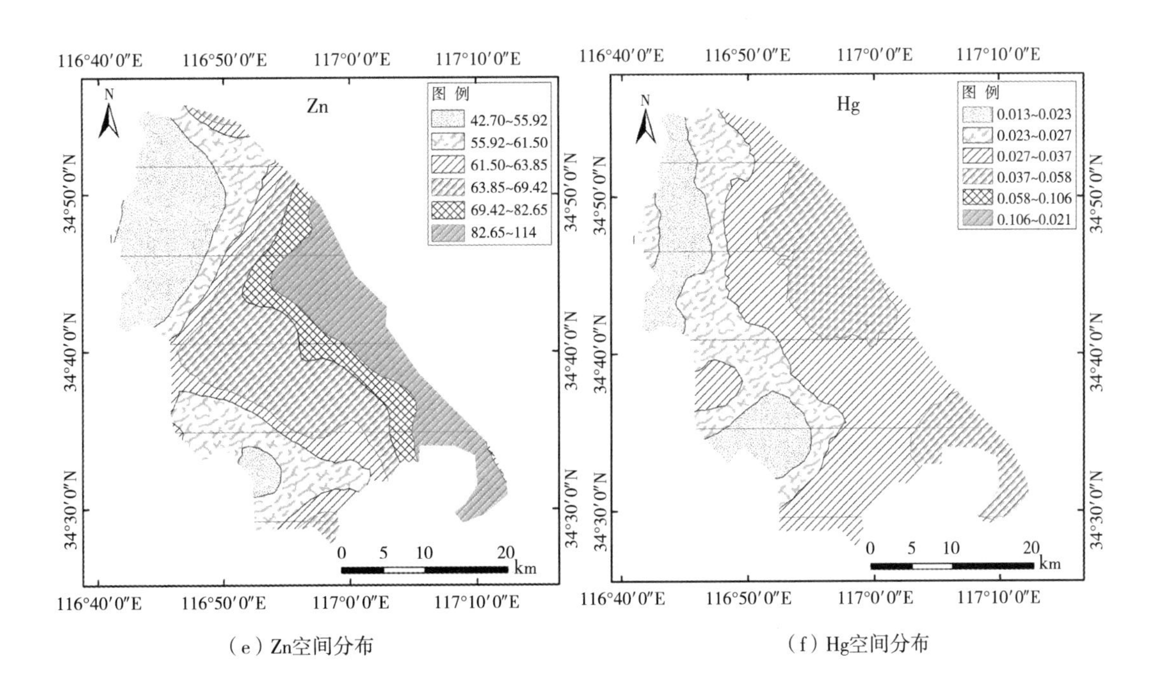

（e）Zn空间分布

（f）Hg空间分布

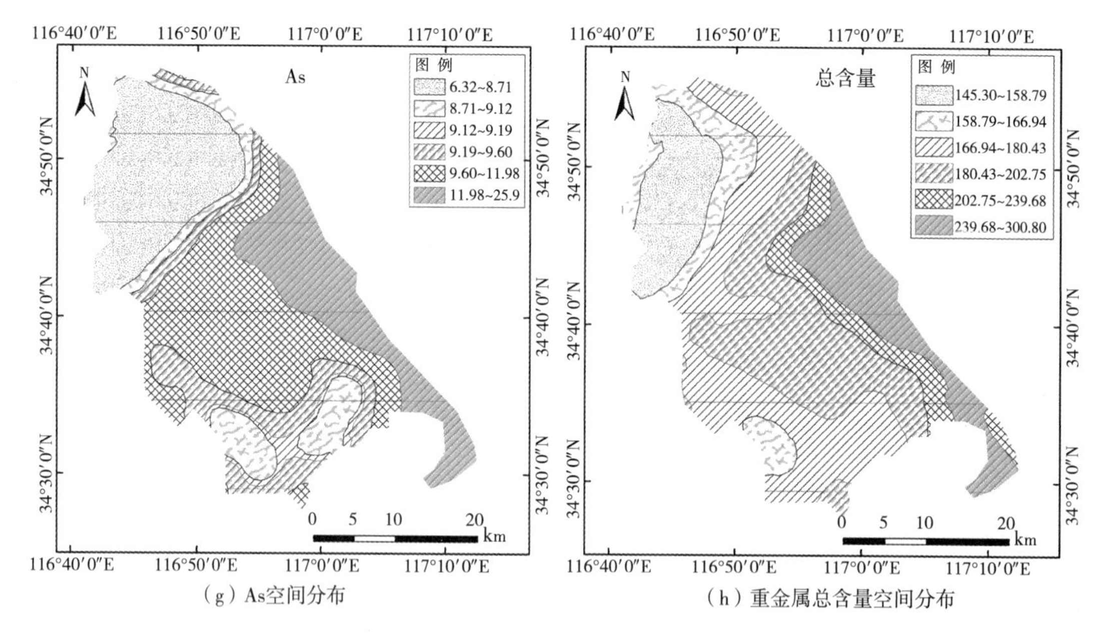

(g) As空间分布

(h) 重金属总含量空间分布

图 2-4　沛县土壤中重金属含量空间分布模式

从图中可以看出，沛县中东部地区重金属元素总含量高，可能是由以下几方面的原因造成的。第一，此区域靠近沛县商贸中心，周围商店和餐馆众多，密集的人口和商业活动会增加环境中重金属含量。[52,53]第二，人类采矿活动是众所周知的重金属元素污染源[54]，沛县的高污染物集中区毗邻孔庄煤矿和沛城煤矿[55]。第三，船舶排放可能导致附近土壤的重金属污染，[56]附近的京杭大运河为二级航道，是重要的水运通道，每天有大量的运输船舶。第四，来自周边农田的农业面源污染，如农药、化肥的使用等。此外，施用畜禽粪便等生物肥料，也会加重环境中 Cd 和 Zn 的污染。[57,58]

2.4　土壤重金属污染和生态风险

重金属污染评价是基于获得的数据和相关信息进行总结、归纳、提炼、数据计算而获得的结论性的描述语言，可以客观体现重金属污染程度，对于保障生态健康、促进绿色发展具有重要意义。[59,60]目前，被广泛应用的土壤重金属评价方法很多，如污染因子法、富集因子法、潜在污染指数法、地统计分析法等。从总体上来说，土壤重金属评价方法可以概括为三大类：指数法、数学模型法、基于地统计学的污染评价方法。[61]经对比分析发现，各土壤污染评价方法参照标准不同，在实际问题的应用上各有侧重，都存在一定的优势与不足。

本章选用单因子污染指数法、污染负荷指数法、潜在生态风险指数法、地累积指数法评价土壤重金属污染情况和生态风险。

2.4.1　单因子污染指数法分析结果

1. 评价标准

在评价土壤重金属污染水平时，参照上大陆壳化学组成元素平均值（Upper Continental

Crust，UCG，简称“上大陆壳元素平均值”）、《土壤环境质量 农用地土壤污染风险管控标准（试行）》（GB 15618—2018，简称“农用地标准”）进行评价。此外，针对某一特定地区，以土壤重金属背景值为标准评价重金属污染水平更有意义。土壤重金属背景值代表该地区未受人类活动影响或影响程度较小的土壤环境本底值。本书以江苏省土壤元素地球化学基准值为评价标准，再次评价土壤中重金属污染水平。

土壤重金属评价标准值及标准来源见表 2-4 所列。

表 2-4 土壤重金属评价标准值及标准来源 单位：mg·kg^{-1}

类别	标准值/来源	Cu	Zn	Cr	Cd	Hg	As	Pb
土壤	标准值	25.00	67.00	92.00	0.098	0.056	4.80	17.00
	来源	上大陆壳元素平均值						
	标准值	100.00	300.00	250.00	0.60	0.34	25.00	170.00
	来源	《土壤环境质量 农用地土壤污染风险管控标准（试行）》（GB 15618—2018）						
	标准值	17.00	54.00	60.00	0.08	0.01	8.70	17.00
	来源	江苏省土壤元素地球化学基准值[62]						

2. 评价方法

应用单因子污染指数法评价土壤重金属的污染程度，具体计算公式如下：

$$CF=\frac{C_i}{S_i} \tag{2-1}$$

式中，CF 为重金属 i 的单一污染指数；C_i 为重金属 i 的实测值；S_i 为重金属 i 的标准值。依据 P 值大小进行污染程度分级：$CF\leqslant1$，无污染；$1<CF\leqslant2$，轻度污染；$2<CF\leqslant3$，中度污染；$3<CF$，重度污染。

3. 评价结果

本书以上大陆壳元素平均值、农用地标准、江苏省土壤元素地球化学基准值为标准，评价研究区土壤重金属单因子污染情况。土壤重金属单因子污染指数统计表见表 2-5 所列。参照农用地标准的评价指数均低于 1，参照上大陆壳元素平均值、江苏省土壤元素地球化学基准值的沛县土壤重金属单因子污染指数分布情况分别如图 2-5、图 2-6 所示。以单因子污染指数平均值计，我们可以发现参照上大陆壳元素平均值时，7 种所研究重金属的单因子污染指数排序为 As(2.18)>Cd(1.60)>Pb(1.24)>Zn(1.00)>Cu(0.93)>Cr(0.73)>Hg(0.59)。在参照江苏省土壤元素地球化学基准值时，各重金属的单因子污染指数呈现 Hg(2.37)>Cd(1.86)>Cu(1.37)>Zn(1.24)=Pb(1.24)>As(1.20)>Cr(1.13)的规律。

表 2-5 土壤重金属单因子污染指数统计表

		CF-Cd	CF-Pb	CF-Cr	CF-Cu	CF-Zn	CF-Hg	CF-As
上大陆壳元素平均值	平均值	1.60	1.24	0.73	0.93	1.00	0.59	2.18
	最小值	0.90	0.85	0.60	0.57	0.64	0.23	1.32
	最大值	3.27	2.30	1.12	1.71	1.70	3.75	4.38
	中位数	1.43	1.18	0.71	0.86	0.95	0.52	1.96

（续表）

		CF－Cd	CF－Pb	CF－Cr	CF－Cu	CF－Zn	CF－Hg	CF－As
农用地标准	平均值	0.26	0.12	0.27	0.23	0.22	0.10	0.42
	最小值	0.15	0.09	0.22	0.14	0.14	0.04	0.25
	最大值	0.53	0.23	0.41	0.43	0.38	0.62	0.84
	中位数	0.23	0.12	0.26	0.22	0.21	0.09	0.38
江苏省土壤元素地球化学基准值	平均值	1.86	1.24	1.13	1.37	1.24	2.37	1.20
	最小值	1.05	0.85	0.91	0.84	0.79	0.93	0.73
	最大值	3.81	2.30	1.72	2.52	2.11	15.00	2.41
	中位数	1.67	1.18	1.09	1.26	1.18	2.07	1.08

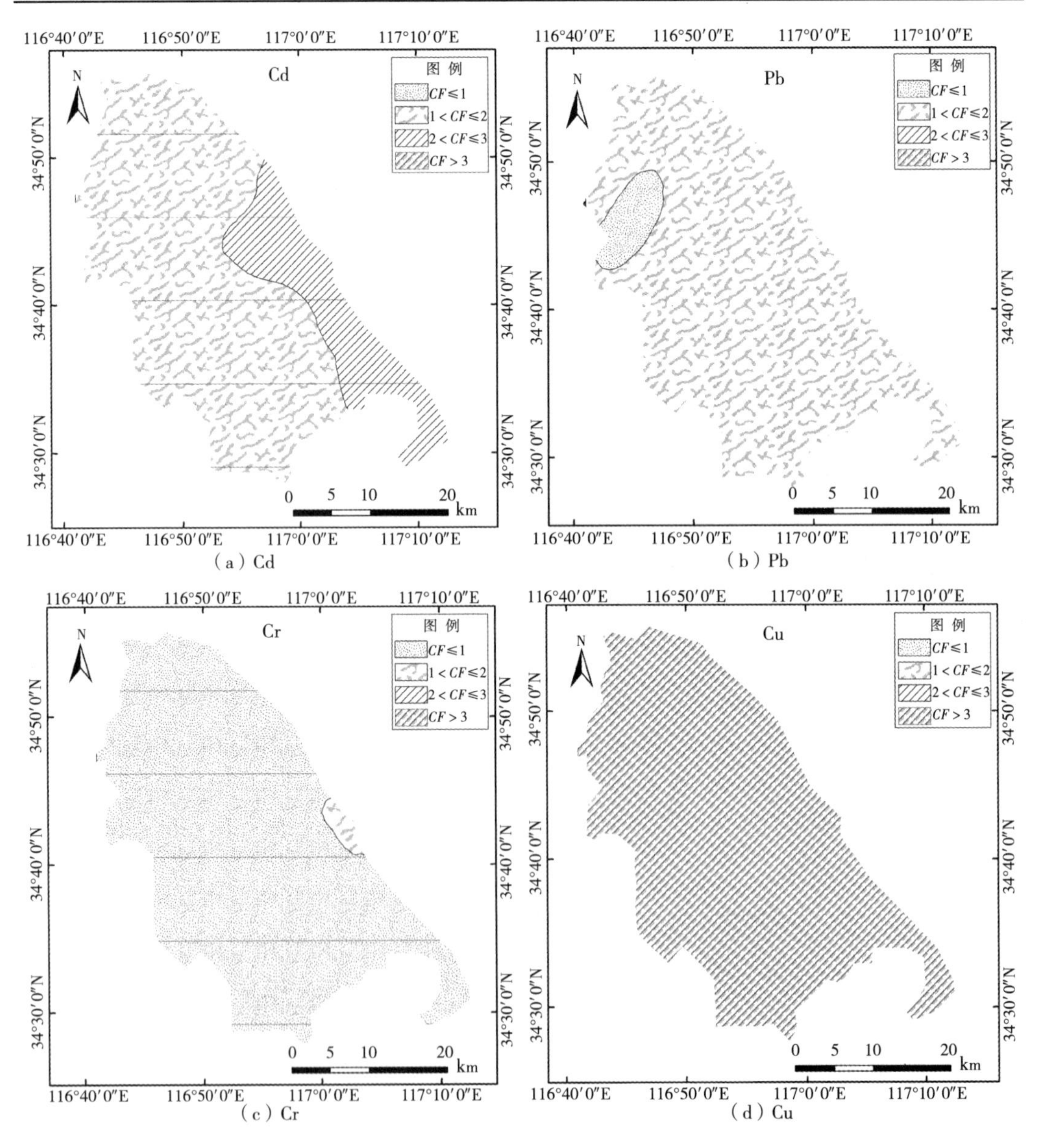

（a）Cd　（b）Pb　（c）Cr　（d）Cu

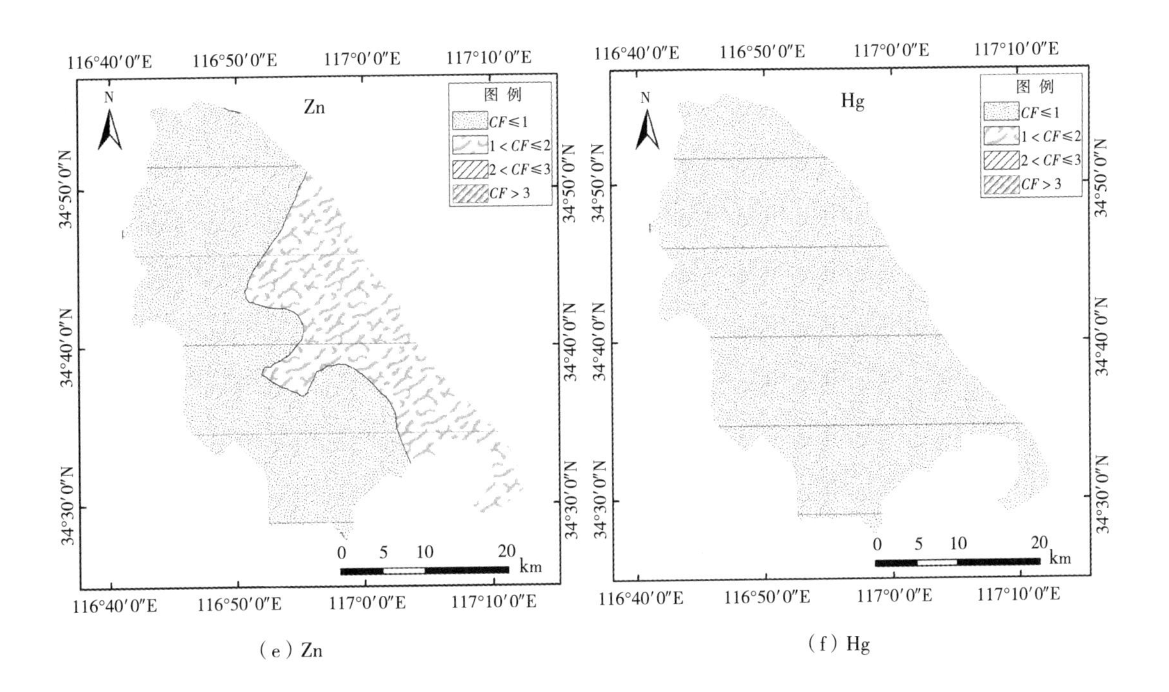

（e）Zn　　　　（f）Hg

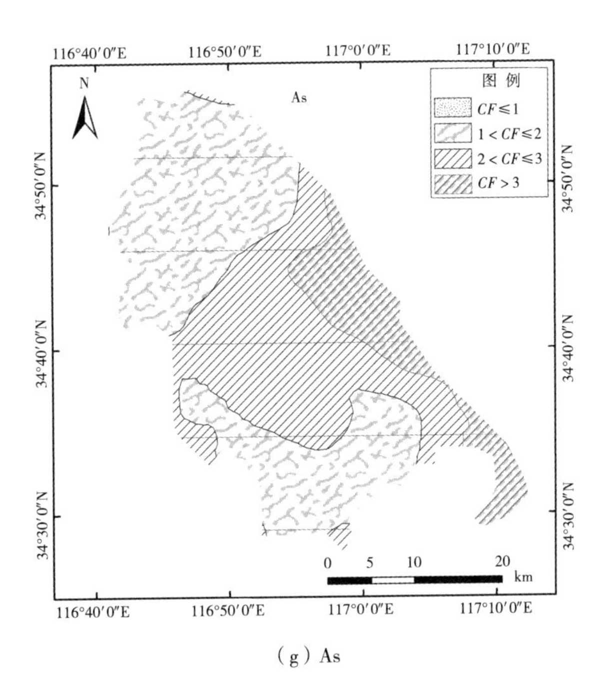

（g）As

图 2－5　沛县土壤重金属单因子污染指数分布情况（参照上大陆壳元素平均值）

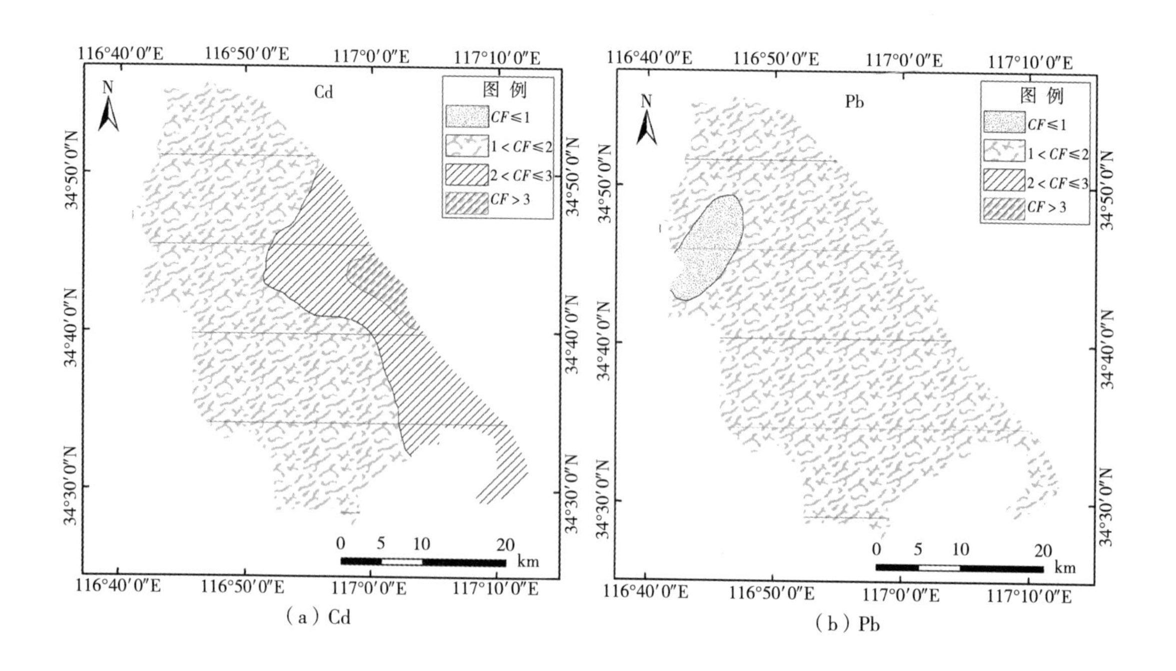

(a) Cd　　(b) Pb

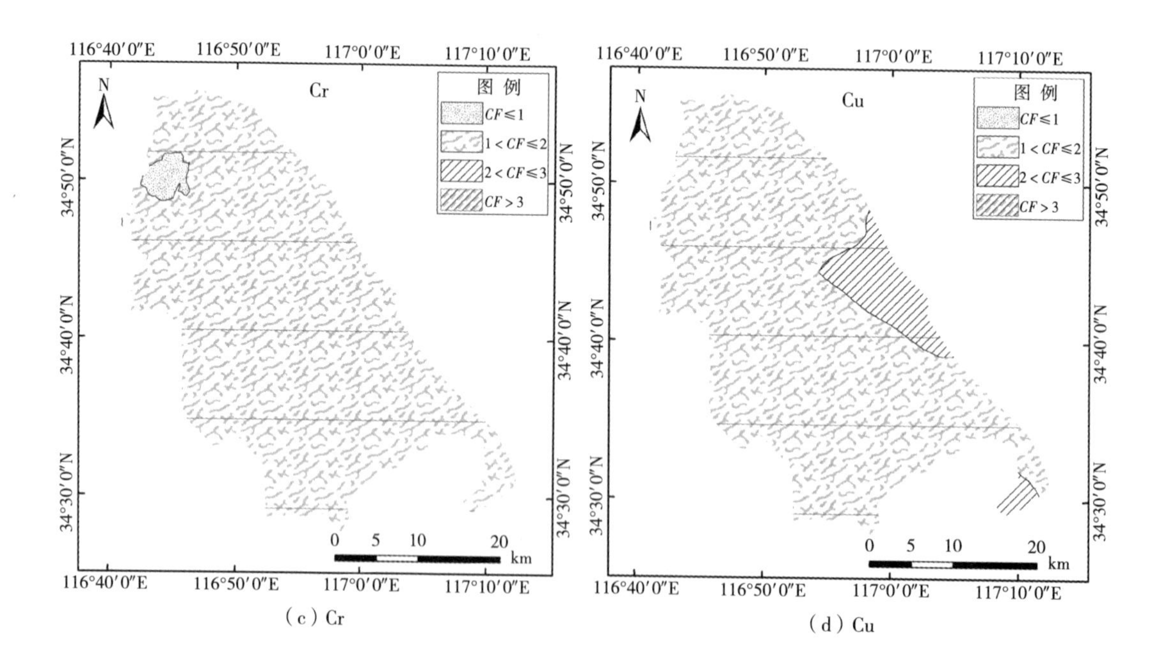

(c) Cr　　(d) Cu

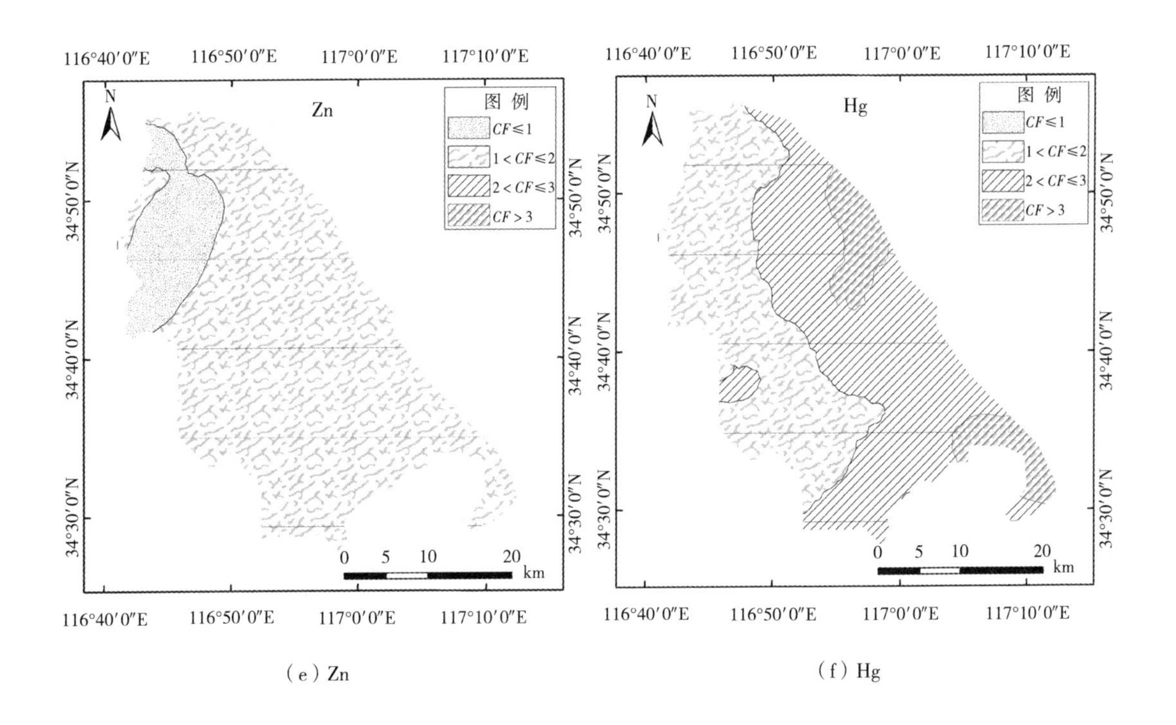

(e) Zn　　　　(f) Hg

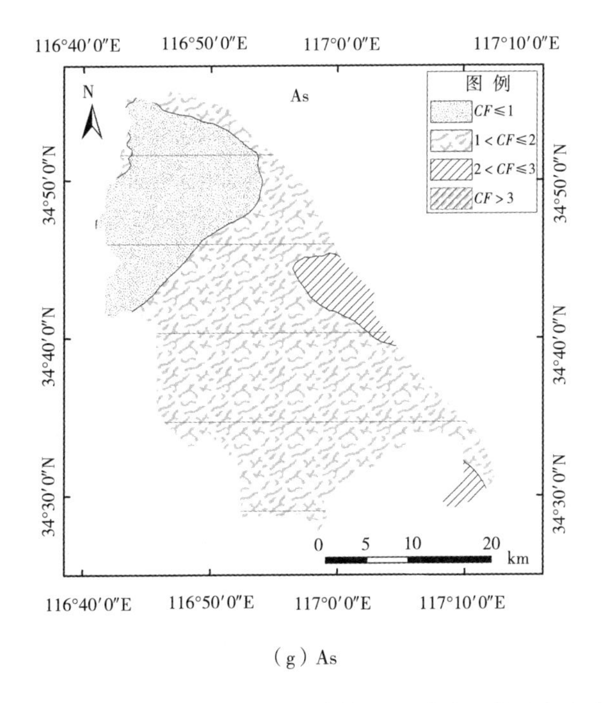

(g) As

图 2-6　沛县土壤重金属单因子污染指数分布情况(江苏省土壤元素地球化学基准值)

以上大陆壳元素平均值为参考，我们可以发现土壤中Cu处于无污染和轻度污染状态的比例分别为76.20%、23.80%，土壤中Zn处于无污染和轻度污染状态的比例分别为64.16%、35.84%，土壤中Cr处于无污染和轻度污染状态的比例分别为96.69%、3.31%。与Cu、Zn、Cr相比，Cd、Hg、As、Pb的超标情况相对严重。土壤中Cd处于轻度污染、中度污染和重度污染的比例分别为78.92%、18.07%、0.90%，土壤中Hg处于轻度污染、中度污染和重度污染的比例分别为6.93%、0.30%、0.30%。土壤中As含量均超出上大陆壳元素平均值，处于轻度污染、中度污染和重度污染的比例分别为53.01%、35.24%、11.75%。土壤中Pb含量有89.76%超出上大陆壳元素平均值，处于轻度污染状态。

参照农用地标准可知，所有采样点的重金属含量均低于农用地标准。以江苏省土壤元素地球化学基准值为参照标准值，我们可以发现，土壤中Cu、Zn、Cd、Hg、As和Pb处于中度污染的比例分别为10.54%、1.81%、27.11%、33.73%、6.02和1.51%，土壤中分别有5.12%的Cd、17.77%的Hg处于重度污染级别。此外，Hg、Cd和Cu的平均含量分别超出江苏省的平均元素含量138%、86%和38%。Hg、Cd和Cu的最高含量分别超出江苏省平均值1400%、281%和358%。土壤重金属超标情况详见表2-6所列。

表2-6　土壤重金属超标情况

	上大陆壳元素平均值				农用地标准	江苏省土壤元素地球化学基准值			
个数	*CF*≤1	1<*CF*≤2	2<*CF*≤3	3<*CF*	*CF*≤1	*CF*≤1	1<*CF*≤2	2<*CF*≤3	*CF*>3
Cu	253	79	0	0	332	14	283	35	0
Zn	213	119	0	0	332	49	277	6	0
Cr	321	11	0	0	332	37	295	0	0
Cd	7	262	60	3	332	0	225	90	17
Hg	307	23	1	1	332	6	155	112	59
As	0	176	117	39	332	87	225	20	0
Pb	34	298	0	0	332	34	293	5	0
占比/%	*CF*≤1	1<*CF*≤2	2<*CF*≤3	3<*CF*	*CF*≤1	*CF*≤1	1<*CF*≤2	2<*CF*≤3	*CF*>3
Cu	76.20	23.80	0.00	0.00	100.00	4.22	85.24	10.54	0.00
Zn	64.16	35.84	0.00	0.00	100.00	14.76	83.43	1.81	0.00
Cr	96.69	3.31	0.00	0.00	100.00	11.14	88.86	0.00	0.00
Cd	2.11	78.92	18.07	0.90	100.00	0.00	67.77	27.11	5.12

（续表）

	上大陆壳元素平均值			农用地标准		江苏省土壤元素地球化学基准值		
Hg	92.47	6.93	0.30	0.30	100.00	1.81	46.69	33.73	17.77
As	0.00	53.01	35.24	11.75	100.00	26.20	67.77	6.02	0.00
Pb	10.24	89.76	0.00	0.00	100.00	10.24	88.25	1.51	0.00

土壤中重金属的富集是自然过程和人类活动共同作用的结果，土壤侵蚀、大气沉降、岩石风化、污水排放、农业面源污染、工业排放等加剧了沛县水体重金属污染。重金属含量与煤矿开采、交通运输、农业种植等息息相关。[63]煤矿开采、煤矸石堆积均是重金属的潜在来源。在风化、淋溶等作用下，大量富含重金属的粉尘、淋溶液进入环境，导致煤矿周边土壤中重金属含量较高。[64]道路重金属污染的主要来源为交通运输。运输煤炭的车辆的尾气排放、轮胎磨损等也会导致道路土壤中重金属的富集。施用农药、肥料、长期污水灌溉和大气沉降也会导致湖西洼地农田土壤中重金属的积累，如冠菌铜农药、水溶肥料的施用等。[65]

2.4.2 污染负荷指数法分析结果

1. 污染负荷指数

土壤重金属污染负荷指数(Pollution Load Index，PLI)用于评价研究区内所受到的土壤重金属环境污染压力。当 PLI 小于 0 时则取 0；当 $PLI \leqslant 1$ 时，表示不存在环境污染；当 $PLI > 1$ 时，表示存在环境污染。污染负荷指数具体计算公式如下：

$$PLI = \frac{CF_1 \times CF_2 \times \cdots CF_i \times \cdots \times CF_n}{n} \tag{2-2}$$

式中，CF_i 表示重金属单因子污染指数。

2. 评价结果

沛县土壤重金属的污染负荷指数 PLI 统计表详见表 2－7 所列。参照上大陆壳元素平均值，我们可以发现 PLI 平均值为 1.07，表示存在环境污染。以农用地标准为参考时，PLI 介于 0.14～0.36，平均值为 0.21，表明不存在环境污染。当以江苏省土壤元素地球化学基准值为标准值时，计算结果显示 PLI 介于 0.97～2.44，平均值为 1.42，中位数为 1.34，表明沛县土壤重金属存在环境污染。参照上大陆壳元素平均值、农用地标准和江苏省土壤元素地球化学基准值的沛县土壤重金属 PLI 分布情况分别如图 2－7(a)、2－7(b)、2－7(c)所示。

表 2－7 沛县土壤重金属的污染负荷指数 PLI 统计表

	PLI－上大陆壳元素平均值	PLI－农用地标准	PLI－江苏省土壤元素地球化学基准值
平均值	1.07	0.21	1.42
最小值	0.00	0.14	0.97
最大值	1.76	0.36	2.44
中位数	1.01	0.20	1.34

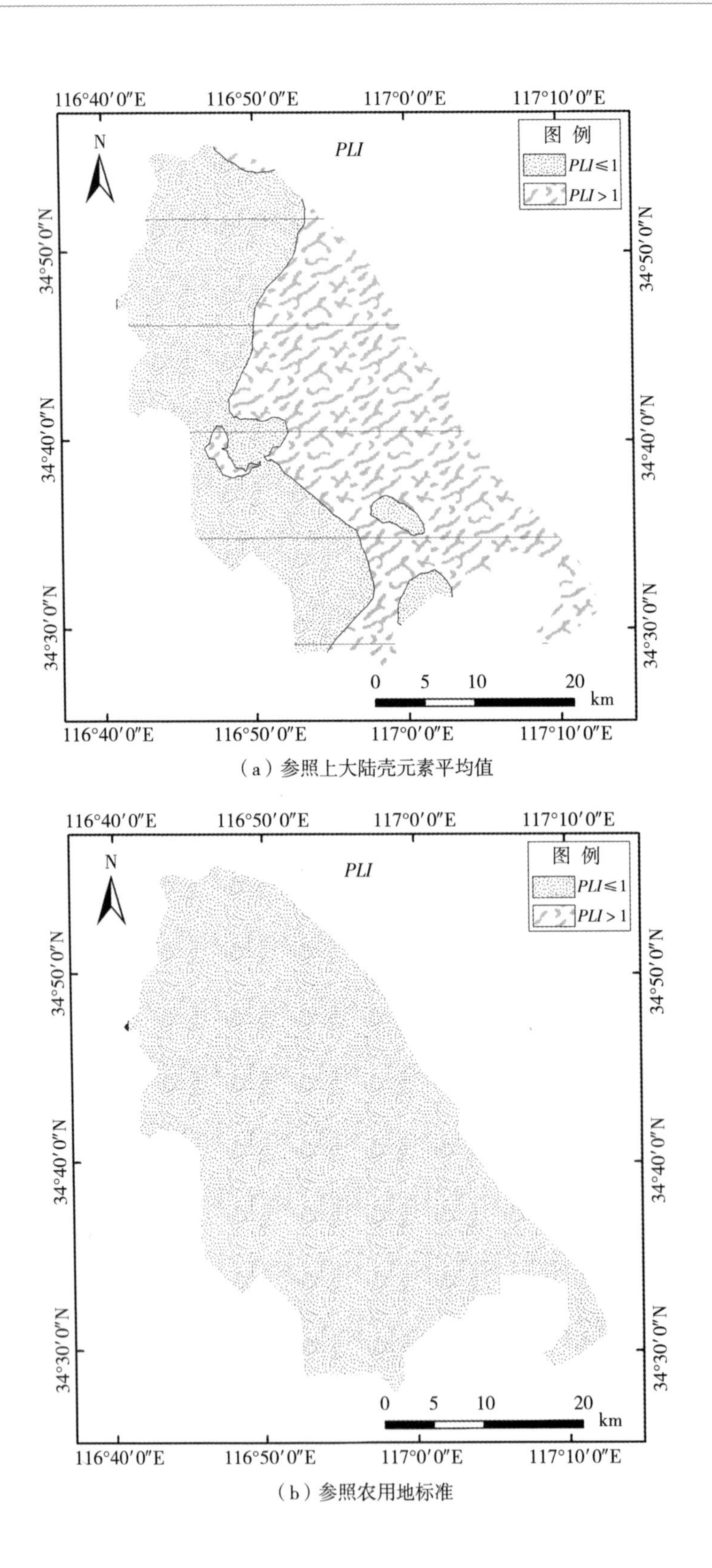

（a）参照上大陆壳元素平均值

（b）参照农用地标准

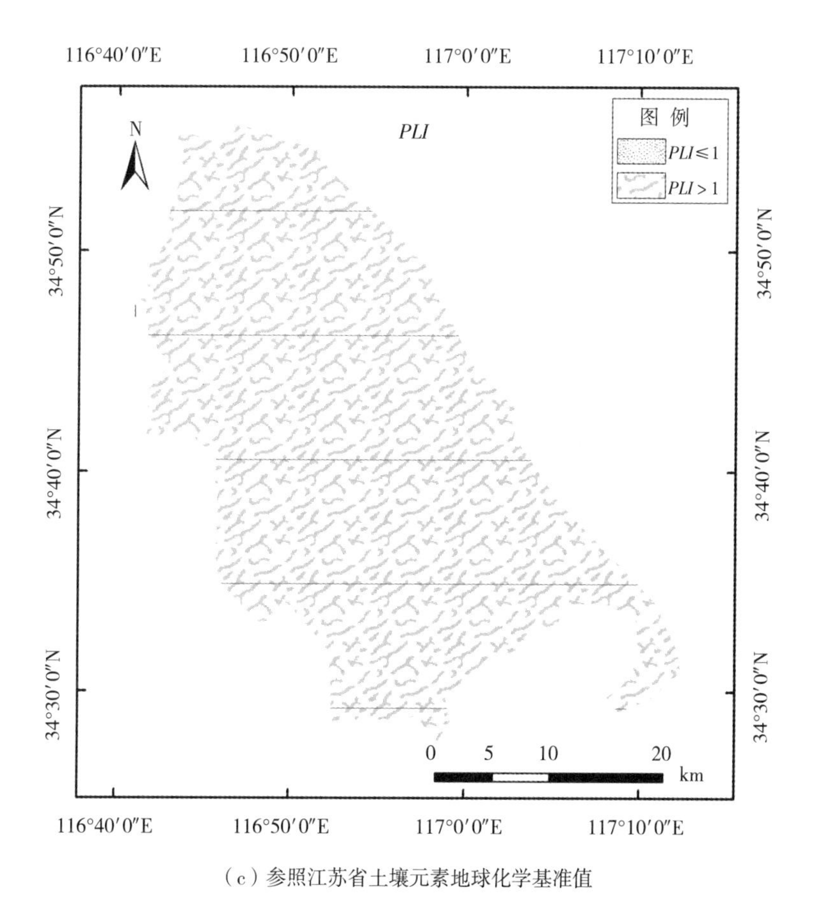

(c) 参照江苏省土壤元素地球化学基准值

图 2-7 沛县土壤重金属 *PLI* 分布情况

2.4.3 潜在生态风险指数法分析结果

潜在生态风险指数(Potential Ecological Risk Index,RI)法是瑞典科学家 Hakanson 在 1980 年建立的生态风险评价方法,该方法综合考虑了重金属含量、毒性污染水平等,被广泛应用于沉积物、土壤等环境污染和生态风险评价方面。[66,67]具体计算公式如下。

$$E_r^i = T_r^i \times CF_i \tag{2-3}$$

$$RI = \sum E_r^i \tag{2-4}$$

式中,E_r^i 表示潜在生态风险因子;T_r^i 表示重金属 i 的毒性响应系数,Cu、Zn、Cr、Cd、Hg、As 和 Pb 的系数分别为 5、1、2、30、40、10 和 5;CF_i 表示重金属单因子污染指数;RI 代表潜在生态风险指数。潜在生态风险因子和潜在生态风险指数污染级别对应表见表 2-8 所列。

表 2-8 潜在生态风险因子和潜在生态风险指数污染级别对应表

E_r^i	RI	风险级别
$E_r^i \leqslant 40$	$RI \leqslant 150$	低生态风险
$40 < E_r^i \leqslant 80$	$150 < RI \leqslant 300$	中等生态风险
$80 < E_r^i \leqslant 160$	$300 < RI \leqslant 600$	较强生态风险
$160 < E_r^i \leqslant 320$	$RI > 600$	强生态风险
$320 < E_r^i$		极强生态风险

沛县土壤重金属潜在生态风险因子见表 2-9 所列。以平均值计，参考上大陆壳元素平均值时，重金属 Cd 处于中等生态风险级别外，其余重金属均处于低风险级别。当参考农用地标准时，Cu、Zn、Cr、Cd、Hg、As 和 Pb 生态风险值小于 40，处于低生态风险级别。以江苏省土壤元素地球化学基准值为参考，我们可以发现 Cd 处于中等生态风险级别，Hg 处于较强生态风险级别，其余重金属均处于低生态风险级别。参照上大陆壳元素平均值、江苏省土壤元素地球化学基准值的沛县土壤重金属生态风险因子分布分别如图 2-8、图 2-9 所示。

表 2-9 沛县土壤重金属潜在生态风险因子

参照标准		E_r^i - Cd	E_r^i - Pb	E_r^i - Cr	E_r^i - Cu	E_r^i - Zn	E_r^i - Hg	E_r^i - As
上大陆壳元素平均值	平均值	48.87	6.26	1.48	4.71	1.02	24.36	22.16
	最小值	28.47	5.00	1.19	2.86	0.67	9.29	13.17
	最大值	97.96	9.88	2.24	8.38	1.70	150.00	43.75
	中位数	44.39	5.94	1.43	4.30	0.97	21.43	20.14
农用地标准	平均值	7.83	0.62	0.54	1.17	0.22	3.91	4.19
	最小值	4.40	0.43	0.44	0.72	0.14	1.53	2.53
	最大值	16.00	1.15	0.82	2.14	0.38	24.71	8.40
	中位数	7.00	0.59	0.52	1.08	0.21	3.41	3.77
江苏省土壤元素地球化学基准值	平均值	55.94	6.19	2.25	6.86	1.24	94.93	12.04
	最小值	31.43	4.26	1.83	4.21	0.79	37.14	7.26
	最大值	114.29	11.50	3.43	12.59	2.11	600.00	24.14
	中位数	50.00	5.88	2.18	6.32	1.18	82.86	10.84

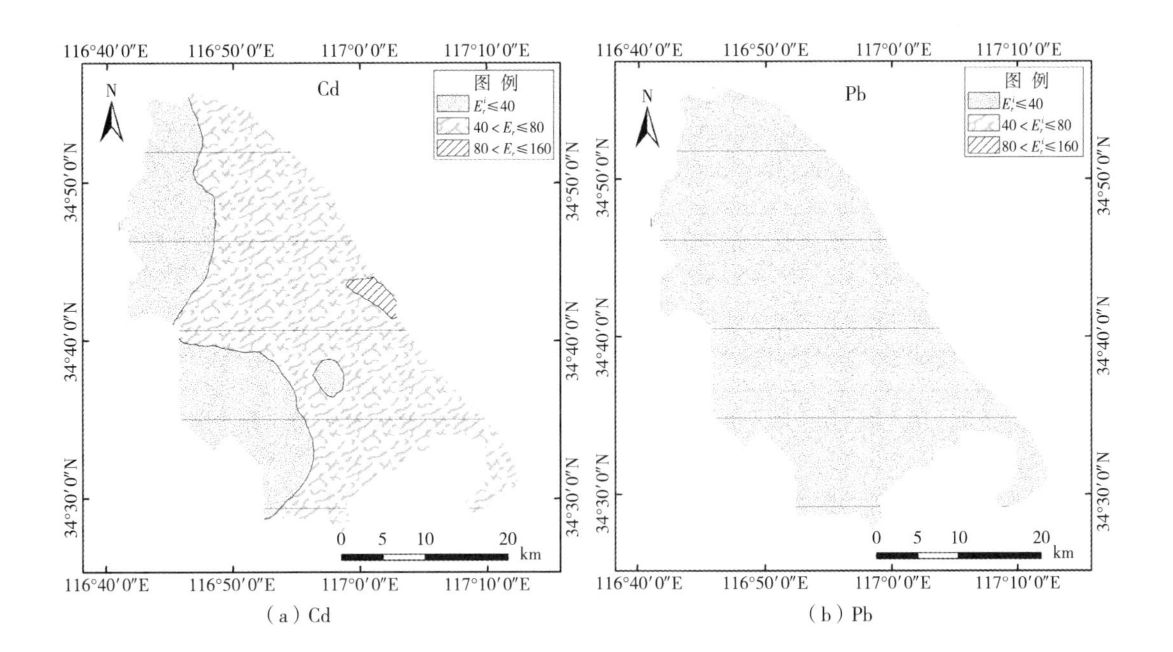

(a) Cd (b) Pb

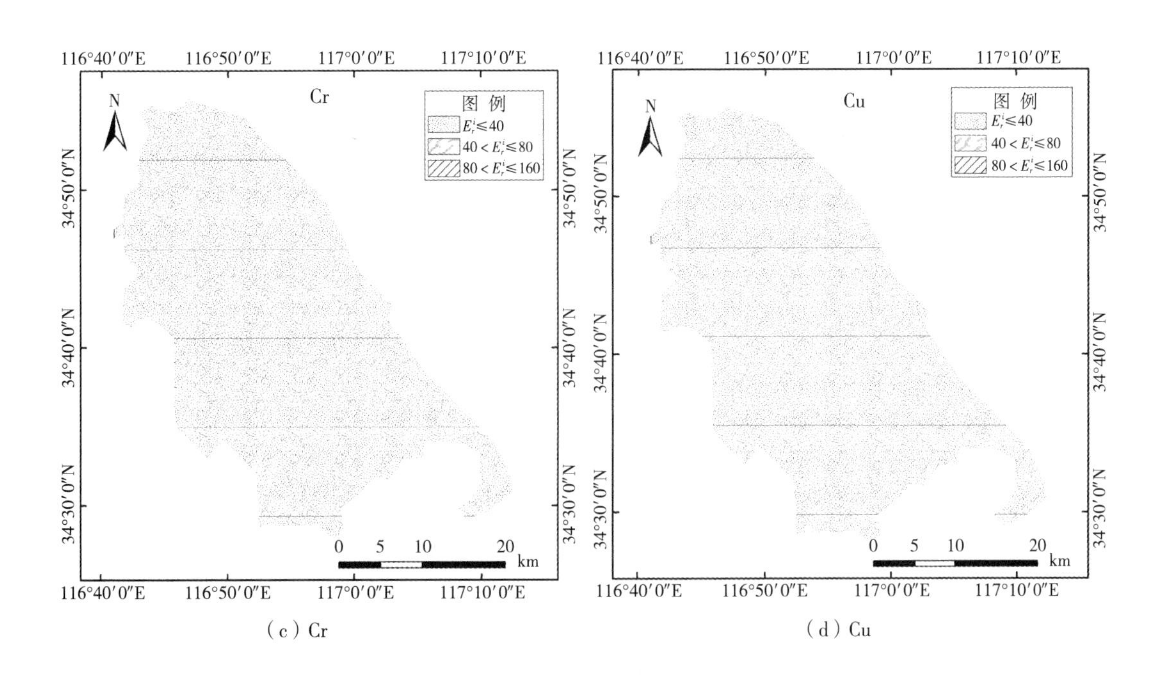

(c) Cr (d) Cu

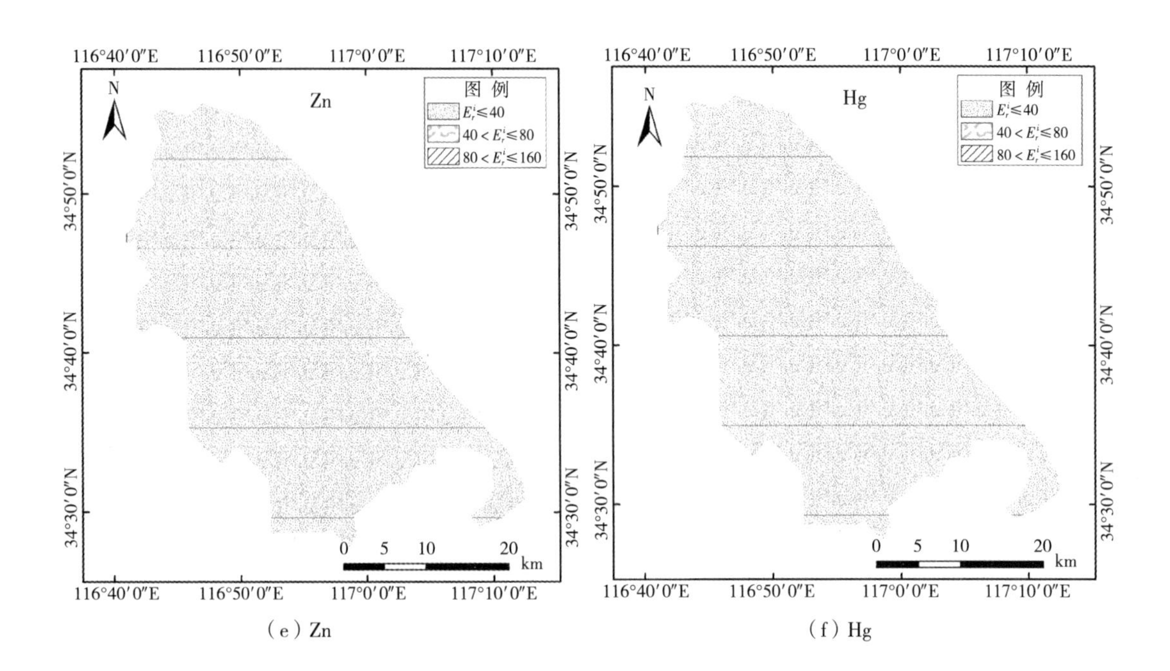

（e）Zn　　　　（f）Hg

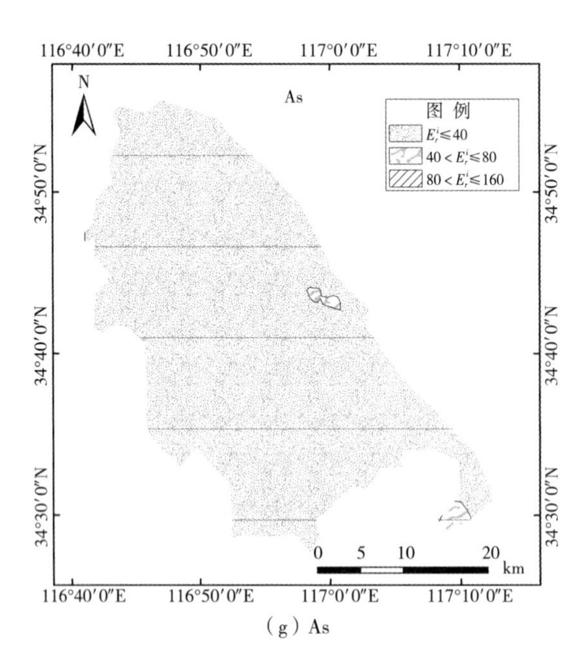

（g）As

图 2－8　沛县土壤重金属生态风险因子分布图(参照上大陆壳元素平均值)

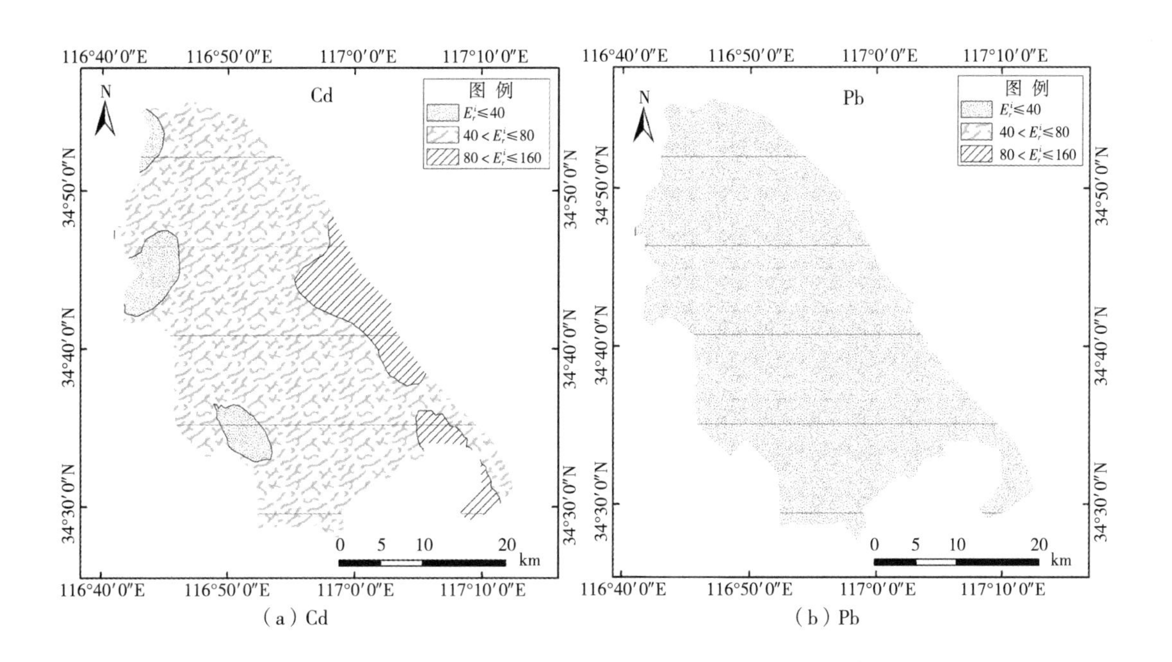

（a）Cd　　（b）Pb

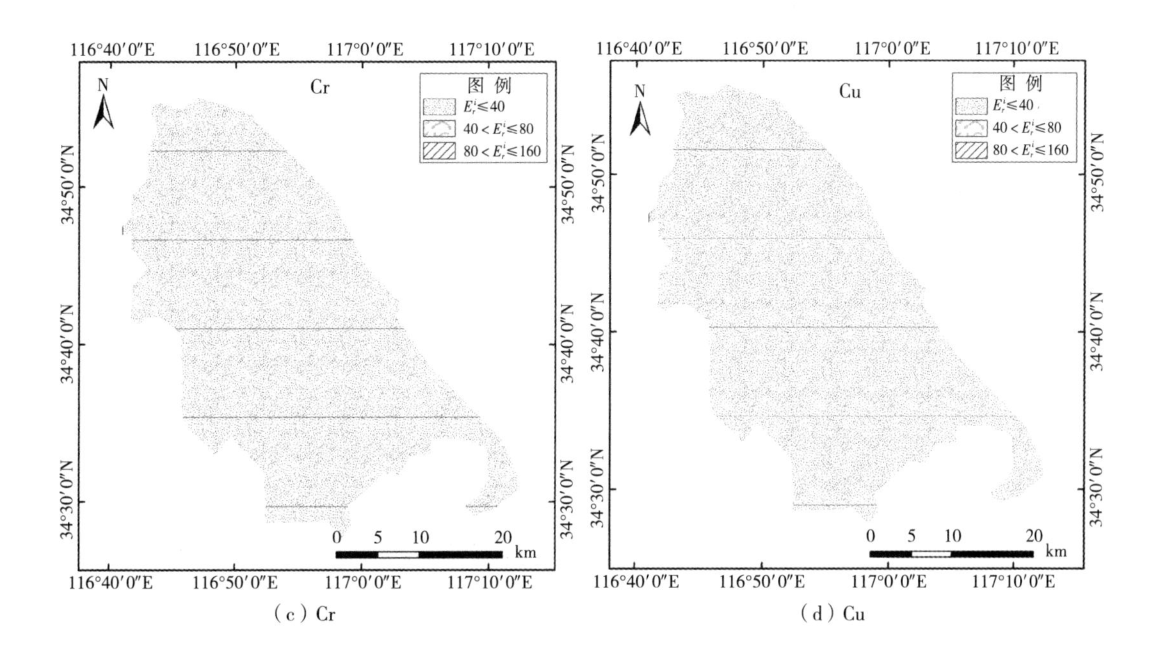

（c）Cr　　（d）Cu

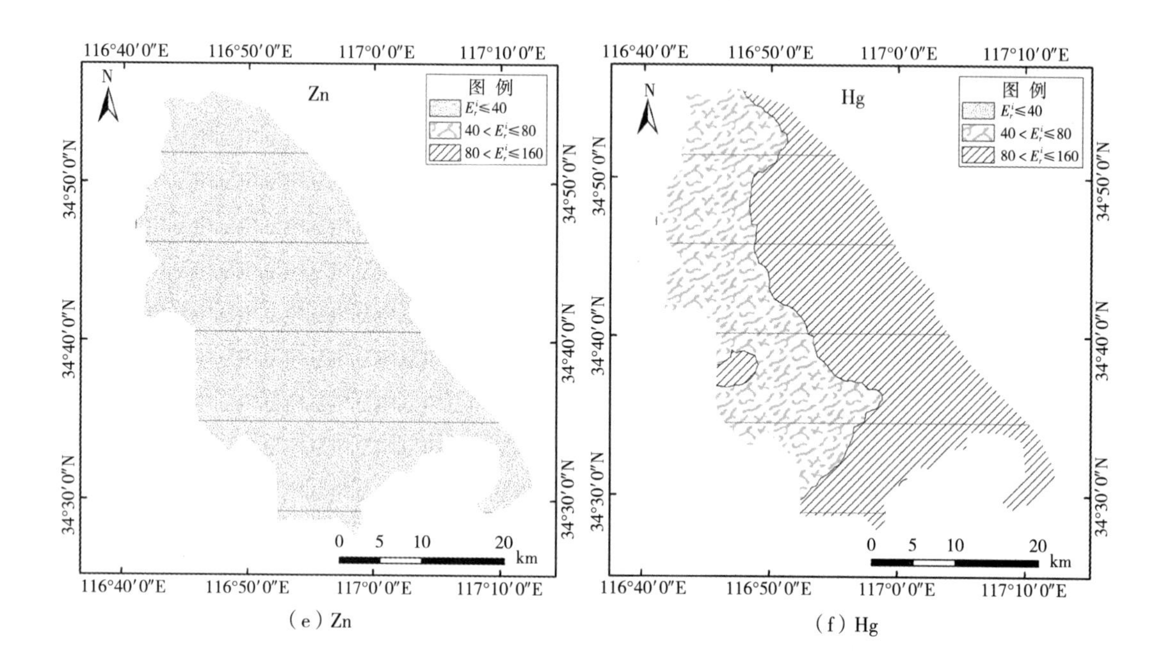

（e）Zn （f）Hg

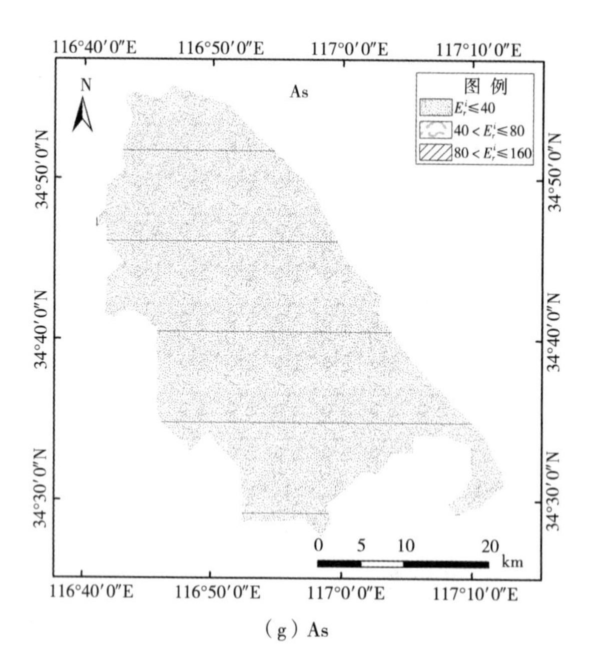

（g）As

图 2－9　沛县土壤重金属生态风险因子分布图（参照江苏省土壤元素地球化学基准值）

沛县土壤重金属 RI 统计表详见表 2-10 所列。参照上大陆壳元素平均值，我们可以发现 RI 平均值为 108.86，表示土壤重金属处于低生态风险状态。当以农用地标准为参考时，计算结果显示 RI 介于 11.36～38.80，平均值为 18.48，中位数为 17.08，表明沛县土壤重金属处于低生态风险状态。当以江苏省土壤元素地球化学基准值为标准值时，RI 介于 93.38～683.85，平均值为 179.46，土壤重金属处于中等生态风险状态。参照上大陆壳元素平均值、农用地标准和江苏省土壤元素地球化学基准值的沛县土壤重金属 RI 分布情况分别如图2-10(a)、2-10(b)、2-10(c)所示。

表 2-10　沛县土壤重金属 RI 统计表

	RI-上大陆壳元素平均值	RI-农用地标准	RI-江苏省土壤元素地球化学基准值
平均值	108.86	18.48	179.46
最小值	66.13	11.36	93.38
最大值	230.84	38.80	683.85
中位数	100.48	17.08	162.06

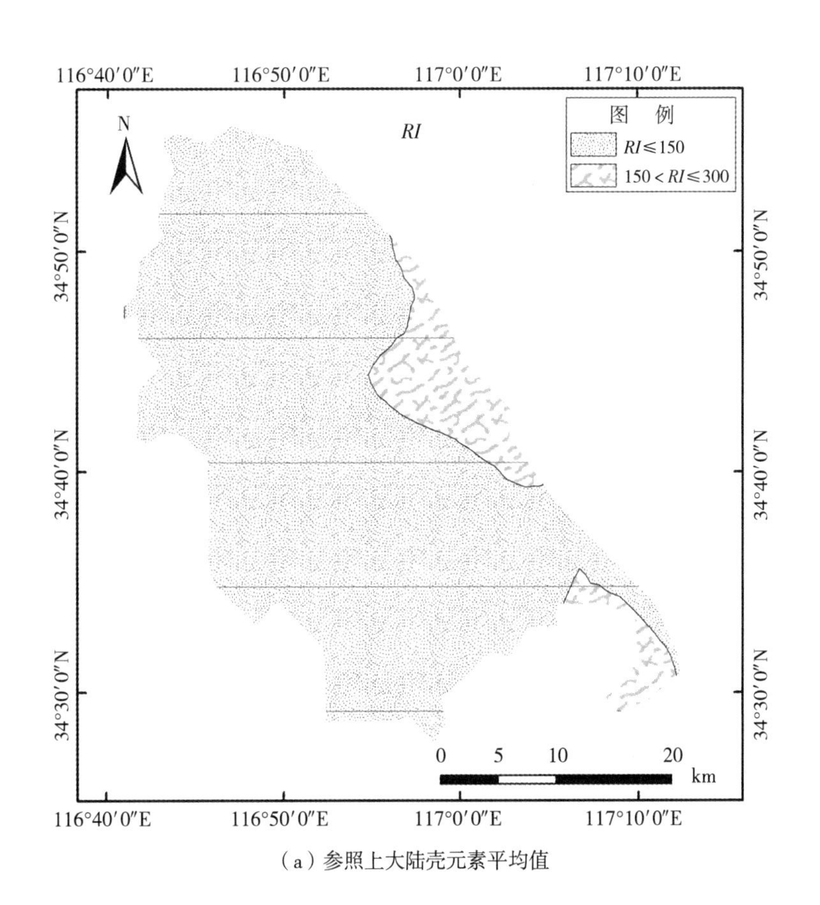

(a) 参照上大陆壳元素平均值

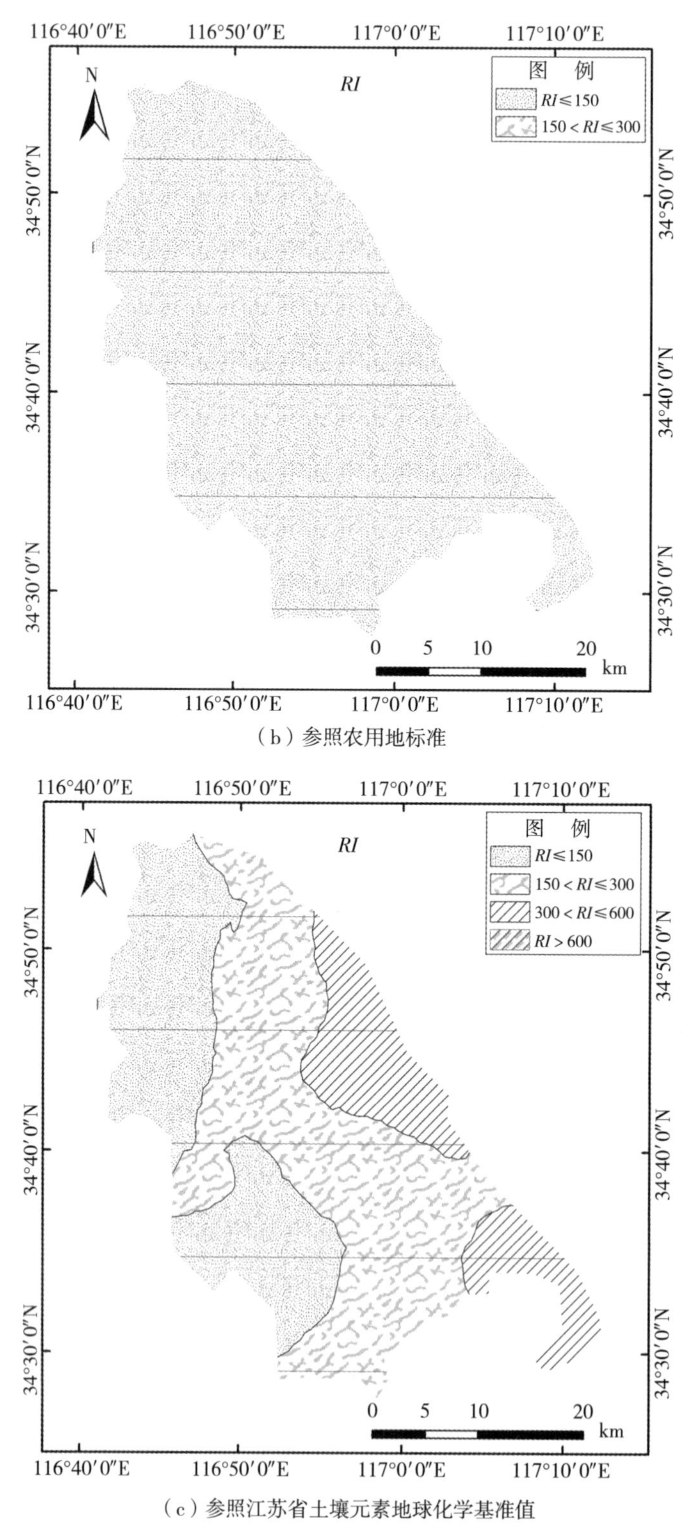

（b）参照农用地标准

（c）参照江苏省土壤元素地球化学基准值

图 2－10　沛县土壤重金属 RI 分布情况

2.4.4 地累积指数法分析结果

地累积指数(I_{geo})法被广泛用于量化重金属污染水平;本书依据式(2-5)计算了重金属的 I_{geo}[68]:

$$I_{geo}=\log_2(C_n/1.5B_n) \tag{2-5}$$

式中,C_n表示某一特定重金属的含量,单位为 mg·kg^{-1};B_n为当地土壤母质中重金属的地球化学背景值,单位为 mg·kg^{-1};常量 1.5 解释了背景值的潜在变化。[69,70]本研究参考 Muller 的方法,按照 I_{geo}值把重金属污染程度分为 7 个等级[71]:class 0,$I_{geo}\leqslant 0$,无污染水平;class 1,$0<I_{geo}\leqslant 1$,无污染到中等污染水平;class 2,$1<I_{geo}\leqslant 2$,中等污染水平;class 3,$2<I_{geo}\leqslant 3$,中等污染到严重污染水平;class 4,$3<I_{geo}\leqslant 4$,严重污染水平;class 5,$4<I_{geo}\leqslant 5$,严重污染到极严重污染水平;class 6,$I_{geo}>5$,极严重污染水平。

应用 I_{geo}计算沛县土壤重金属污染水平,沛县土壤重金属 I_{geo}统计结果见表 2-11 所列。结果显示,Pb、Cr、Cu、Zn 和 As 的 I_{geo}均值均为负值,处于 class 0 级别;Cd 和 Hg 的 I_{geo}均值介于 0~1,处于 class 1 级别。具体而言,沛县 Cd 的 I_{geo}值范围为-0.52~1.34,平均值为 0.26;Hg 的 I_{geo}值介于-0.69~3.32,平均值为 0.54。

表 2-11 沛县土壤重金属 I_{geo}统计结果

重金属	最小值	最大值	平均值
Cd	-0.52	1.34	0.26
Pb	-0.81	0.62	-0.30
Cr	-0.72	0.19	-0.42
Cu	-0.83	0.75	-0.17
Zn	-0.92	0.49	-0.30
Hg	-0.69	3.32	0.54
As	-1.05	0.69	-0.37

沛县土壤重金属 I_{geo}分级统计分析结果见表 2-12 所列。沛县土壤中 Pb、Cr、Cu、Zn 和 As 污染水平较低,多数采样点 I_{geo}为 class 0 级别,处于无污染水平;部分采样点为 class 1 级别,处于无污染到中度污染水平。土壤中 Cd 的污染程度略高。多数采样点 Hg 的 I_{geo}处于 class 1 水平,少部分为 class 0、class 2、class 3 和 class 4 水平。经现场调研可知,污染级别为 class 3 和 class 4 的采样点均位于徐庄煤矿采煤沉陷区,沛县土壤 7 种重金属 I_{geo}评价结果分布图如图 2-11 所示。

表 2-12 沛县土壤重金属 I_{geo}分级统计分析结果

重金属	等级	数量/个	比例/%
Cd	class 0	98	29.52
	class 1	217	65.36
	class 2	17	5.12

（续表）

重金属	等级	数量/个	比例/%
Pb	class 0	285	85.84
	class 1	47	14.16
Cr	class 0	318	95.78
	class 1	14	4.22
Cu	class 0	255	76.81
	class 1	77	23.19
Zn	class 0	281	84.64
	class 1	51	15.36
Hg	class 0	40	12.05
	class 1	227	68.37
	class 2	61	18.38
	class 3	3	0.90
	class 4	1	0.30
As	class 0	282	84.94
	class 1	50	15.06

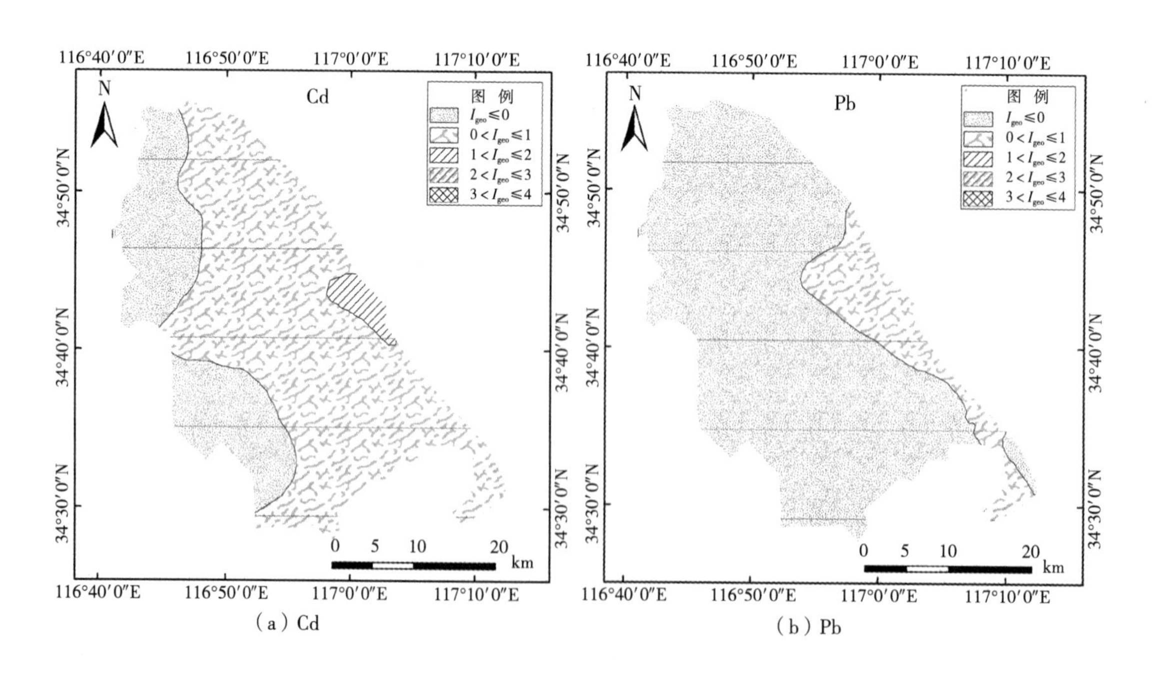

（a）Cd （b）Pb

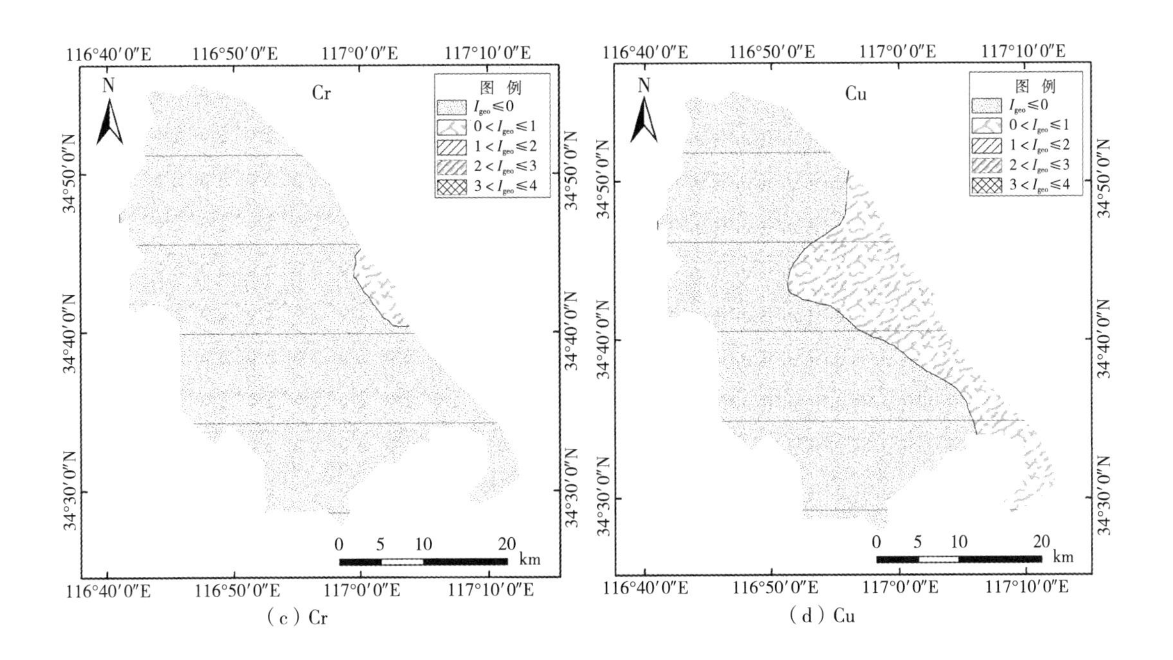

（c）Cr （d）Cu

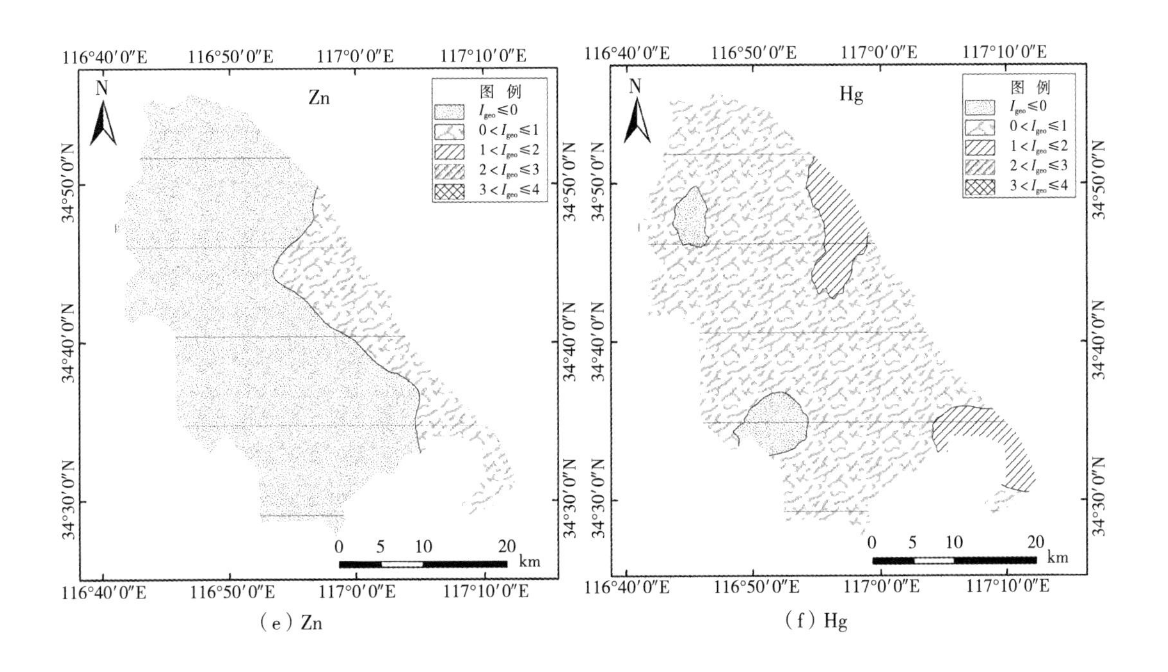

（e）Zn （f）Hg

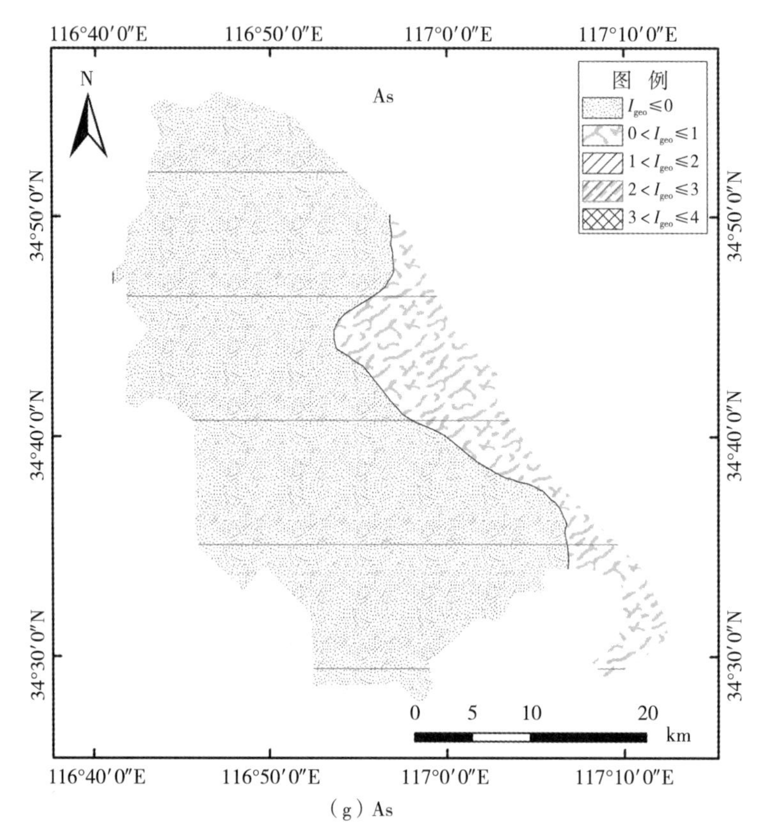

(g) As

图 2-11　沛县土壤 7 种重金属 I_{geo} 评价结果分布图

2.5　土壤重金属来源分析

2.5.1　土壤重金属溯源研究进展

土壤中重金属的主要来源通常被归纳为两类：自然过程和人为影响。自然过程主要包括岩石风化、大气沉降等，人为影响主要指采矿活动、快速城市化、工业化等。解析土壤中重金属的来源，并从源头治理重金属，是防止重金属污染的有效手段，对提高土壤质量、保障环境安全具有十分重要的意义。关于环境污染物来源的研究主要集中在源识别和源解析两个层面上。源识别是定性地判断各环境污染物的来源类型，源解析是定量计算各污染类型的贡献率。目前常用的源解析方法有化学质量平衡法、同位素示踪法、多元统计分析法、地统计学方法等。

1. 化学质量平衡法

化学质量平衡法是美国 EPA(美国国家环境保护局)建议使用的研究环境污染物来源及贡献率的主要方法之一，是目前污染物源解析过程应用最多的受体模型。根据质量守恒原理，假设重金属从污染源迁移至受体以及在受体环境中的积累过程均不发生转化消解，在此假设下受体环境中某重金属的含量为不同污染源对受体环境排放量的线性加和。因此，检测受体环境和各污染源中不同重金属的含量，建立两者之间的线性关系，当重金属总数不少于污染源总数时，便可计算获得各污染源对受体环境的重金属排放量。

2. 同位素示踪法

同位素是指具有相同原子序数的同一种化学元素，它在物理和化学过程中是稳定存在的，且不会造成二次污染。同位素与重金属的迁移行为和轨迹无关，因此同位素示踪法在解析重金属来源方面具有自身优势。[72] 目前，解析土壤重金属污染来源时主要采用铅同位素示踪技术，另外也有研究采用锌、锶和放射性核素同位素示踪技术。[73] 例如，Wang 等应用 Cd 和 Pb 同位素示踪了中国中部江汉平原土壤中重金属的来源。[74] Chow 等根据煤和汽油中铅同位素组成解析了北美地区环境中铅元素的来源。[75]

3. 多元统计分析法

多元统计分析法被广泛应用于重金属识别领域。目前常用的方法包括因子分析法、主成分分析法、聚类分析法及正定矩阵因子分析法等。因子分析法用变量表示各因子的线性组合，每一类变量作为一个因子，以较少的因子反映样本数据的大部分信息。李瑞平[76] 采用因子分析法解析农田土壤中重金属来源。王雄军等应用因子分析法对太原市土壤重金属进行源解析，结果表明，土壤重金属的主要来源包括工矿企业、交通运输、商业活动和生活垃圾。[77] 主成分分析法分析各因子之间的相关性，通过降维分析找到主要因子，被广泛应用于环境中重金属的来源识别。[78] Fernández 等[79] 应用主成分分析法识别土壤重金属主要来源。正定矩阵因子分解模型由 Paatero 和 Tapper 于 1994 年首次提出[80]，将受体样本数据矩阵分解为因子贡献率和因子分布矩阵，然后将这两个矩阵转化为污染源成分谱和贡献率[81]，这在污染源解析方面有很大优势[82]。

4. 地统计学方法

地统计学方法对异常值空间分布和污染源的关联性进行分析。因为土壤不是一个均质体，而是随时间不断变化的物质，因此需要用空间分析技术来研究土壤中重金属的污染状况。[83] Lee 等研究了拥有很高发展水平的国际化都市的研究区土壤（表层土）成分谱的含量，对其进行主成分分析和聚类分析，我们可以看出这些地方的土壤中微量金属元素和主要元素的数据之间不存在明显的关联性；而通过该地区的元素分布图（GIS），我们可以看出香港北部和西部是重金属污染的重灾区，主要的原因是那里的交通比较拥堵、频繁；从 Pb 同位素组成我们也可以看出，Pb 的人为污染源主要为汽车废气。[84] Wang 等[85] 运用地统计学方法，结合相关分析和正定矩阵因子分析模型，确定了中国广东省普宁市 10 种重金属元素的潜在来源。结果表明，Pb、Zn 和 Cu 主要来源于车辆排放和大气沉降，Hg 和 Cd 主要来源于工业活动（包括制药业、纺织印染业和电子废物回收业），Cr、Ni、V 和 Ti 的主要来源是土壤母质（侏罗纪页岩）。

2.5.2 土壤重金属源解析

我们应用肯德尔 Tau-b 相关性分析、主成分分析和层次分析法（Hierarchical Cluster Analysis，HCA）等统计学方法开展相关研究。肯德尔 Tau-b 相关性分析可表征分类变量的相关性，适用于各测量值之间没有关联的情况，应用范围很广。肯德尔 Tau-b 相关性分析适用于行和列数量相同的数组之间的计算，由 tau 改进而来。[86] PCA 方法是一种常用的多变量分析方法，可以实现变量的约减和系统的降维。PCA 方法选取特征值大于 1 的因子作为主成分，来有效地反映原数据的信息。HCA 方法利用最大化组间差异、最小化组内差异的算法对数据进行分类，被广泛应用于地球化学领域。

我们采用 Shapiro-Wilk 正态性检验方法检验重金属分布的正态性。重金属正态分布检验结果见表 2-13 所列。结果表明，得到的样本并非正态分布数据。肯德尔 Tau-b 相关性分析具有广泛的适用性，对于非正态分布数据同样适用，因此我们选择肯德尔 Tau-b 相关性分析来计算各要素之间的相关性。

表 2-13　重金属正态分布检验结果

指标	统计	显著性
pH 值	0.991	0.041
SOC	0.970	0.000
Cd	0.881	0.000
Pb	0.848	0.000
Cr	0.802	0.000
Cu	0.829	0.000
Zn	0.886	0.000
Hg	0.695	0.000
As	0.793	0.000

土壤 pH 值对土壤中重金属的吸附和解吸作用有强烈影响[87]，因此分析 pH 值和重金属含量之间的相关关系非常重要。在 99%置信水平下计算的重金属和其他土壤性质的肯德尔 Tau-b 相关系数矩阵见表 2-14 所列。

表 2-14　重金属和其他土壤性质的肯德尔 Tau-b 相关系数矩阵

指标	pH 值	SOC	Cd	Pb	Cr	Cu	Zn	Hg	As
pH 值	1.000								
SOC	−0.370**	1.000							
Cd	−0.263**	0.693**	1.000						
Pb	−0.285**	0.560**	0.597**	1.000					
Cr	−0.207**	0.332**	0.358**	0.558**	1.000				
Cu	−0.192**	0.479**	0.571**	0.659**	0.497**	1.000			
Zn	−0.296**	0.569**	0.649**	0.760**	0.571**	0.752**	1.000		
Hg	−0.263**	0.524**	0.459**	0.396**	0.201**	0.370**	0.417**	1.000	
As	−0.170**	0.341**	0.457**	0.643**	0.609**	0.680**	0.708**	0.237**	1.000

注：“**”表示在 0.01 水平上显著相关。

相关研究表明，重金属含量和 pH 值之间呈正相关关系[88]；但本章节的数据表明，重金属含量和 pH 值呈负相关关系，这可能是由不同研究区的 pH 值决定的。例如，Wunugestushan(乌努格吐山)矿 95.7%的样品 pH 值接近 7.0，重金属含量和 pH 值之间正相关，而本书中 90.96%的样品 pH 值高于 8.0，重金属含量和 pH 值呈负相关关系。

由表 2-15 可以明显看出，除 Hg 外，其他重金属含量之间呈正相关关系，且相关系数很高，说明这些重金属可能存在共同污染来源。这一结果与沛县土壤重金属空间分布规律一致。

HCA 被用于优化组间的异质性及组内的同质性。HCA 应用“组间连接”方法，采用欧氏距离平方标准化所有变量。图 2-12(a)为 HCA 树状图，树状图结果表明，土壤重金属及其他基础理化性质可以被分为三类：第一类包括 Cu、As、Zn、Cr、Pb、SOC 和 Cd，第二类和第三类分别为 Hg 和 pH 值。

表 2-15　旋转后重金属主成分载荷

指标	主成分	
	1	2
pH 值	－.0048	－0.803
SOC	0.624	0.672
Cd	0.792	0.424
Pb	0.904	0.258
Cr	0.932	0.076
Cu	0.938	0.154
Zn	0.923	0.317
Hg	0.139	0.694
As	0.969	0.052
方差百分比/%	67.58	14.12
累积/%	81.70	

本研究采用 PCA 方法降低数据维数，分析重金属污染的主要来源。在分析之前，需要进行 KMO 检验和 Bartlett 球体检验。KMO 检验结果为 0.89，Bartlett 检验结果为 $p<0.001$，说明数据呈球形分布，各变量间具有较强的相关性，可以对数据集进行 PCA 分析。如图 2-12(b)所示，将特征值大于 1 的主成分提取出来，PC1、PC2 分别为 6.08、1.27，这两个主成分可以解释总方差的 81.70%。旋转后重金属主成分载荷见表 2-15 所列。PC1 单独解释了总方差的 67.58%，与 As、Cu、Cr、Zn、Pb、Cd 相关性极高，与 SOC 也有较高相关性。根据这些结果，我们推断这些金属可能有一个共同的来源。SOC 在土壤中金属的运输、物理吸附和沉淀方面非常重要。本书中重金属含量与 SOC 存在正相关关系，这与 Wunugestushan 矿的研究结果一致[88]。PC2 与 Hg 呈正相关关系，与 pH 值呈负相关关系，占总方差的 14.12%。HCA、PCA 和肯德尔 Tau-b 相关系数结果均表明，As、Cu、Cr、Zn、

Pb、Cd 可能具有相同的污染来源，Hg 污染的来源不同于其他重金属。

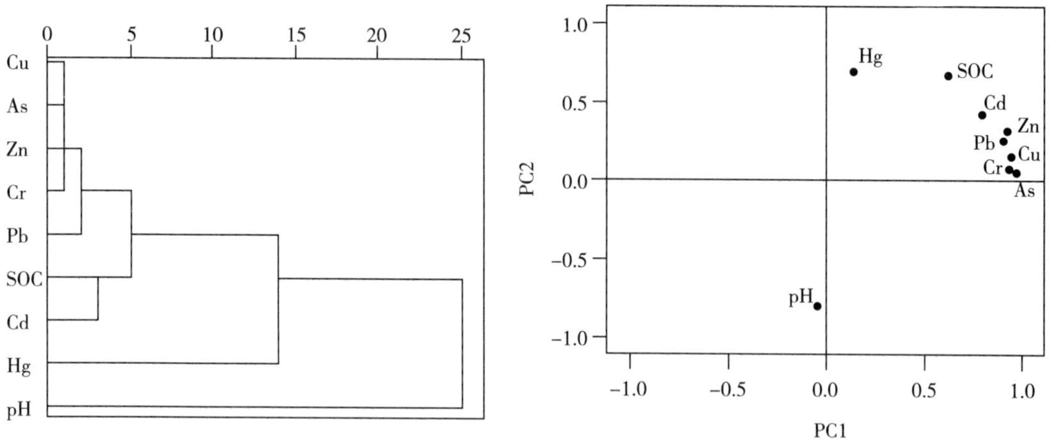

（a）HCA树状图

（b）PCA结果

图 2-12　重金属含量和其他土壤基础理化性质的 HCA 和 PCA 分析

2.6　本章小结

（1）在所有样本中，7 种重金属含量均低于农用地标准。但是，若以江苏省土壤元素地球化学基准值作为参考标准，我们则发现土壤中 Hg、Cd 和 Cu 平均含量分别超出参考标准的 1.38 倍、86%和 38%。

（2）由 I_{geo} 计算结果可知，沛县土壤中 Pb、Cr、Cu、Zn、As 处于无污染水平，而 Cd、Hg 处于无污染至中度污染水平。在煤矿沉陷区，Hg 的 I_{geo} 值最高，污染相对严重。

（3）沛县土壤中 Cr、Zn、Cu、Pb、Cd 和 As 的空间分布格局相似，在中东部地区含量较高。结合肯德尔 Tau-b 相关性分析、HCA、PCA 分析结果，我们可以推测，上述重金属的主要来源相同，主要来源可能是商业活动、煤矿开采活动、水运和农业活动。Hg 含量在沛县北部土壤中最高，主要来源为人类的采矿活动。

3. 高潜水位采煤沉陷区识别及复垦

3.1 采煤沉陷区提取

煤炭产业是沛县的主要经济支柱，但是煤矿的开采也诱发了严重的地面沉陷地质灾害。煤炭资源开采后，地下岩体内部会形成采空区，这破坏了岩体原有的应力平衡。随着采空区的扩大，岩层的移动和破坏影响到地表，引起地表移动和变形，从而形成地表沉降盆地、台阶、裂缝、沉陷坑等。房屋出现裂缝、变形、倒塌，桥梁断裂，路基沉陷变形，供电、通信系统基本遭到破坏，这使沉陷区群众的居住环境恶化，使居民的人身安全受到严重威胁，给人民群众生产、生活带来极大困难。

概率积分法利用随机介质的颗粒体介质模型，描述开采引起的岩层和地表移动规律，且算法成熟、应用广泛，也可用于徐州矿区地表沉降预测。[89]煤炭科学研究总院唐山分院根据徐州、沛县矿区的地表移动变形观测站实测数据，研究总结了徐州矿区地表移动预计参数。这些参数后经中国矿业大学开采损害及防护研究所进行了修正，为本书提供了预计参数选取标准。徐州矿区地表移动预计参数见表 3-1 所列。

表 3-1　徐州矿区地表移动预计参数

参数	取值
下沉系数 q	0.7～0.75
下沉重复采动系数 K	1.1
主要影响角正切 $\tan\beta$	2
水平移动系数 b	0.31
开采影响传播角 θ	90～0.5α
走向拐点偏移距 $S_{走}$	0.05～0.15H
倾向拐点偏移距 $S_{上}$	0.1～0.15H
倾向拐点偏移距 $S_{下}$	0.05～0.15H
备注	α 为煤层倾角，H 为平均开采深度

沛县煤矿开采方式均为井工开采。井工开采造成了大量耕地被破坏和退化，严重影响了当地粮食产量和安全，破坏了矿区的生态环境，阻碍了社会的持续稳定发展。本书利用中国矿业大学开采损害及防护研究所研制的矿区开采沉陷预测分析系统 MSAS，结合各煤矿工作面布置和开采数据，对 2020 年地表沉陷深度 W 进行计算。2020 年沛县矿区地表沉陷情况如图 3-1 所示。

至 2020 年底，沛县矿区地表沉陷面积总计达到 8573.56 ha，其中轻度沉陷（$W<$

1.5 m)、中度沉陷(1.5 m≤W≤3.0 m)、重度沉陷(W>3.0 m)面积分别为 5435.54 ha、1663.38 ha、1474.64 ha,三河尖、徐庄、姚桥及张双楼煤矿地表沉陷面积较大。2020 年底沛县矿区地表沉陷面积(按煤矿分类)见表 3-2 所列。

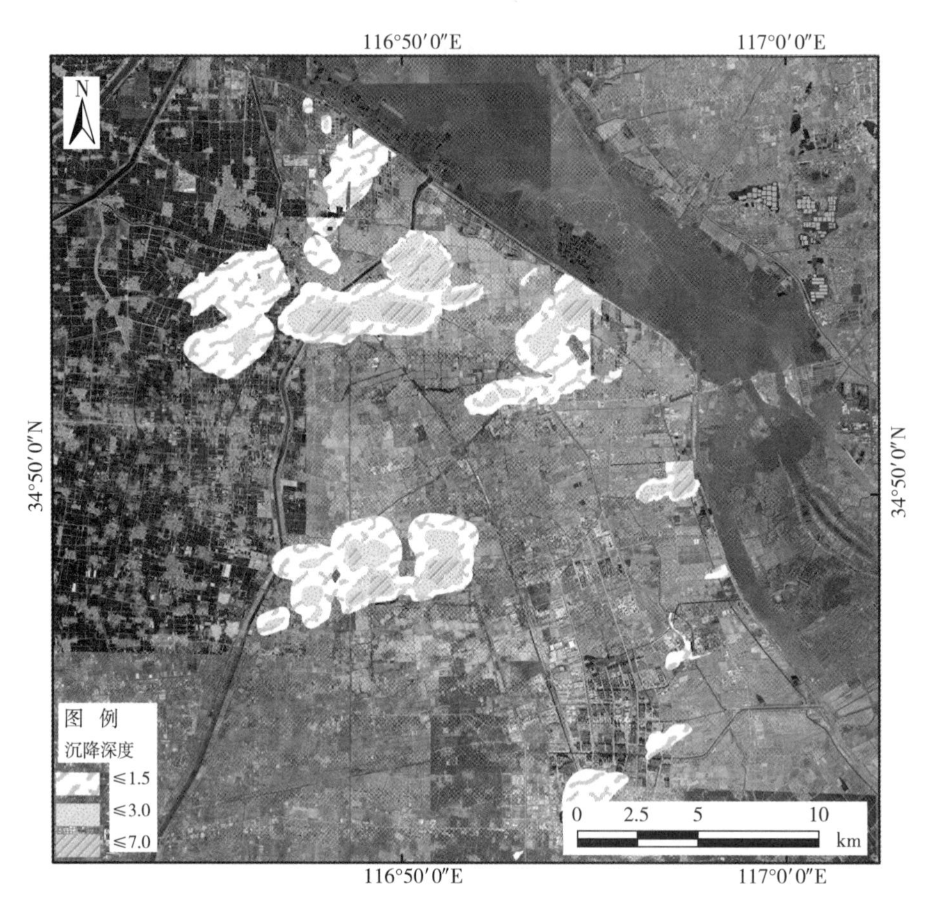

图 3-1 2020 年沛县矿区地表沉陷情况

表 3-2 2020 年底沛县矿区地表沉陷面积(按煤矿分类)

煤矿		轻度沉陷	中度沉陷	重度沉陷	合计
孔庄	面积/ha	116.65	0.04	0.00	116.69
	比例/%	99.97	0.03	0.00	100.00
龙东	面积/ha	260.09	148.67	421.07	829.83
	比例/%	31.34	17.92	50.74	100.00
龙固	面积/ha	520.43	20.18	0.64	541.25
	比例/%	96.15	3.73	0.12	100.00
沛城	面积/ha	506.35	6.15	0.00	512.50
	比例/%	98.80	1.20	0.00	100.00

（续表）

煤矿		轻度沉陷	中度沉陷	重度沉陷	合计
三河尖	面积/ha	1824.21	480.83	397.38	2702.42
	比例/%	67.50	17.79	14.71	100.00
徐庄	面积/ha	90.63	43.62	125.66	259.91
	比例/%	34.87	16.78	48.35	100.00
姚桥	面积/ha	780.68	386.38	153.82	1320.88
	比例/%	59.10	29.25	11.65	100.00
张双楼	面积/ha	1336.50	577.52	376.07	2290.09
	比例/%	58.36	25.22	16.42	100.00
合计	面积/ha	5435.54	1663.38	1474.64	8573.56
	比例/%	63.40	19.40	17.20	100.00

2020年底沛县矿区地表沉陷情况（按行政区分类）见表3-4所列。总体上，安国镇、龙固镇、杨屯镇沉陷面积较大。各镇大部分地表沉陷以轻度为主，轻度沉陷面积约为5435.54 ha，中度与重度沉陷所占面积分别为1663.38 ha和1474.64 ha。其中，汉兴街道、汉源街道、沛城街道、朱寨镇基本为轻度沉陷；杨屯镇重度沉陷面积较大，为559.91 ha，龙固镇次之，安国镇和大屯街道也有相当一部分重度沉陷区域。

表3-3　2020年底沛县矿区地表沉陷情况（按行政区分类）

行政区		轻度沉陷	中度沉陷	重度沉陷	合计
安国镇	面积/ha	1103.20	395.81	356.75	1855.76
	比例/%	59.45	21.33	19.22	100.00
大屯街道	面积/ha	217.58	53.54	129.57	400.69
	比例/%	54.30	13.36	32.34	100.00
汉兴街道	面积/ha	124.22	0.00	0.00	124.22
	比例/%	100.00	0.00	0.00	100.00
汉源街道	面积/ha	185.92	6.19	0.00	192.11
	比例/%	96.78	3.22	0.00	100.00
龙固镇	面积/ha	2127.07	517.57	409.12	3053.76
	比例/%	69.65	16.95	13.40	100.00
鹿楼镇	面积/ha	426.47	188.42	18.21	633.10
	比例/%	67.36	29.76	2.88	100.00
沛城街道	面积/ha	277.34	0.00	0.00	277.34
	比例/%	100.00	0.00	0.00	100.00

(续表)

行政区		轻度沉陷	中度沉陷	重度沉陷	合计
杨屯镇	面积/ha	959.13	498.53	559.91	2017.57
	比例/%	47.54	24.71	27.75	100.00
朱寨镇	面积/ha	14.61	3.31	1.09	19.01
	比例/%	76.85	17.42	5.73	100.00
合计	面积/ha	5435.54	1663.38	1474.64	8573.56
	比例/%	63.40	19.40	17.20	100.00

随着煤矿的持续开采，截至 2030 年底，预计沛县矿区地表沉陷面积总计将达到 11202.03 ha，其中轻度沉陷($W<1.5$ m)、中度沉陷($1.5\ \mathrm{m}\leq W\leq 3.0$ m)、重度沉陷($W>3.0$ m)的面积将分别达到 7366.21 ha、1961.48 ha、1874.34 ha。其中，孔庄、龙固及沛城煤矿基本为轻度沉陷。预计 2030 年沛县矿区地表沉陷情况如图 3-2 所示。

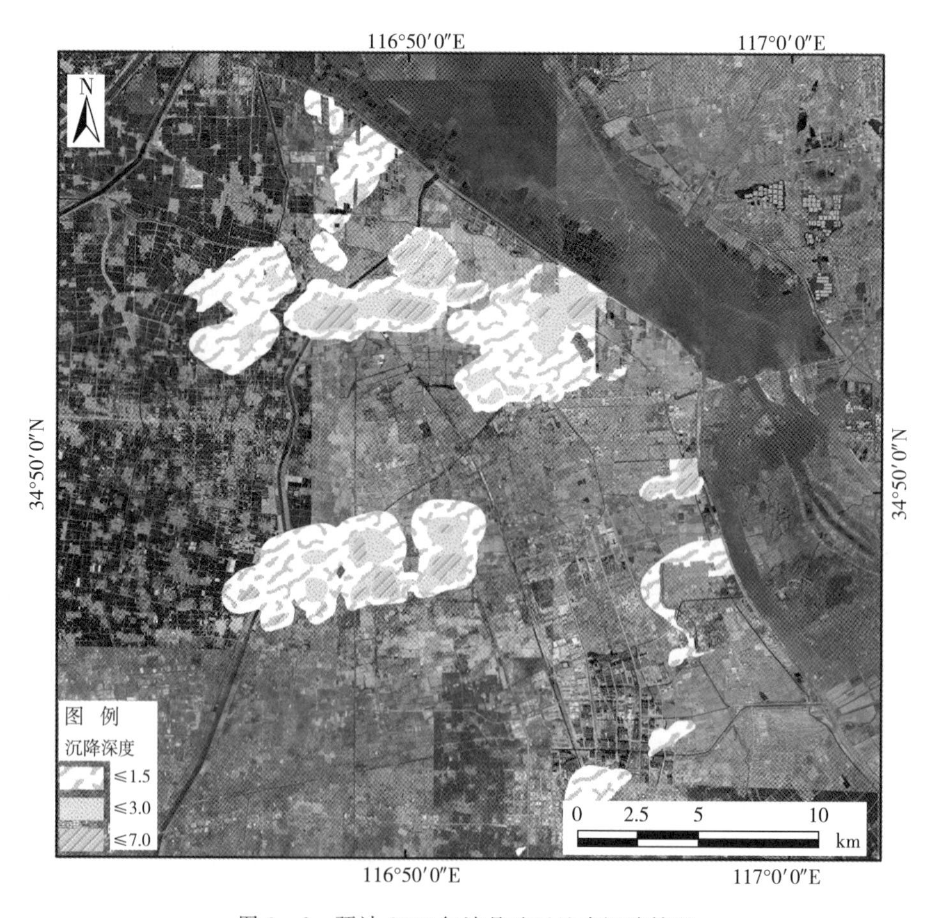

图 3-2 预计 2030 年沛县矿区地表沉陷情况

预计 2030 年底沛县矿区地表沉陷情况(按煤矿分类)见表 3-4 所列。预计三河尖、姚桥及张双楼煤矿沉陷面积较大;张双楼煤矿沉陷面积最大,将达到 3144.22 ha,其中轻度沉陷面积最大,为 1870.21 ha。三河尖煤矿和姚桥煤矿的沉陷面积分别为 2702.42 ha 和 2233.45 ha,均以轻度沉陷为主,轻度沉陷面积分别占总沉陷面积的 67.50%、62.22%。

表 3-4　预计 2030 年底沛县矿区地表沉陷情况(按煤矿分类)

煤矿		轻度沉陷	中度沉陷	重度沉陷	合计
孔庄	面积/ha	404.22	35.69	0.00	439.91
	比例/%	91.89	8.11	0.00	100.00
龙东	面积/ha	327.68	162.82	444.94	935.44
	比例/%	35.03	17.41	47.56	100.00
龙固	面积/ha	520.42	20.18	0.64	541.24
	比例/%	96.15	3.73	0.12	100.00
沛城	面积/ha	506.35	6.15	0.00	512.50
	比例/%	98.80	1.20	0.00	100.00
三河尖	面积/ha	1824.21	480.11	398.10	2702.42
	比例/%	67.50	17.77	14.73	100.00
徐庄	面积/ha	523.57	43.62	125.66	692.85
	比例/%	75.57	6.30	18.13	100.00
姚桥	面积/ha	1389.55	570.05	273.85	2233.45
	比例/%	62.22	25.52	12.26	100.00
张双楼	面积/ha	1870.21	642.86	631.15	3144.22
	比例/%	59.48	20.45	20.07	100.00
合计	面积/ha	7366.21	1961.48	1874.34	11202.03
	比例/%	65.76	17.51	16.73	100.00

2030 年底沛县乡镇、街道地表沉陷情况(按行政区分类)见表 3-5 所列。较 2020 年,沛县采煤沉陷区面积增加了 2628.47 ha。轻度沉陷、中度沉陷、重度沉陷的比例分别为 65.76%、17.51%和 16.73%。总体上,安国镇、大屯街道、龙固镇、鹿楼镇、杨屯镇沉陷面积较大。各镇大部分地表沉陷都以轻度为主,杨屯镇中度沉陷和重度沉陷面积相对较大,分别为 685.77 ha、694.35 ha。

表 3-5　2030 年底沛县乡镇、街道地表沉陷情况(按行政区分类)

行政区		轻度沉陷	中度沉陷	重度沉陷	合计
安国镇	面积/ha	1447.44	425.72	480.49	2353.65
	比例/%	61.50	18.09	20.41	100.00

（续表）

行政区		轻度沉陷	中度沉陷	重度沉陷	合计
大屯街道	面积/ha	909.51	89.30	129.91	1128.72
	比例/%	80.58	7.91	11.51	100.00
汉兴街道	面积/ha	124.22	0.00	0.00	124.22
	比例/%	100.00	0.00	0.00	100.00
汉源街道	面积/ha	212.09	6.19	0.00	218.28
	比例/%	97.16	2.84	0.00	100.00
龙固镇	面积/ha	2127.06	516.86	409.83	3053.75
	比例/%	69.65	16.93	13.42	100.00
鹿楼镇	面积/ha	618.24	231.59	156.56	1006.39
	比例/%	61.43	23.01	15.56	100.00
沛城街道	面积/ha	277.34	0.00	0.00	277.34
	比例/%	100.00	0.00	0.00	100.00
杨屯镇	面积/ha	1619.83	685.77	694.35	2999.95
	比例/%	54.00	22.85	23.15	100.00
朱寨镇	面积/ha	30.48	6.05	3.20	39.73
	比例/%	76.72	15.23	8.05	100.00
合计	面积/ha	7366.21	1961.48	1874.34	11202.03
	比例/%	65.76	17.51	16.73	100.00

3.2 采煤沉陷积水区提取

沛县为典型高潜水位煤矿区，煤矿开采引起地表沉陷后，极易导致地表积水。美国陆地卫星(Landsat)具有长时间序列对地观测能力，结合广泛应用于地表水体提取的水体指数[90]，可用于沛县采煤沉陷积水区的识别。地表沉陷积水是一个逐渐发生的过程，可结合矿区开采信息，利用长时间序列水体指数区分自然水、工程水和沉陷积水。本节利用长时间序列水体指数趋势分割和形态学方法进行沉陷积水区识别。首先，本节利用 Landsat 卫星提取水体指数，并计算年图像集中水体数量与有效图像数量之比，即年频率指数(Intra-annual Water Frequency index，AWFI)。其次，本节利用长时间序列指数趋势算法，拟合每个像素的 AWFI 轨迹数据，识别存在突变的像素，并移动时间窗口，检测轨迹数据的突变年份。最后，本节结合矿区工作面开采信息，实现沉陷积水的提取。

本节利用谷歌地球引擎(Google Earth Engine，GEE)平台检索 1984 年 1 月 1 日至 2020 年 12 月 31 日间研究区内的 Landsat 5、7 和 8 卫星影像数据，对所有的图像进行了几何校正，共有 1588 景影像可用；利用 GEE 提供的云掩膜算法去除大于 50%的高云像素[91]，并利用掩膜后的数据进行水体提取。现有研究表明，计算水体指数是基于遥感影像提取地表水的有效手段，其中标准化修正水体指数(Modified Normalized Difference Water Index,

MNDWI)对水体识别效果较好[92]，其计算公式如下：

$$MNDWI=\frac{(G-M)}{(G+M)} \tag{3-1}$$

式中，G 和 M 分别表示绿光波段和中红外波段的反射率值。同时，为减少由混合像素中同时包含水体和植被引起的水体识别误差，本研究同时引入归一化差分植被指数(Normalized Difference Vegetation Index，NDVI)和增强的植被指数(Enhanced Vegetation Index，EVI)以减少植被对水体识别的干扰，其计算公式如下：

$$NDVI=\frac{N-R}{N+R} \tag{3-2}$$

$$EVI=\frac{2.5(N-R)}{N+6R-7.5B+1} \tag{3-3}$$

式中，N、R、B 分别表示近红外波段、红光波段和蓝光波段的反射率值。本节通过研究确定，像素值符合以下标准的区域可被确定为水体：$MNDWI>NDVI$ 或 $MNDWI>EVI$ 且 $EVI<0.1$。

基于提取的水体计算 $AWFI$，我们可将水体分为季节性积水($0.25\leqslant AWFI<0.75$)和永久性积水($AWFI\geqslant 0.75$)，$AWFI$ 值小于 0.25 时，可能为异常数据等无效数据。[93] 从 1984 年至 2020 年，我们计算每个像素每年的 $AWFI$，构建每个像素的 $AWFI$ 时间序列数据，并采用 Savitzky-Golay 滤波拟合算法对 $AWFI$ 时间序列数据进行平滑处理，消除异常数据。[94]

全年水体类型分为季节性积水和永久性积水，其概率阈值分别为 0.25 和 0.75。土地利用变化是一个复杂的过程，矿区水体变化的来源可以大致分为自然水、地表沉陷积水和工程用水(如人工池塘)。其中，自然水为稳定水，地表沉陷积水和工程用水属于变化水体。自然水主要包括永久性积水的河流和湖泊，永久水体(微山湖示例水域)的 $AWFI$ 曲线如图 3-3(a)所示，其值较高且稳定。地表沉陷积水变化全过程包括地表沉陷引起的水体长期淹没或大部分时间淹没，地表沉陷积水区(三河尖煤矿)和地表沉陷积水区(龙东煤矿)的 $AWFI$ 曲线如图 3-3(b)和(c)所示。工程用水主要为人工池塘或河流，与沉陷积水的年际频率曲线相似，我们可根据矿区沉陷范围进行区分。

沛县矿区典型地表沉陷区积水过程主要分为三个阶段。在第一阶段，开采前 $AWFI$ 基本为 0；在第二阶段，煤矿开采引起地表沉降，随着沉降程度和时间的增加，地表沉陷区逐渐积水，表现为 $AWFI$ 相应上升；在第三阶段，$AWFI$ 较高，如果出现修复项目(如积水区充填复垦或在水上铺设光伏电力板)，$AWFI$ 就会相应降低。除煤矿开采沉陷和土地复垦外，矿区的沉陷区积水轨迹也受到降水和遥感图像质量等因素的影响，但煤矿开采仍是积水的主要影响因素。

根据沛县历史资料和数据，大规模煤矿开采始于 1986 年左右，本研究假设 1986 年前存在的水体是天然水体，将 $AWFI$ 存在突变的水体视为潜在的沉陷积水。在此基础上，本研究将沛县 8 个矿区边界、沉陷区范围、积水提取结果进行空间叠加分析，将位于采煤沉陷区内的水体，去除天然水体、人工河流等水体后作为沉陷区积水，从而实现沉陷积水区的提取，为沉陷区复垦提供基础数据。2020 年沛县矿区地表沉陷积水区分布如图 3-4 所示。其中，积水区主要分布在沉降较为严重的区域，包括三河尖、徐庄、姚桥、龙东及张双楼煤矿，积水区面积为 1729.00 ha。

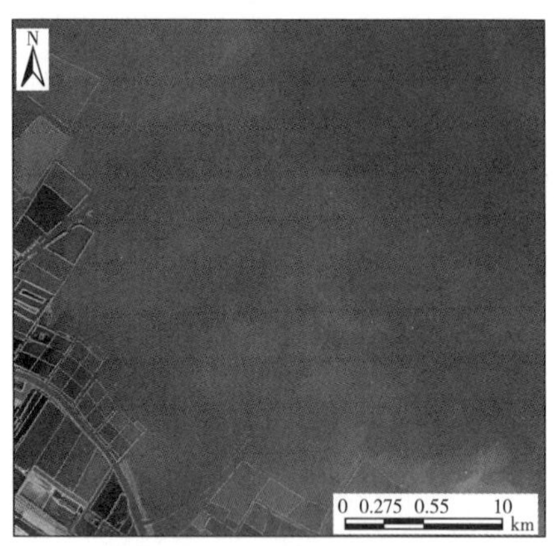

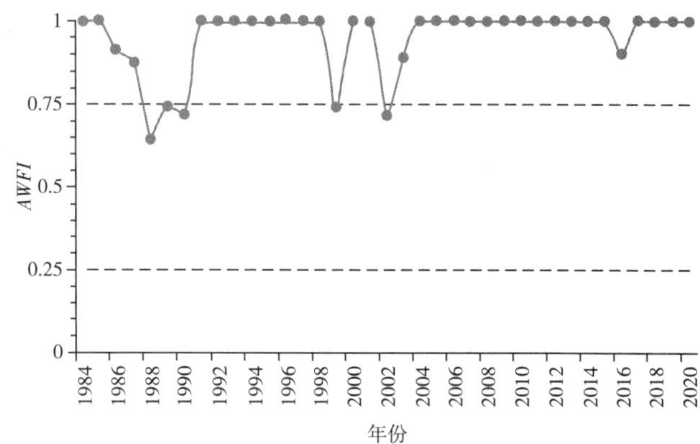

（a）永久水体（微山湖示例水域）的*AWFI*曲线

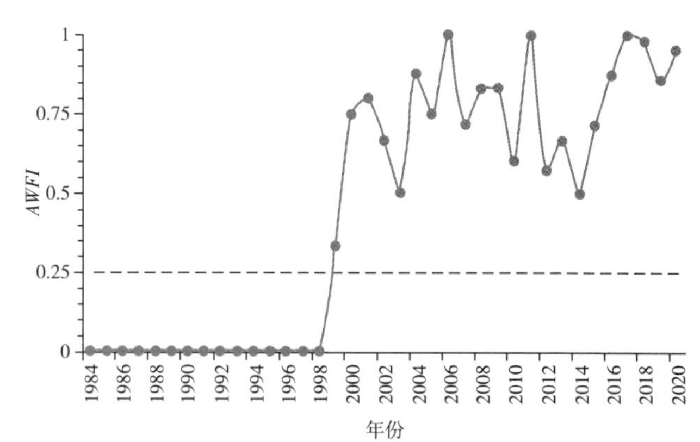

（b）地表沉陷积水区（三河尖煤矿）的*AWFI*曲线

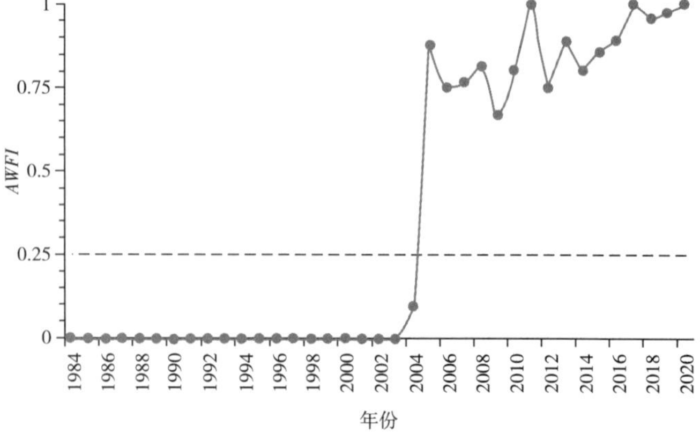

（c）地表沉陷积水区（龙东煤矿）的*AWFI*曲线

图 3-3　典型积水区水体 *AWFI* 曲线

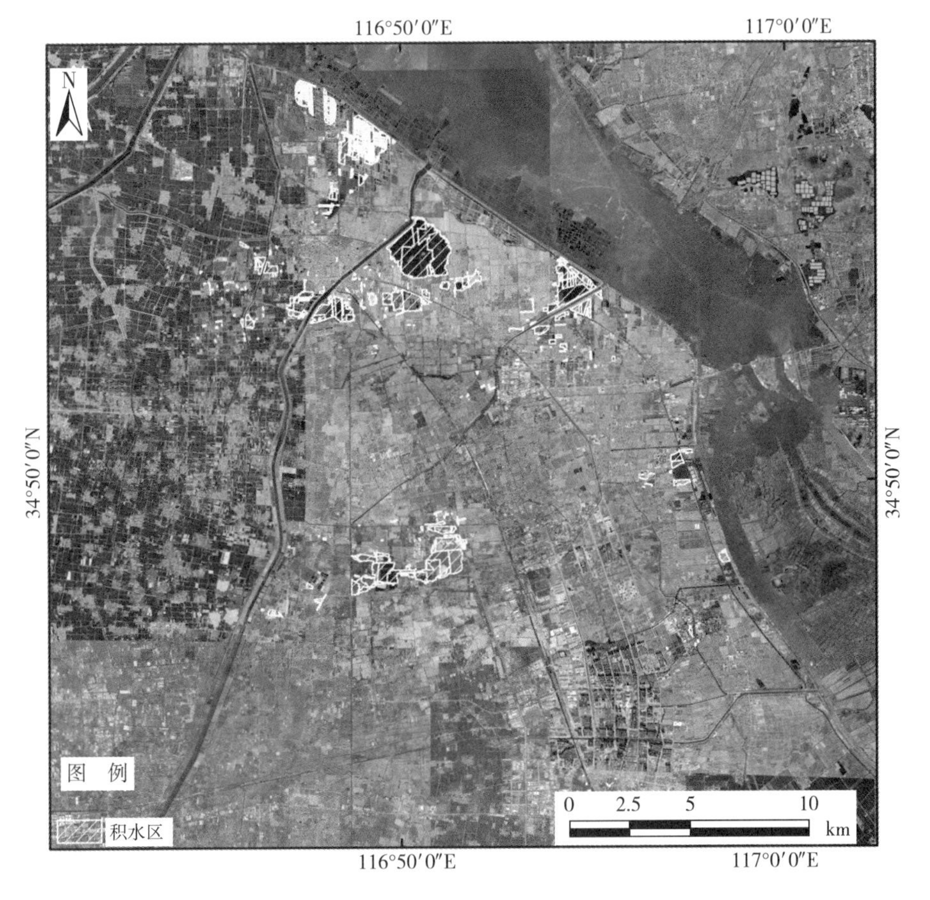

图 3-4　2020 年沛县矿区地表沉陷积水区分布

3.3　采煤沉陷区复垦原则

高潜水位矿区是我国重要的煤炭产地，2021 年煤炭产量达 3.55 亿 t，在推动社会发展和经济建设中发挥着至关重要的作用。但是煤炭的长期井工开采也带来了一系列生态问题，制约着社会的可持续发展。2021 年 3 月 13 日，《中华人民共和国国民经济和社会发展第十四个五年规划和 2035 年远景目标纲要》发布，明确提出"实施采煤沉陷区综合治理和独立工矿区改造提升工程""推进能源资源一体化开发利用，加强矿山生态修复"。高潜水位采煤沉陷区复垦迫在眉睫。

近年来，针对生态环境问题，国家给予高度关注。党的十九大提出建设生态文明是中华民族永续发展的千年大计，统筹山水林田湖草系统治理，做到"整体保护、系统修复、综合治理"，构建区域生态安全格局，"加强生态系统保护修复"被写入 2019 年《政府工作报告》。2020 年 11 月，习总书记在江苏考察时指出"把保护生态环境摆在更加突出的位置，推动经济社会高质量发展、可持续发展"。为深入推进美丽江苏建设，江苏省委、江苏省人民政府出台了《关于深入推进美丽江苏建设的意见》，提出推进国土空间全域综合整治，实施废弃矿山和采煤沉陷区治理等工程。

采煤沉陷区复垦是指对因采煤而损毁的土地采取整治措施，使其达到可供利用状态的活动。我们应对生态、地质、水文、矿区实际情况等多方面进行分析，针对已破坏矿区与生产型矿区，因地制宜采取不同复垦措施。

采煤沉陷区复垦可以促进矿区土地资源的可持续利用及矿区可持续发展，有效缓解矿区因采煤沉陷而造成的耕地资源紧缺、土壤污染、水污染、植被破坏、水土流失等生态环境问题，最大限度地保护土地资源，促进土地资源集约、合理和高效利用，逐步恢复和增强生态服务功能。采煤沉陷区复垦原则如下。

1. 责任明确、统筹推进

我国2011年颁布的《土地复垦条例》规定，对采煤沉陷造成的损毁土地，按照“谁损毁，谁复垦”的原则，将复垦责任明确到生产建设单位或者个人。

此外，加强规划研究，科学有序组织。我们应将采煤沉陷区复垦与经济社会发展同步规划、统筹发展，探索新路径，开创新模式，走全面、协调、可持续发展之路，解决采煤沉陷区历史遗留问题，促进采煤沉陷区经济和社会事业全面发展。

2. 因地制宜、优先复垦为农用地

按照“宜农则农、宜林则林、宜水则水、宜建则建、宜生态则生态”的原则，科学定位，分类实施。按照优先复垦为农用地的原则，以复垦土地为基础，切实加强耕地保护和质量提升，稳定粮食生产，大力发展优质稻米、专用小麦、饲用玉米等特色主导产业。鼓励采煤沉陷区依照自身发展优势，因地制宜，发展特色替代产业。例如，依托徐州市作为光伏产业基地的优势和采煤沉陷区良好的光照条件及采煤沉陷区“挖深垫浅”形成的鱼塘，大力开展渔光互补产业。

3. 生态优先、全面发展

注重采煤沉陷复垦区的生态环境保护，立足长远，做到土地复垦与生态恢复、景观建设和经济社会可持续发展相结合，复垦后景观与当地自然环境相协调，努力做到生态、经济和社会综合效益最大化。

4. 鼓励创新、推进先进技术的应用

支持土地复垦科学研究和技术创新，制定土地复垦技术标准，加强土地复垦先进技术的推广应用，全面提升土地复垦的水平。借鉴国内外生态环境修复等领域的成功经验，深化采煤沉陷地生态修复治理、矿区水土资源协调发展、采煤沉陷复垦区土壤改良方法等方面的国际交流与合作。

3.4 采煤非积水沉陷区复垦方式

在建设生态文明的大背景下，高潜水位采煤沉陷区的水土资源亟待盘活利用，以推进资源的可持续利用和社会经济可持续发展。对采煤沉陷非积水区的土地进行复垦时，我们可通过一系列的工程技术措施对土地进行挖、铲、垫、平等处理，使之达到重新利用的目的。目前常用的采煤沉陷区复垦方式包括煤矸石充填复垦技术、混推平整复垦技术和湖泥充填复垦技术等。[95]

1. 煤矸石充填复垦技术

采煤沉陷区煤矸石充填复垦工艺具体流程如下：根据井上、井下对照图，在开采区域地表未沉陷或沉陷初期预先剥离表土，堆存以待使用；待采煤沉陷区稳定后，清除盆地内杂物；通过预实验确定压实参数和煤矸石用量；根据预实验结果，一次性用煤矸石将沉陷盆地回填至设计标高并平整压实；最后将预先剥离并储存的表土进行回填平整，表土覆盖的厚度为0.6～1.0 m，并在平整后的复垦场地上种植农作物。此方法适用于有足够的充填材料且充填材料无污染区域。

2. 混推平整复垦技术

混推平整复垦技术能消除附加坡度、地表裂缝及波浪状下沉等对土地利用的影响，主要工作是设计好标高，与沟、渠、路、田、林、井等统一规划，平整后加以利用，这样能增加有效耕地面积，保护耕地红线。混推平整复垦技术适合应用在土地呈小斑块分散的沉陷区。一般混推平整复垦的土地比周边正常土地地势稍低。在实践中，混推平整技术因其施工相对简单、复垦成本较低得到了广泛应用。[96]

3. 湖泥充填复垦技术

湖泥资源丰富地区可以利用湖泥充填复垦，用绞吸式挖泥船从湖内挖取湖泥，经管道充填到沉陷区，经排水、固结、平整后，复垦再利用。湖泥充填技术成熟，湖泥有机质含量高，土壤肥沃，在矿区得到了广泛应用。不足之处在于淤泥层厚，容易形成沼泽，排水固结时间也比较长，充填复垦后两三年才能耕种。湖泥充填技术适用于有足够的充填湖泥且湖泥无污染区域[97]。

3.5 采煤沉陷积水区生态治理方式

在高潜水位地区，采煤沉陷造成的地表下沉量较大时，地表沉陷积水，土地面积锐减，这会造成作物绝产。迫切需要根据当地自然环境、经济条件和社会需求，复垦再利用沉陷区水土资源。

对于沉陷积水区，我们可根据地理位置、水源条件、生态价值、经济价值、社会需求等多方面条件进行不同方向的复垦：对沉陷较浅的区域进行土地复垦，使其恢复到可以继续耕种的水平；在水深、水温、水质等条件适宜鱼类生长的沉陷积水区，可复垦成养殖型人工湿地；在离城区较近、面积较大的沉陷积水区，可构建景观湿地。

3.6 复垦效应

对采煤沉陷区复垦利用，能显著提高土地生产力，改善生态环境，进一步缓解经济发展对土地需求的压力，这有利于保障社会经济的和谐发展。通过实施采煤沉陷区复垦利用，我们可在现行土地管理框架下，维护保障土地权利人合法权益，打通城乡要素双向流动的渠道，构建促进城乡要素流动的平台。项目区复垦后，我们可将复垦项目区与土地利用总体规划、产业布局规划等进行衔接，安排相应建设用地布局。合理调整用地布局，可以达到土地的集约节约高效利用，有利于新农村建设和实现城乡统筹发展。从总体上来分析，复垦效益主要体现在生态效益、社会效益和经济效益三个主要方面。

1. 生态效益

复垦后集中连片改良土地，可有效减少土地退化面积，提高土地生态安全程度和生态效益；形成良好的防护林体系，改善农田小气候，提高林木覆盖率，增强抵御灾害能力。通过土地复垦和生态系统建设，提高农田的生物多样性保护功能。将基本农田、优质耕地大面积连片布局，优化空间格局，构建景观优美、人与自然和谐的宜居环境。

2. 社会效益

采煤沉陷区复垦可有效增加耕地数量，缓解人多地少的矛盾，促进耕地的占补平衡和总量的动态平衡，促进农业生产、解决“三农”问题，提高农民和集体经济组织从事农业生产的积极性。通过采煤沉陷区复垦，推进矿区土地利用和矿产资源利用方式及管理方式的根本转变，切实增强资源保障能力、环境保护能力和地质工作服务功能，形成统筹协调、优势互补、相互促进的矿地融合发展新模式，为新型城镇化、农业现代化、区域经济发展、生态文明建设、民生改善等提供基础支撑和服务。

3. 经济效益

采煤沉陷区复垦可提高原有耕地的增产增收效益。据测算，经复垦后每公顷耕地约可提高产值 3000 元。此外，复垦增加了有效耕地数量，按“稻-麦”的耕作制度，每公顷新增耕地每年农业产值可达 31500 元。采煤沉陷区复垦带来的间接经济效益也可以促进当地经济发展。通过盘活存量土地，保障发展用地需求，增加当地财政收入和土地出让收益，带动地区经济增长。

3.7 本章小结

本节利用概率积分法评估了沛县地表开采沉陷情况，并基于长时间序列水体指数趋势分割和形态学方法进行了沉陷积水区识别，具体结论如下。

(1)2020 年底，沛县矿区地表沉陷面积为 8573.56 ha，其中轻度沉陷 5435.54 ha，中度沉陷 1663.38 ha，重度沉陷 1474.64 ha。沛县各煤矿大部分地表沉陷以轻度为主，三河尖、徐庄、姚桥及张双楼煤矿地表沉陷面积较大。

(2)地表沉陷积水面积为 1729.00 ha，主要分布在三河尖、徐庄、姚桥、龙东及张双楼煤矿。

4. 不同复垦模式下采煤沉陷区的土壤生态效应

复垦土壤是土地复垦重要的研究对象之一。近年来，国内外学者对矿区复垦土壤重金属污染做了大量研究。国内有关矿区复垦土壤重金属的研究成果均表明，复垦土壤重金属含量普遍偏高[98]，且对当地居民有潜在健康威胁。例如，董霁红[99]采集了江苏省徐州市矿区煤矸石充填复垦土壤、粉煤灰充填复垦土壤、对照土壤，分析了土壤重金属分布特征及污染情况，结果表明 Cd 污染严重，Cr 和 Pb 均未超过土壤环境质量二级评价标准。卢永强等[100]以淮北朔里煤矿复垦土壤为研究对象，分析土壤中重金属含量。研究发现，复垦土壤重金属含量普遍偏高，主要污染物为 Cd。亢晨宇[101]研究山西省王庄煤矿和曹村煤矿复垦场地土壤重金属 Hg、As、Pb、Cd、Ni、Cu 含量，结果表明重金属 Hg、Pb、Cd 含量随复垦年限的增加均呈降低的趋势，As、Ni 呈相反趋势，Cu 无明显变化。方凤满等[102]研究了徐州市煤矿混推平整复垦区土壤中重金属含量，结果表明复垦区土壤中 Zn、Pb、Ni、Mn 和 Cu 的含量均大于当地土壤背景值，且随复垦年限增加明显累积。与此相似，矿区土壤重金属存在不同程度的污染这一结论也在国外很多与此相关的研究中得到证实。[103,104]例如，Tepanosyan 等[41]以亚美尼亚 Kajaran 最大的 Cu－Mo 矿区为研究对象，采集土壤样本，分析在连续采矿活动的影响下土壤重金属空间分布模式，评估人体健康风险水平，结果表明：Kajaran 市 Cu、Mo 的异常分布主要由矿区活动导致；Pb、Mo 对当地成人有非致癌风险，Fe、Mn、Co、Cu、Pb 和 Mo 均对儿童有潜在健康风险。Candeias 等[105]研究了 S. Francisco 矿区农业和居住土壤受采矿活动的影响。土壤重金属调查数据显示，As 含量超过了当地农业土壤参考值的 20 倍，当地蔬菜等农作物中 As、Cd 和 Pb 含量显著高于世界卫生组织提出的蔬菜最大允许水平，这可能对当地居民构成一定的健康危害。很多学者研究了单一复垦模式下复垦前后的土壤性质[106,107]，但是我们经检索发现，尚未有人同时对高潜水位采煤沉陷区不同复垦方式、不同复垦年份、不同土地利用方式下复垦前后土壤重金属含量的变化特征进行研究。

本节以沛县典型煤矸石充填复垦（coal gangue filling reclamation，CG）区、混推平整复垦（land leveling reclamation，LL）区、湖泥充填复垦（lake sediment filling reclamation，LS）区为研究对象，分析土壤基础理化性质和重金属含量，对比不同复垦方式、复垦时间序列、不同土地利用方式对土壤基础理化性质的影响，为今后复垦方式和土地利用方式的选择提供数据支撑。

4.1 复垦区样品采集分析

1. 样品采集

不同年份的沛县沉陷复垦区为本研究提供了一个时间序列十分完善的研究样本。本节从沛县多类型、多年份复垦区中，筛选出煤矸石充填复垦(CG)区、混推平整复垦(LL)区、湖泥充填复垦(LS)区，分析土壤基础理化性质和重金属含量，对比不同复垦方式、不同复垦时间、不同土地利用类型对土壤肥力和重金属的影响，为未来采煤沉陷区复垦方式和用地类型的选择提供理论依据。在本研究中，筛选的样地除复垦年限不同外，其地形、气候、土壤母质等条件基本一致。种植模式均为豆麦轮作，耕作方式均为机械翻耕，施肥方式均为氮、磷、钾肥配施和小麦季秸秆还田等。我们于 2019 年 8 月对 3 类复垦区进行土壤样品采集。复垦区研究样地分布图如图 4－1 所示，采样样地基本情况详见表 4－1 所列。

土壤性质具有不均一性，即不同位置的土壤存在一定程度的差异。因此，我们必须沿着一定的路线采集样品，遵循典型性、代表性、多点混合等原则进行样品采集。根据采样单元面积大小和土壤性质差异，确定每个采样样地各设置 3 个采样单元，各采样单元分别布设 3 个采样点。按照农耕地分层方法，分为 0～10 cm、10～20 cm、20～50 cm 共 3 层，用土钻采集各层样本。将各采样单元 3 个采样点每层土壤分别混匀成一个混合样本，放入灭菌封口袋中，并立即放入冷藏箱内带回实验室。本次共采集 19 样地×3 单元×3 剖面＝171 个土壤样本。同时，在耕地和农光互补区，采集整株大豆样本，在光伏用地、林地采集杂草反枝苋。本次共采集 19 样地×3 单元＝57 个植物样本。

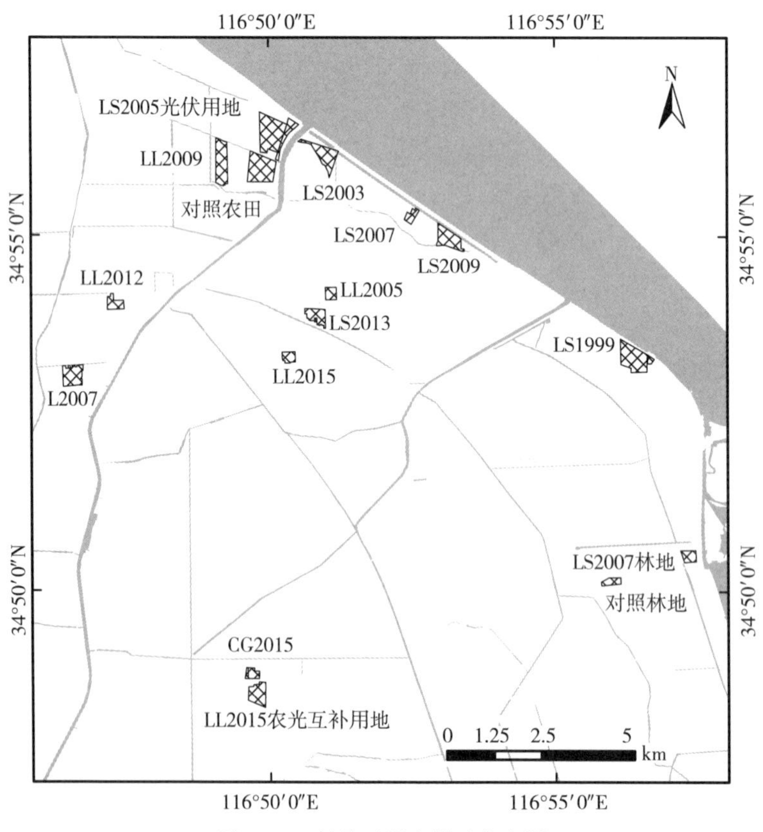

图 4－1　复垦区研究样地分布图

表 4-1 采样样地基本情况表

复垦类型	样地序号	矿区	治理后利用类型	复垦年份
煤矸石充填复垦(CG)	1	沛县张双楼煤矿	耕地	2015
	2	沛县张双楼煤矿	光伏用地	2015
混推平整复垦(LL)	3	沛县龙东煤矿	耕地	2005
	4	沛县三河尖煤矿	耕地	2007
	5	沛县龙东煤矿	耕地	2009
	6	沛县三河尖煤矿	耕地	2012
	7	沛县姚桥煤矿	耕地	2015
	8	沛县张双楼煤矿	农光互补	2015
湖泥充填复垦(LS)	9	沛县姚桥煤矿	耕地	1999
	10	沛县龙东煤矿	耕地	2003
	11	沛县龙东煤矿	耕地	2005
	12	沛县龙东煤矿	耕地	2007
	13	沛县龙东煤矿	耕地	2009
	14	沛县姚桥煤矿	耕地	2011
	15	沛县三河尖煤矿	耕地	2013
	16	沛县龙东煤矿	林地	2007
	17	沛县徐庄煤矿	光伏用地	2007
对照样地	18	沛县徐庄煤矿	对照林地	
	19	沛县龙东煤矿	对照耕地	

2. 样品预处理及指标测试

在进行分析之前，在室温下风干土壤样品，沿着土壤自然结构(裂隙)用手轻轻地将风干土壤掰成直径小于 1 cm 的小土块，挑去砾石和植物残体。用 2 mm 的筛网进行筛分，然后在 4℃的温度下放入聚乙烯袋中保存。

预处理后，测定土壤样品含水量(Water Content，WC)、pH 值、土壤有机质(Soil Organic Carbon，SOC)、速效氮(Available Nitrogen，AN)、速效磷(Available Phosphorus，AP)、速效钾(Available Kalium，AK)、镉(Cadmium，Cd)、铅(Lead，Pb)、铬(Chromium，Cr)、铜(Copper，Cu)、锌(Zinc，Zn)、汞(Mercury，Hg)、砷(Arsenic，As)等指标。同时测定植被样品中 Cd、Pb、Cr、Cu、Zn、Hg、As 等含量。

土壤含水量：采用烘干法测定。称取湿土质量，然后置于 105 ℃的恒温箱中烘 6 h 左右，称取烘干土质量，以两次质量之差作为土壤含水质量，据以计算土壤含水量。土壤含水量计算公式如下。

$$WC=(m_0-m_1)/m_1\times100\% \quad (4-1)$$

式中,WC 表示土壤含水量;m_0、m_1 分别表示湿土和烘干土质量。

pH 值:采用 2.5∶1 的水土比-酸度计法测定。称取过 2 mm 孔径筛的风干土壤 10 g,置于 50 mL 烧杯中,加去除 CO_2 的水 25 mL,用搅拌器搅拌 1 min,使土粒充分分散,放置 30 min后进行测定。测定时,将电极插入试样悬液中,轻轻转动烧杯以除去电极的水膜,静置片刻,按下读数开关,待读数稳定时记下 pH 值。

SOC:采用非色散红外法测定。风干样品在富含 O_2 的载气中被加热至 680 ℃以上,样品中的有机碳被氧化为 CO_2,产生的 CO_2 被导入非色散红外检测仪。在一定浓度范围内,CO_2 的红外线吸收强度与其浓度成正比,根据 CO_2 产生量计算土壤中的有机碳含量。

AN:可以直接被植物根系吸收的氮,用碱解扩散法测定。土壤速效氮包括游离态、水溶态的氨态氮和硝态氮。在扩散皿中,土壤在强碱性环境和硫酸亚铁条件下被水解还原,促使水解态转化为氨气被硼酸吸收,然后用标准酸溶液滴定吸收液中的氨,根据标准液的消耗量计算速效氮的含量。

AP:采用碳酸氢钠浸提-钼锑抗比色法测定。用 0.5 mol/L 的碳酸氢钠溶液浸提土壤中的有效磷。浸提液中的磷与钼锑抗显色剂反应生成磷钼蓝,在波长 880 nm 处测量吸光度。在一定浓度范围内,磷的含量与吸光度值符合朗伯-比尔定律。

AK:采用乙酸铵浸提-ICP-OES 法测定。当中性乙酸铵溶液与土壤样品混合后,溶液中的 NH_4^+ 与土壤颗粒表面的 K^+ 一起进入溶液。提取液中的钾用分光光度计进行测定。

土壤和植物样品经预处理后,采用 HNO_3-HCl-HF(3∶3∶2)高温消解,运用等离子体原子发射光谱法(ICP-AES)测定 Cd、Pb、Cr、Cu、Zn 和 As 含量,采用原子荧光光谱法(AF-601A)测定 Hg 含量。Cd、Pb、Cr、Cu、Zn、Hg 和 As 的检测限(LOD)分别为 0.01 $mg \cdot kg^{-1}$、0.1 $mg \cdot kg^{-1}$、4.0 $mg \cdot kg^{-1}$、1.0 $mg \cdot kg^{-1}$、0.5 $mg \cdot kg^{-1}$、0.2 $\mu g \cdot kg^{-1}$和0.01 $mg \cdot kg^{-1}$。

4.2 三类复垦区土壤基础理化性质时空分布特征

4.2.1 煤矸石充填复垦区土壤基础理化性质剖面分布特征

为了清晰直观地展示土壤基础理化性质在土壤剖面上的变化情况,我们绘制了其在不同剖面的含量变化。煤矸石充填复垦区土壤基础理化性质剖面分布情况如图 4-2 所示。剖面 10、20、50 分别代表剖面 0~10 cm、10~20 cm、20~50 cm 的土壤基础理化性质。

2015 年煤矸石充填复垦区有两种土地利用方式,分别为农田和光伏用地。煤矸石充填复垦区土壤整体呈碱性,pH 值在 7.8~8.6,这主要与沛县地理位置有关。沛县位于长江以北,降水较少,淋溶作用弱,土壤碱性离子含量高。此外,该地区的土壤母质是黄潮土,其有机物含量低,游离碳酸钙含量高。在两类土壤中,土壤剖面含水量等理化性质没有表现出明显的变化特征。在复垦农田中,土壤 AK、AP、AN 和 pH 值在剖面上的分布规律与对照农田一致。光伏用地土壤中的 AN 和 AP 含量呈现出随深度降低的趋势。总体而言,光伏用地和复垦农田土壤中的含水量、AP、AK、pH 值等理化性质差异不大,说明光伏板对复垦土壤的扰动不明显,这与周茂荣[108]等的研究结果一致。

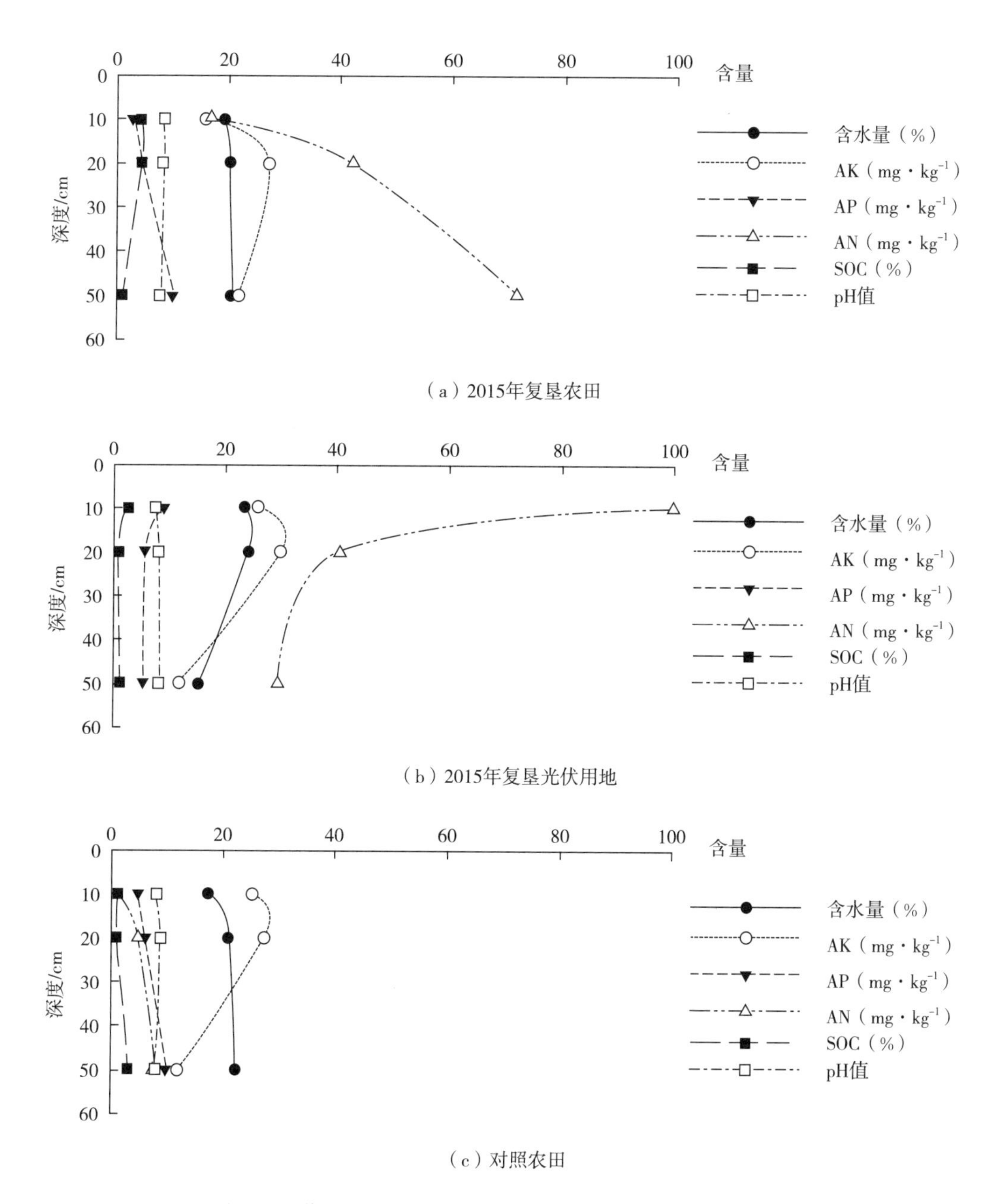

图 4-2　煤矸石充填复垦区土壤基础理化性质剖面分布情况

对照农田的土层未被干扰过，因此土壤基础理化性质表现出一定的规律。土壤含水量、AP 含量和 AN 含量随土壤深度增加而不断增加。相比对照农田而言，复垦农田区和复垦光伏用地土壤中土壤基础理化性质在剖面上的分布规律不明显，主要是由于复垦区土壤剖面均是由应用工程措施重新构造的。在土壤重构初期，各剖面土壤本底值可能不同，短时间内人工管理和植被改善作用不足以很大程度地改善土壤母质性质。

4.2.2 煤矸石充填复垦区土壤基础理化性质年际变化情况

时间是影响重构土壤发育和稳定的重要因素。2015 年复垦农田和 2015 年复垦光伏用地土壤基础理化性质比较如图 4－3 所示。复垦农田和复垦光伏用地土壤的含水量、AK 含量、AP 含量和 pH 值与对照农田差异不大。复垦农田土壤中 AN 含量和 SOC 含量明显高于对照农田。经查阅相关文献可知，沉陷区复垦活动可能会使土壤中的大团聚体含量增加，使土壤结构更稳定，从而提高土壤中的有机碳含量。[109]

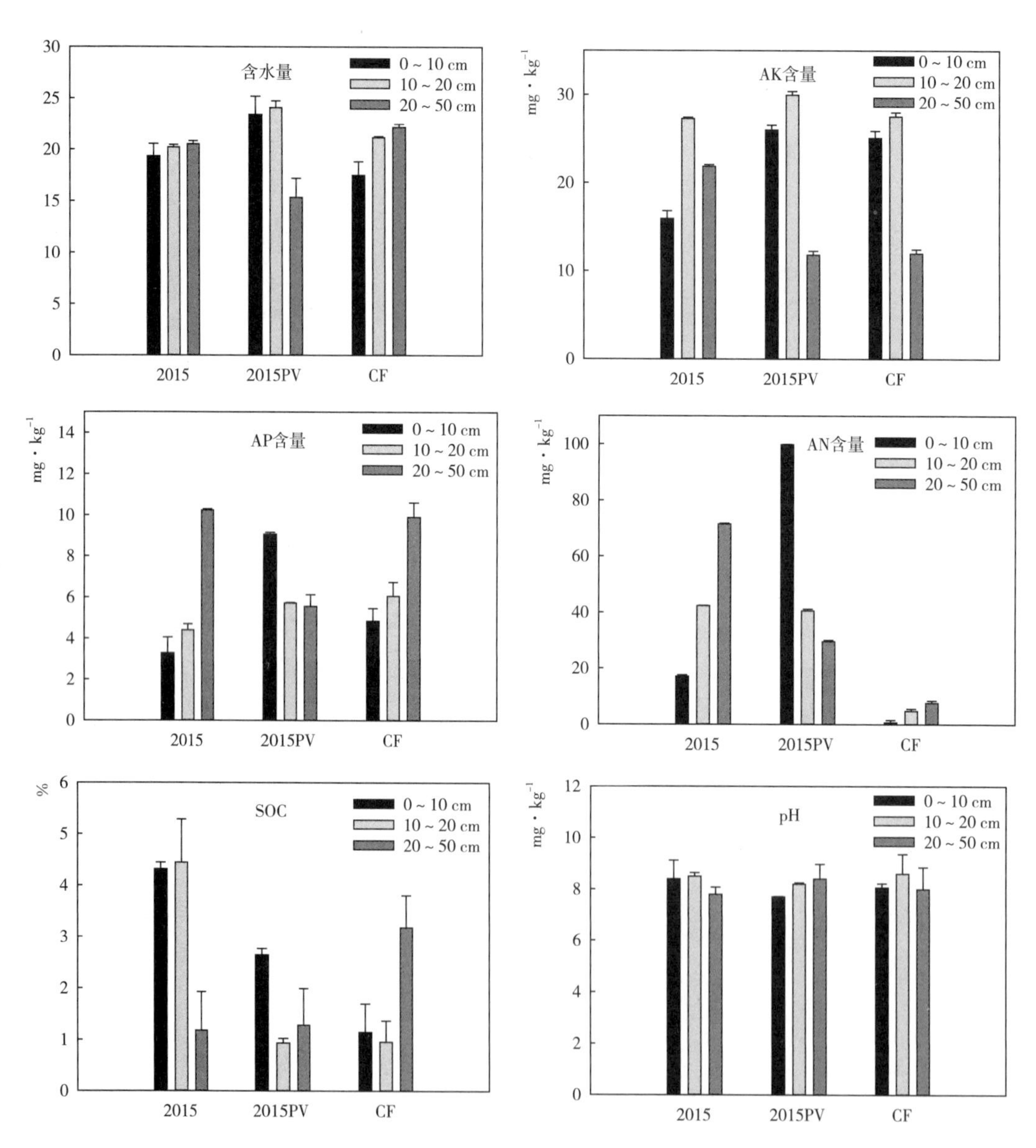

2015—2015 年复垦农田；2015PV—2015 年复垦光伏用地；CF—对照农田。

图 4－3　2015 年复垦农田和 2015 年复垦光伏用地土壤基础理化性质比较

4.2.3 混推平整复垦区土壤基础理化性质剖面分布特征

图 4-4 为混推平整复垦区 2005—2015 年不同复垦年份土壤剖面基础理化性质分布情况。2005 年所有土壤基础理化性质沿剖面呈现两种趋势：土壤含水量、AP 含量、pH 值随深度增加而增加，AK 含量、AN 含量和 SOC 含量随深度增加而减小。2007 年土壤含水量、AP 含量在剖面上的分布规律与 2005 年相同，SOC 含量、pH 值变化趋势一致，10～20 cm 土层含量最高。2009 年复垦农田的土壤含水量、AK 含量、AN 含量由小到大顺序：20～50 cm 土层<10～20 cm 土层<0～10 cm 土层。SOC 含量、pH 值变化趋势一致，10～20 cm 土层含量最大。2015 年复垦农田土壤 AP 和 SOC 在 10～20 cm 土层中含量最大，含水量和 pH 值变化趋势一致。2015 年光伏用地土壤剖面中，0～10 cm 中土层 AN 和 SOC 含量最高。总体而言，各复垦年份的土壤基础理化性质沿剖面的变化并无统一规律。

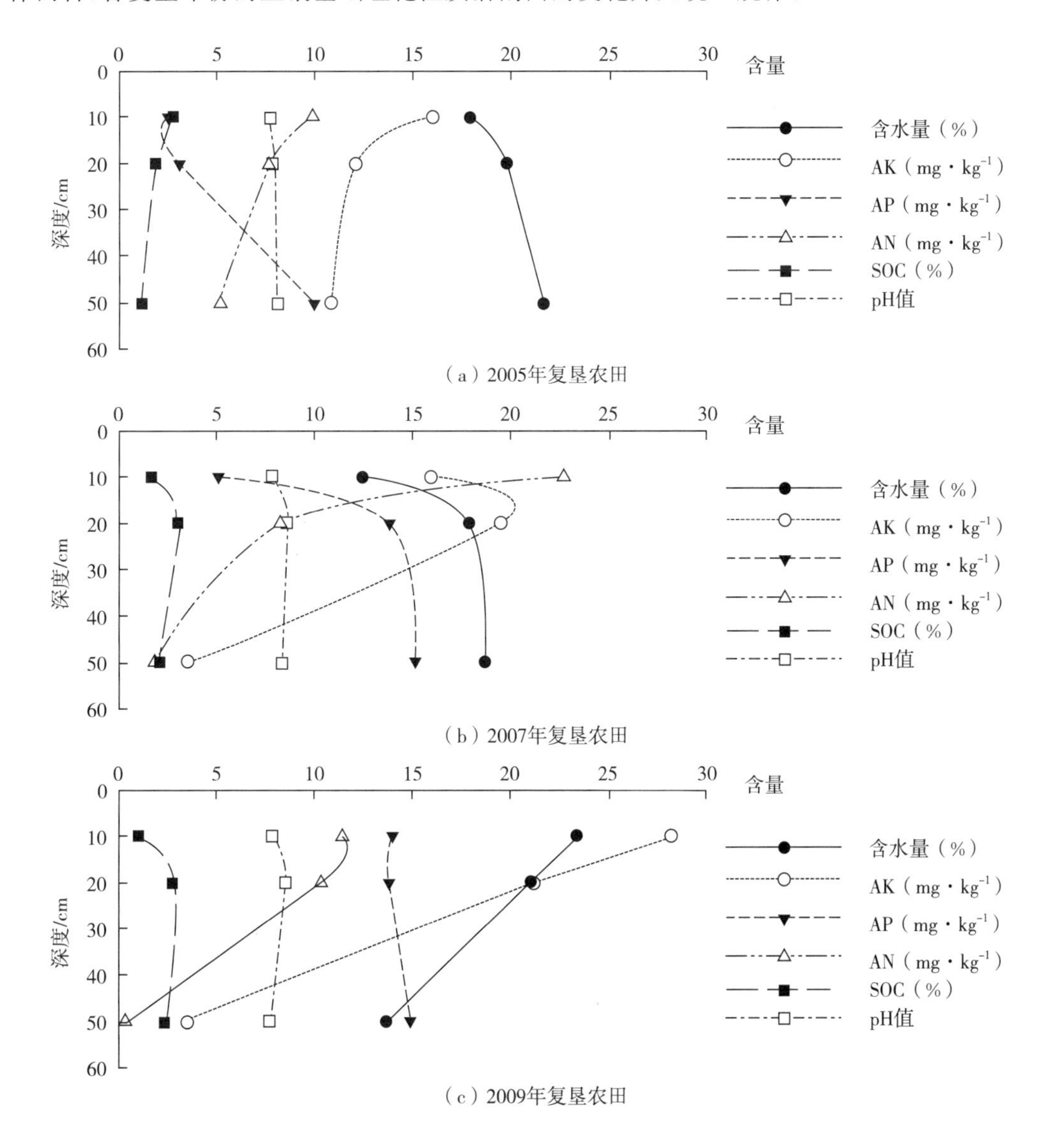

（a）2005年复垦农田

（b）2007年复垦农田

（c）2009年复垦农田

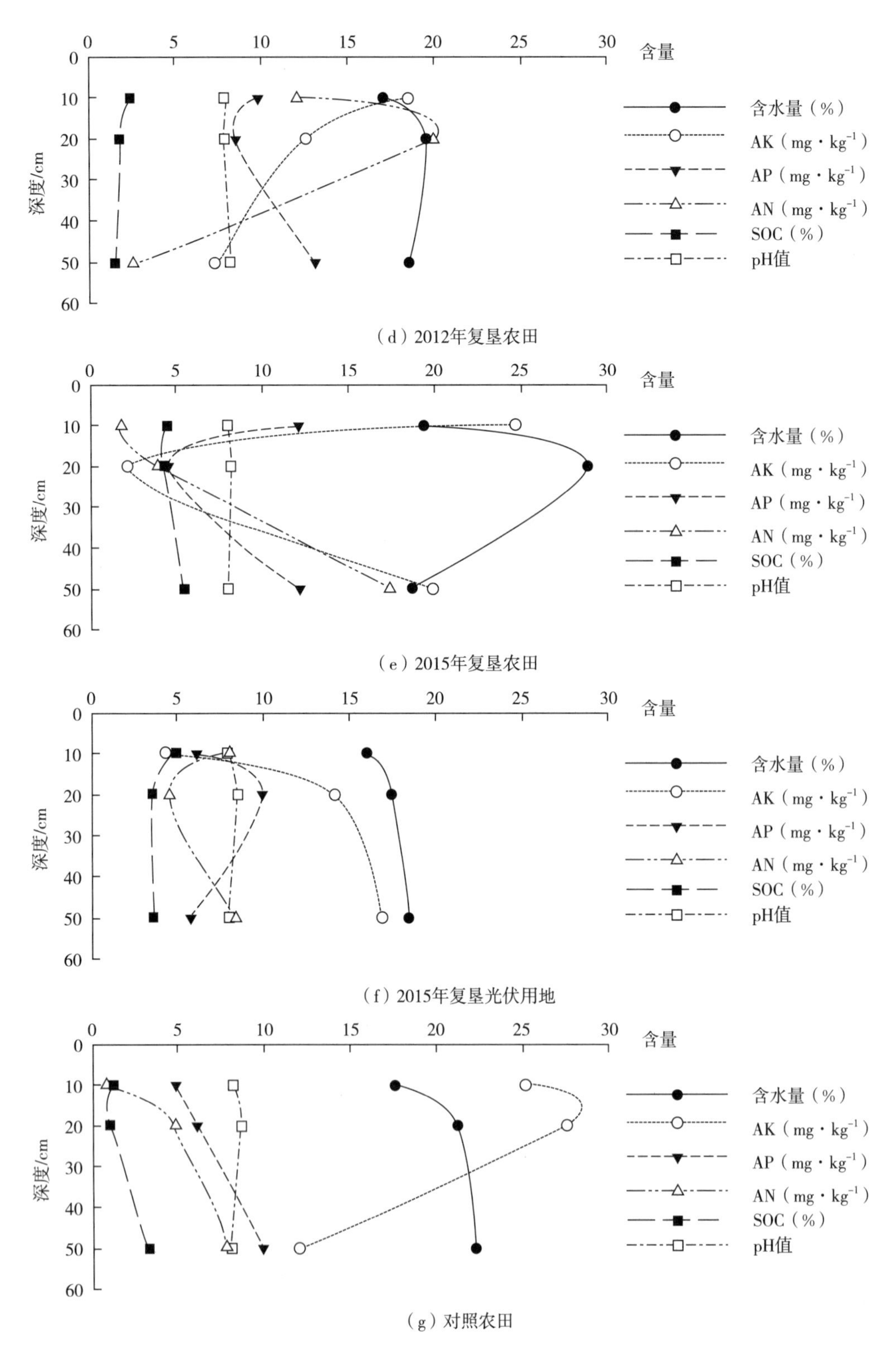

（d）2012年复垦农田

（e）2015年复垦农田

（f）2015年复垦光伏用地

（g）对照农田

图 4-4　混推平整复垦区 2005—2015 年不同复垦年份土壤剖面基础理化性质分布情况

4.2.4 混推平整复垦区土壤基础理化性质年际变化情况

由图 4-5 可知，复垦农田和复垦光伏用地土壤含水量和对照农田无显著性差异，特别是 2005 年复垦农田的土壤含水量和其在剖面上的分布规律与对照农田基本一致。复垦区和对照农田土壤 pH 值在 7.7 至 8.6 之间浮动，变化不大。

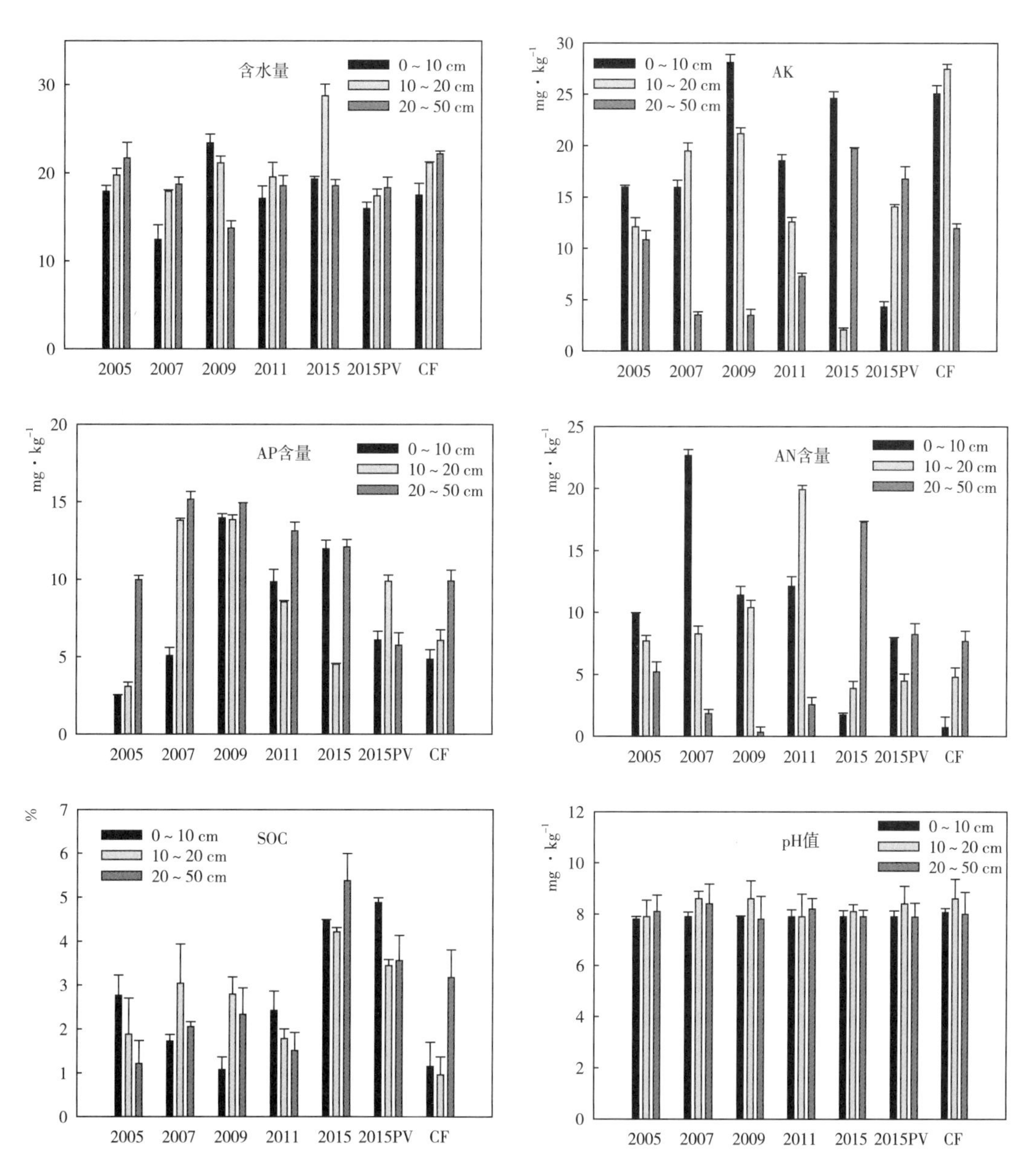

2005—2005 年复垦农田；2007—2007 年复垦农田；2009—2009 年复垦农田；
2012—2012 年复垦农田；2015—2015 年复垦农田；2015PV—2015 年复垦光伏用地；CF—对照农田。

图 4-5 混推平整复垦区不同复垦年份土壤基础理化性质变化情况

土壤中 AK 含量、AP 含量、AN 含量随复垦时间序列波动较大，主要是由于土壤中速效养分容易发生变化且易被植被吸收。速效养分指的是土壤中水溶态养分和交换态养分的总和，体现了土壤的养分供给能力。土壤中大多数养分并不能被植被直接吸收利用，必须经过转化或分解才能被有效利用。速效养分并不稳定，外界很多因素均会造成速效养分的流动、释放，比如土壤含水量、土壤微生物、根系分泌物等。

4.2.5 湖泥充填复垦区土壤基础理化性质剖面分布特征

1999—2013 年复垦农田土壤剖面的基础理化性质分布情况如图 4-6 所示。各要素在土壤剖面上没有明显的分布特征。湖泥充填复垦区土壤整体呈碱性，pH 值在 7.6～8.6。土壤基础理化性质受多种因素的影响，包括充填湖泥本底特征、耕作和管理方式、复垦区微气候等。湖泥充填复垦后两三年才能耕种，重构土壤需要 10 年甚至更长时间才能达到新的稳定状态。在这个过程中，土壤性质变化多样，在剖面上无明显分布规律，与对照样地不一致。

我们可以发现，10～20 cm 土层的速效养分含量相对较高，这主要是两方面原因造成的：一方面，在农业耕种时，翻耕等农业活动将养分带入该层；另一方面，农作物根系深扎在 10～20 cm，根系分泌物具有活化土壤养分的作用[110]。有研究表明，翻耕能有效提升土壤 10～20 cm 土层中 AK 含量[111]，这与本研究一致。

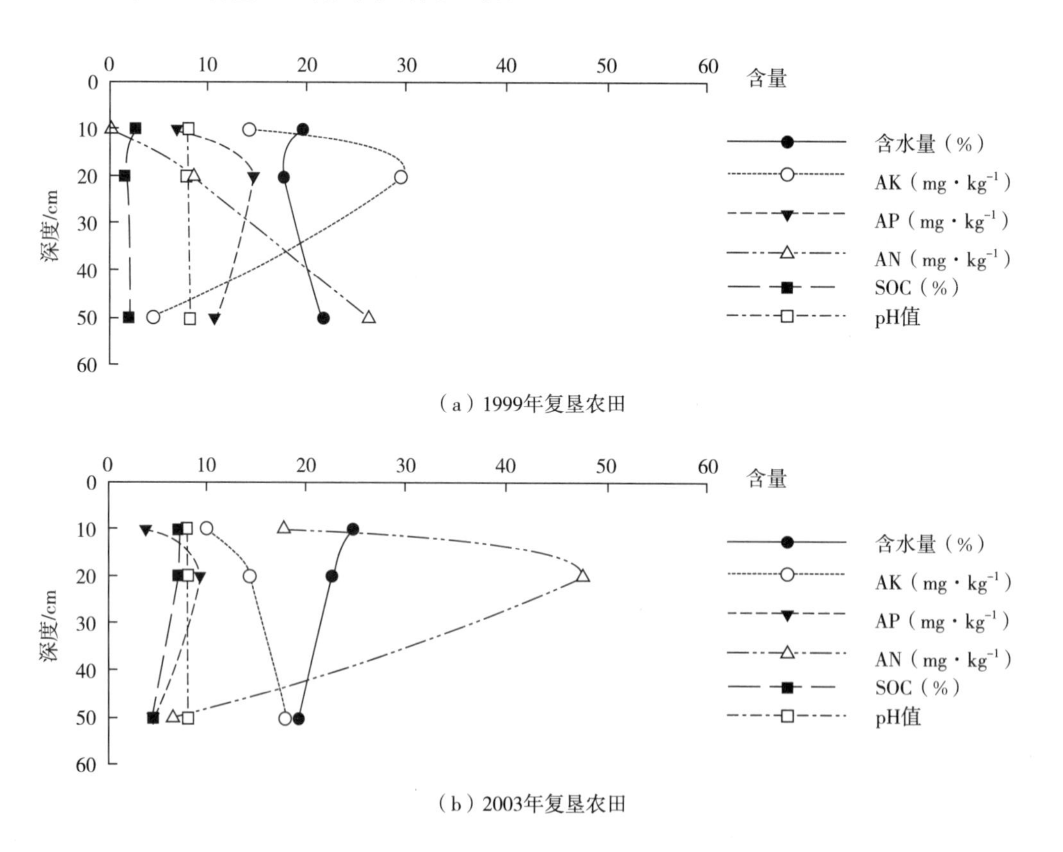

（a）1999年复垦农田

（b）2003年复垦农田

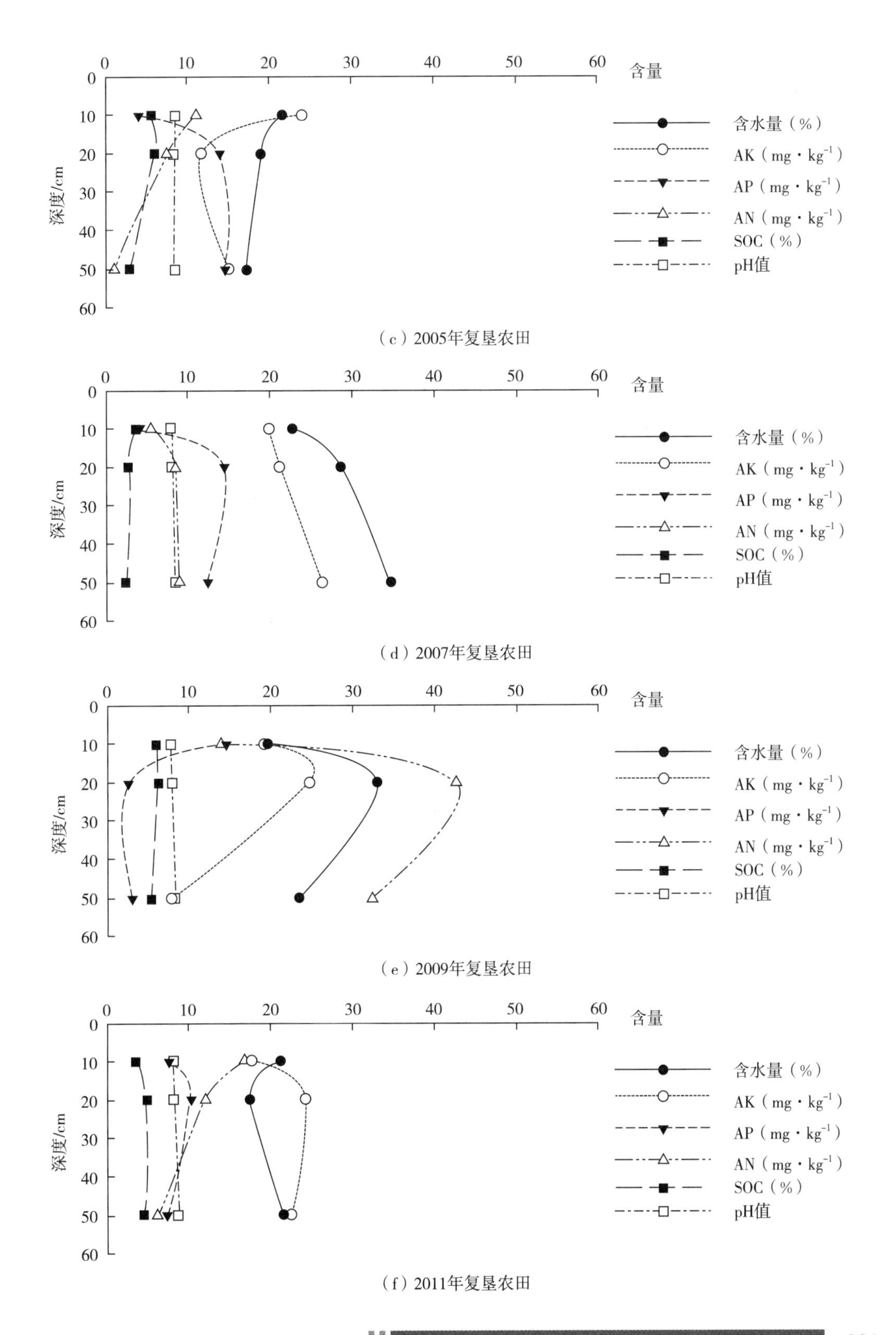

（c）2005年复垦农田

（d）2007年复垦农田

（e）2009年复垦农田

（f）2011年复垦农田

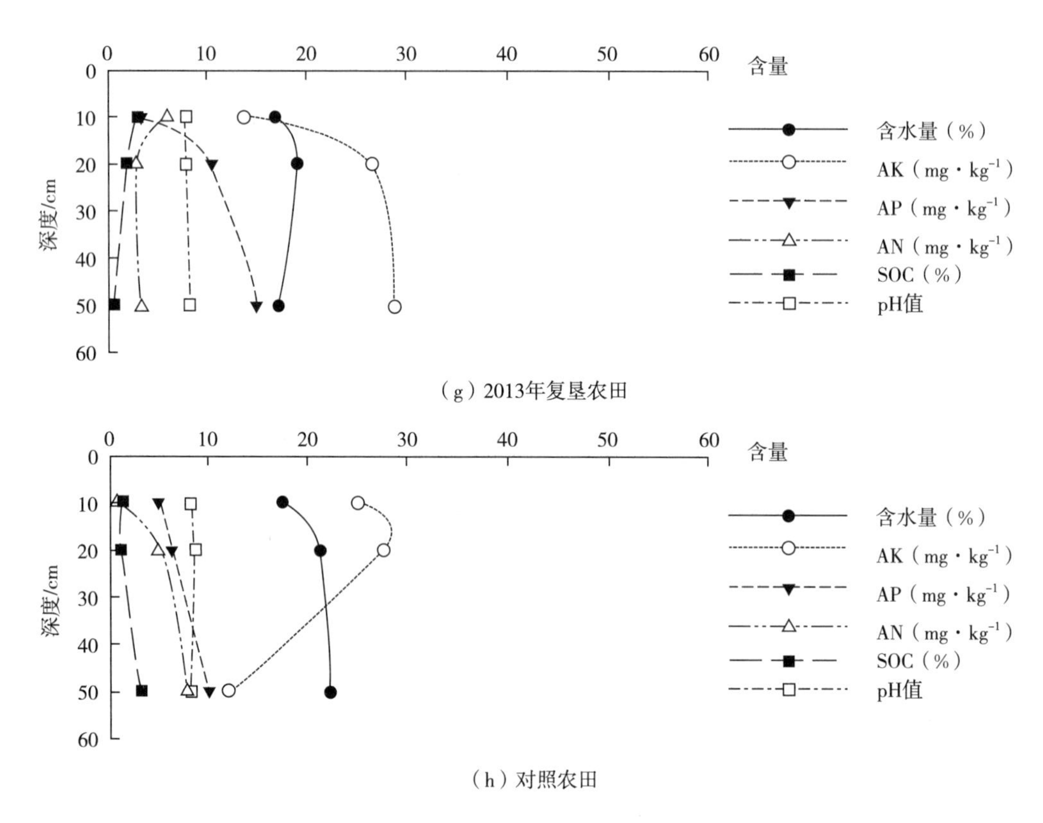

（g）2013年复垦农田

（h）对照农田

图 4－6　1999—2013 年复垦农田土壤剖面的基础理化性质分布情况

图 4－7 为 2007 年不同土地利用方式下土壤剖面基础理化性质的对比分析结果。我们可以看出，除 2007 年复垦林地外，土壤含水量均随着剖面深度的增加而增加。农田土壤含水量大于林地和光伏用地土壤含水量。这可能与农田植被覆盖度比林地和光伏用地高有关，豆科植物等的覆盖减少了水分的蒸发，使农田土壤含有相对较高的含水量。复垦农田土壤 0～10 cm 土层中 SOC 含量最高，原因可能在于在耕作过程中，有机肥料增加了外源碳的输入。

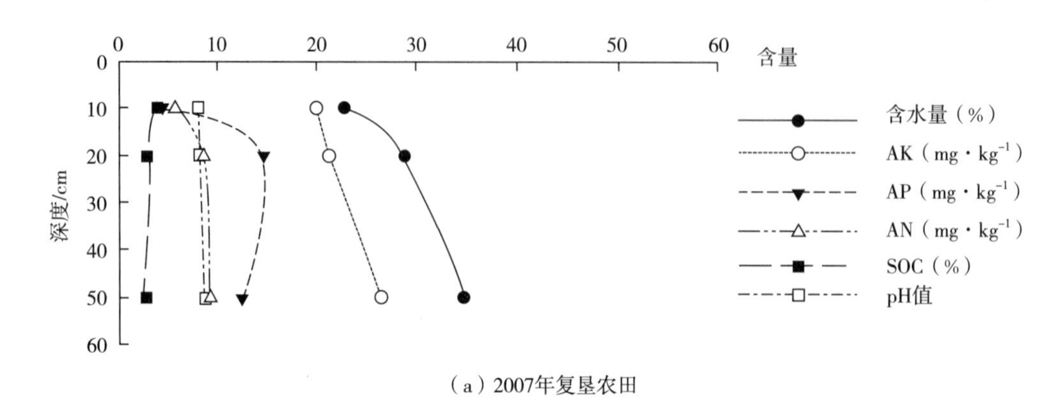

（a）2007年复垦农田

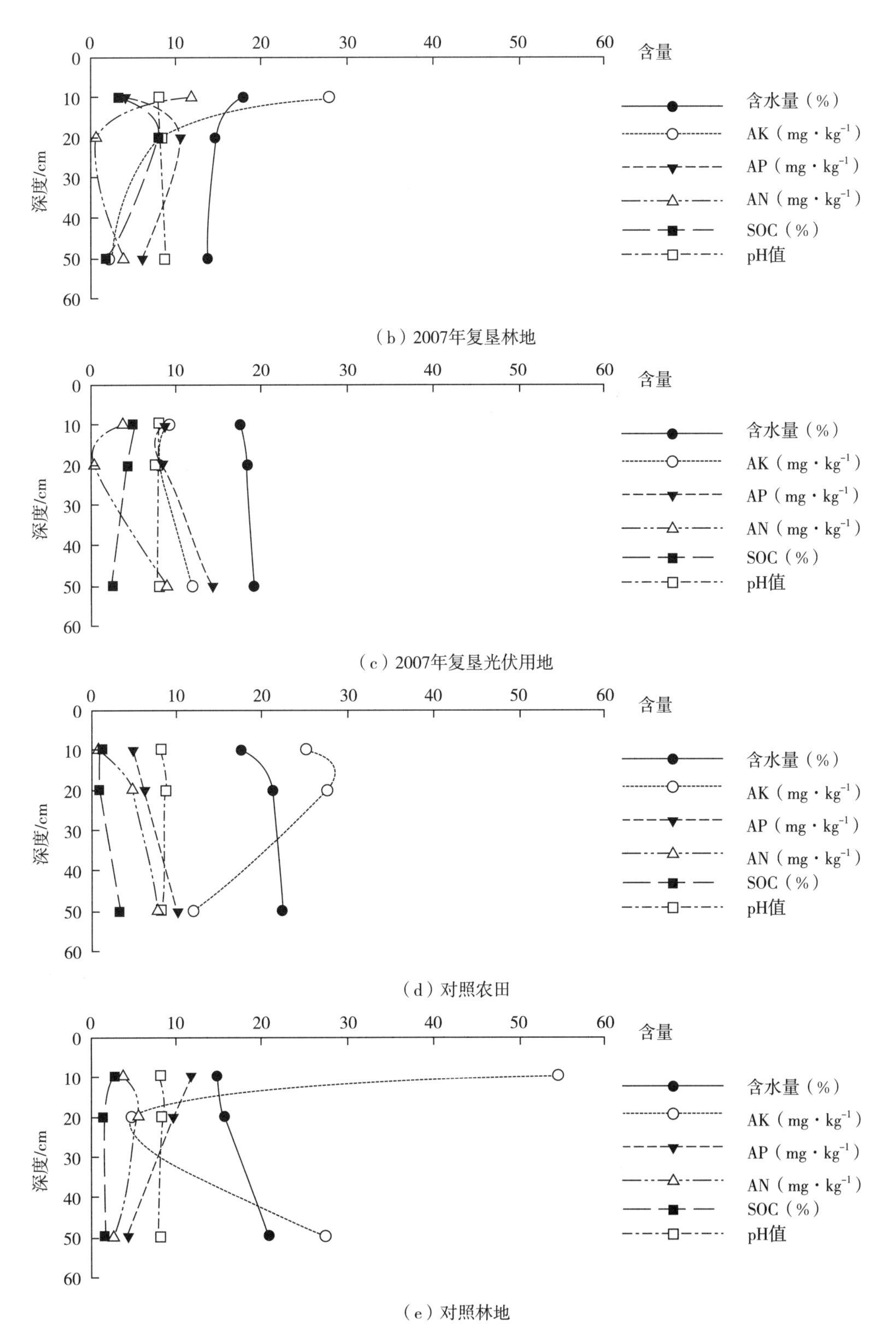

图 4－7　2007 年不同土地利用方式下土壤剖面基础理化性质的对比分析结果

4.2.6 湖泥充填复垦区土壤基础理化性质年际变化情况

与煤矸石充填复垦区和混推平整复垦区类似，随着时间推移，湖泥充填复垦区土壤中AK含量、AP含量、AN含量波动非常大。湖泥充填复垦区不同复垦年份土壤基础理化性质变化情况如图4-8所示。与土壤母质相比，土壤中AK含量受到施肥量、秸秆还田、农业翻耕等因素的影响更大。例如，秸秆腐化过程中，会产生大量腐殖酸类物质，这些物质能够活化固定态钾，使之转化为可供植被利用的AK。土壤含水量和pH值比较稳定，与对照农田差异不大。

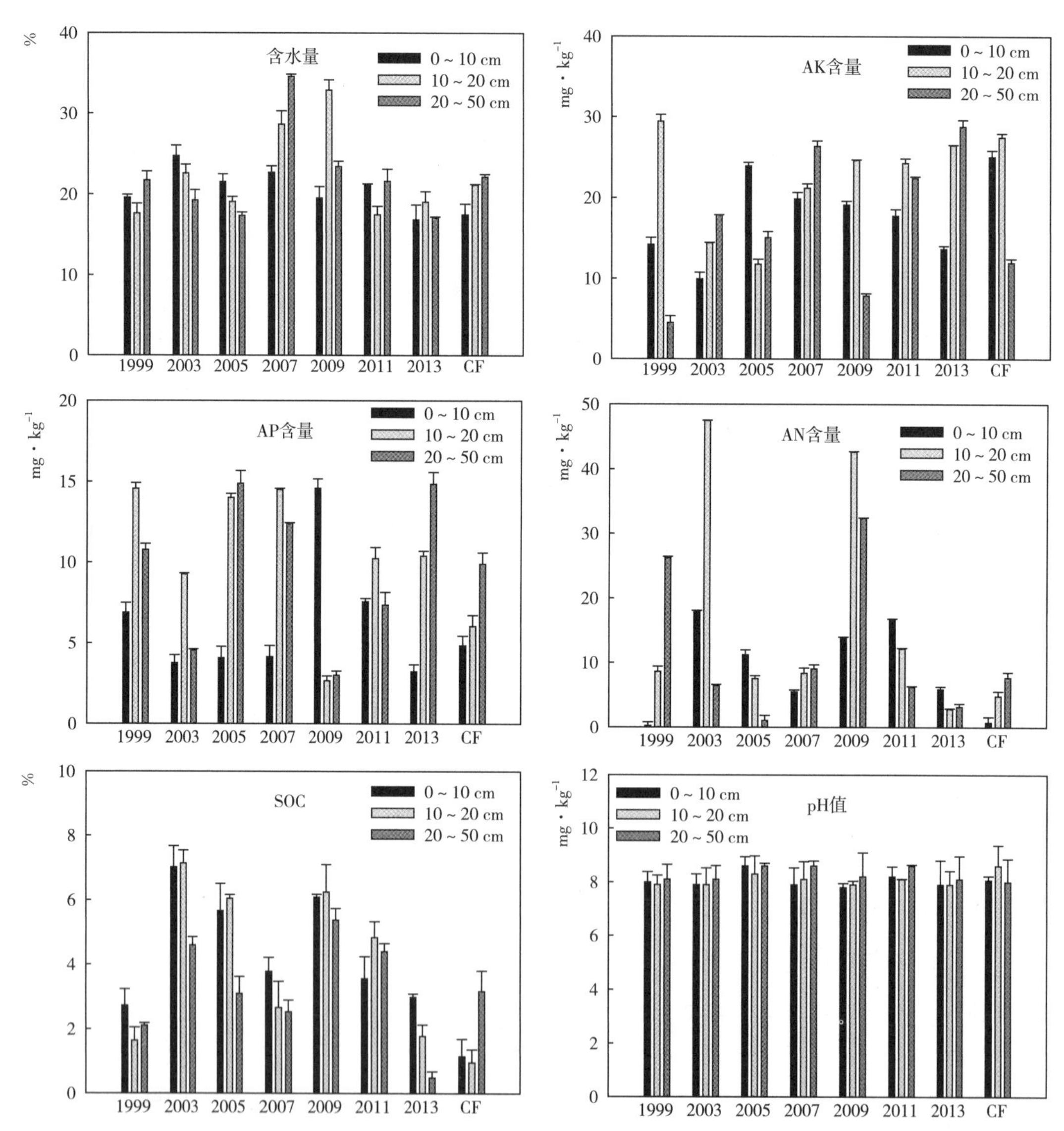

1999—1999年复垦农田；2003—2003年复垦光伏用地；2005—2005年复垦农田；2007—2007年复垦光伏用地；2009—2009年复垦农田；2011—2011年复垦光伏用地；2013—2013年复垦农田；CF—对照农田。

图4-8 湖泥充填复垦区不同复垦年份土壤基础理化性质变化情况

SOC 是衡量土壤肥力的重要指标，在养分循环中起重要作用。理论上来说，复垦年份越早，SOC 含量应越高，即 1999 年至 2013 年，复垦区 SOC 含量应该越来越低。但我们经过测定发现，仅在 2003—2007 年、2009—2013 年复垦区 SOC 符合这一规律，1999 年复垦农田 SOC 含量并不高，2007 年复垦农田 SOC 含量也低于 2009 年 SOC 含量。造成这一现象的原因可能是 1999 年用于充填的湖泥中 SOC 含量低于其他年份。

4.3 三类复垦区土壤重金属时空分布特征

4.3.1 三类复垦区土壤重金属含量

我们对三类复垦区土壤重金属元素含量进行描述性统计。三类复垦区土壤重金属含量统计及国内外相关研究对比见表 4-2 所列。7 种重金属总含量为 143.68 $mg \cdot kg^{-1}$～233.54 $mg \cdot kg^{-1}$，均值为 181.85 $mg \cdot kg^{-1}$。混推平整复垦区土壤中 7 种重金属总含量范围为 121.81 $mg \cdot kg^{-1}$～253.24 $mg \cdot kg^{-1}$，均值为 160.12 $mg \cdot kg^{-1}$。土壤中 7 种重金属总含量范围为 132.82 $mg \cdot kg^{-1}$～312.39 $mg \cdot kg^{-1}$，均值为 230.25 $mg \cdot kg^{-1}$。三种复垦方式相比较，混推平整复垦区的 7 种土壤重金属总含量相对较低。

此外，本书从全球角度比较了煤矸石充填复垦区、湖泥充填复垦区、混推平整复垦区土壤中重金属的平均值。研究区煤矸石充填复垦土壤中各重金属的浓度与淮南煤矸石充填复垦土壤差异不大。主要原因是研究区与淮南煤矿地质条件相似，均位于黄淮海平原。本研究中，煤矸石充填复垦区土壤中 Cd 浓度最高，但仍低于抚顺矿区。与其他国家相比，本研究区土壤中 Cr 和 Hg 的浓度远低于土耳其，Cd 的浓度也低于印度和波兰，As 浓度低于摩洛哥，略高于匈牙利。[112-117]

表 4-2 三类复垦区土壤重金属含量统计及国内外相关研究对比 单位：$mg \cdot kg^{-1}$

	Cu	Zn	Cr	Cd	Hg	As	Pb	参考文献
本研究区								
煤矸石充填复垦区								
最小值	16.42	70.47	50.17	0.339	0.042	6.93	14.96	
最大值	22.25	92.41	57.81	0.528	0.078	7.82	40.04	
中值	20.76	85.29	54.97	0.435	0.070	7.00	32.71	
平均值	19.81	82.72	54.32	0.434	0.063	7.25	29.24	
标准差	3.03	11.19	3.86	9.421	19.011	0.49	12.90	
相对标准偏差/%	15.29	13.53	7.11	21.703	30.102	6.83	44.11	
LS								
最小值	15.02	62.55	40.94	0.055	0.010	6.20	8.09	

（续表）

	Cu	Zn	Cr	Cd	Hg	As	Pb	参考文献
最大值	45.79	112.47	100.45	0.057	0.023	23.00	30.44	
中值	31.29	93.20	72.93	0.125	0.025	15.15	17.55	
平均值	34.22	99.26	73.29	0.144	0.026	15.40	17.65	
标准差	9.43	16.16	16.42	10.850	26.120	4.87	4.79	
相对标准偏差/%	27.56	16.28	22.40	9.730	22.500	31.61	27.16	
LL								
最小值	11.66	48.07	47.48	0.105	0.019	5.37	9.19	
最大值	28.11	130.09	67.19	0.128	0.018	8.76	18.90	
中值	18.45	68.62	52.38	0.079	0.020	7.21	14.03	
平均值	16.84	68.83	50.89	0.128	0.017	7.62	12.93	
标准差	4.30	24.93	5.74	13.390	27.000	1.20	2.60	
相对标准偏差/%	25.52	36.21	11.27	11.170	23.910	15.70	20.08	
CF								
最小值	12.89	46.35	42.95	0.025	0.004	4.39	13.17	
最大值	15.93	57.34	57.59	0.079	0.010	7.24	13.49	
中值	15.50	56.76	48.45	0.053	0.007	4.52	13.21	
平均值	14.77	53.48	49.66	0.052	0.007	5.38	13.29	
标准差	0.09	0.09	0.12	0.419	0.330	0.24	0.01	
相对标准偏差/%	9.09	9.44	12.16	41.928	33.015	24.41	1.07	
相关研究								
上大陆壳元素平均值	25.00	67.00	92.00	0.098	0.056	4.80	17.00	
《土壤环境质量 农用地土壤污染风险管控标准(试行)》(GB 15618—2018)(pH 值>7.5)	100.00	300.00	250.00	0.600	0.340	25.00	170.00	
江苏省土壤元素地球化学基准值	17.00	54.00	60.00	0.080	0.010	8.70	17.00	
淮南	33.00	82.20	53.90			8.79	20.90	
抚顺	26.57	63.47	51.93	0.613				[118]
山西	19.57	67.37	76.42					[119]

（续表）

	Cu	Zn	Cr	Cd	Hg	As	Pb	参考文献
印度 Jharia 煤矿	11.36	19.90	23.40	0.800			11.43	[112]
波兰 Zabrze 煤矿	36.65	177.91	45.24	5.860			84.10	[113]
摩洛哥 Jerada 煤矿	32.57	144.27				24.21	60.64	[114]
孟加拉国 Barapukuria 煤矿	6.11	9.93		0.128			1.48	[115]
土耳其 Kangal 煤矿	28.80	81.80	713.20		1.700	9.00	17.00	[116]
匈牙利 Ajka 煤矿	11.66	43.38		0.337	0.137	6.03	13.13	[117]

土壤中 Cd、Hg、Pb 的浓度呈现煤矸石充填＞湖泥充填＞混推平整的变化趋势。三种复垦方式土壤中 Cu、Zn、Cr、As 的浓度依次为煤矸石充填＞混推平整＞湖泥充填。此外，除 As 和 Pb 外，复垦土壤中重金属的浓度均高于对照区土壤。结果表明，煤矸石充填和湖泥充填模式带来不同程度的外部重金属输入，这与前人的研究完全一致。[120-122] 与煤矸石充填和湖泥充填土壤相比，由于土壤干扰强度低，且无重金属输入，混推平整复垦区土壤重金属浓度相对较低，但仍高于对照区土壤。主要原因可能是填海地地势低洼，地表径流将重金属带入土壤。

将平均值与上大陆壳元素平均值、《土壤环境质量　农用地土壤污染风险管控标准（试行）》（GB 15618—2018）及相关研究的土壤重金属值进行比较，我们可以清楚地看到，本研究中 Cd 和 As 的最大含量分别是上大陆壳元素平均值的 3.43 倍和 2.21 倍。与《土壤环境质量　农用地土壤污染风险管控标准（试行）》（GB 15618—2018）相比，土壤重金属含量均低于阈值。但三类复垦区土壤重金属含量均不同程度地超出江苏省土壤元素地球化学基准值（图 4-9）。除 Cr 和 As 外，煤矸石充填复垦区土壤重金属的平均含量均超过江苏省土壤元素地球化学基准值。值得注意的是，煤矸石充填复垦区土壤中 Cd 和 Hg 的含量分别是江苏省土壤元素地球化学基准值的 4.4 和 5.3 倍。在湖泥充填土壤中，重金属超出江苏省土壤元素地球化学基准值的情况好于煤矸石充填复垦区土壤，Hg 超标 1.6 倍。在混推平整复垦区土壤中，只有 Zn、Cd 和 Hg 略高于江苏省土壤元素地球化学基准值。

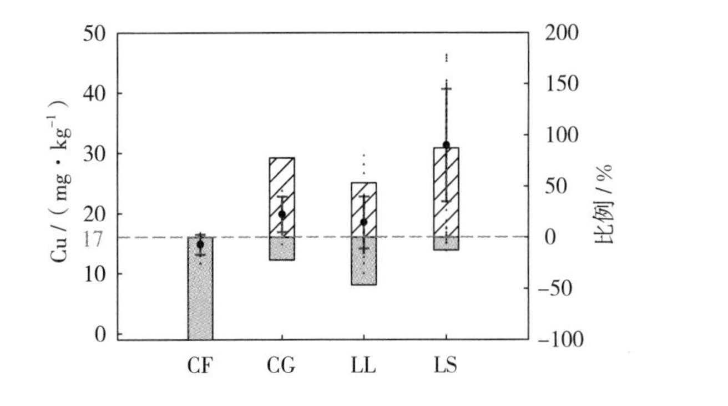

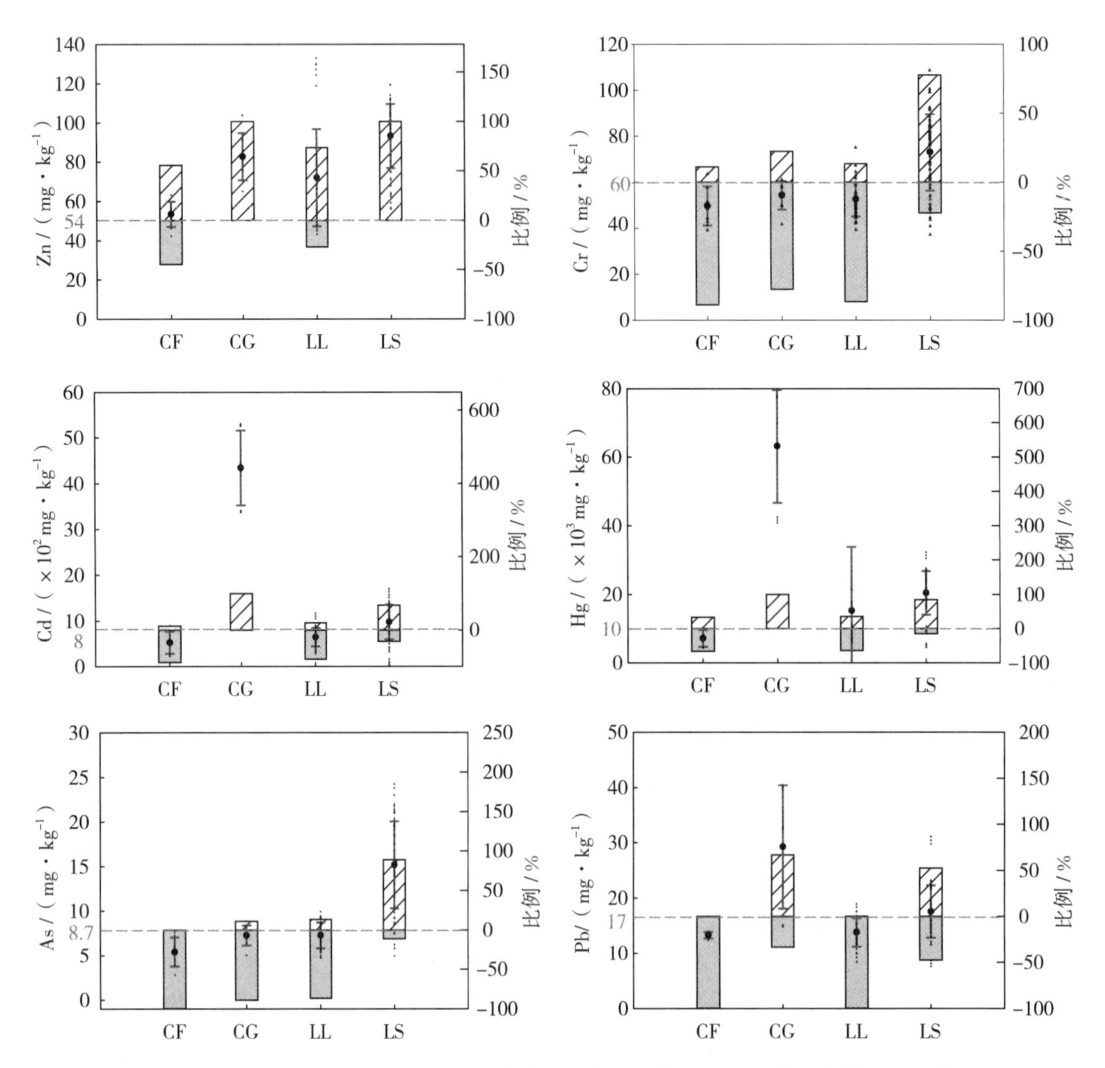

图 4-9　三类复垦区土壤重金属超标情况-参考江苏省土壤元素地球化学基准值

研究区土壤重金属的相对标准偏差在 6.83%～44.11%，表明重金属分布不均匀。煤矸石地区 Cu、Zn、Cr、Cd、Hg、As、Pb 的相对标准偏差范围为 6.83%～44.11%。相关研究表明，煤矸石中重金属可能会被释放并污染周围土壤。[123]也就是说，充填煤矸石是充填区土壤重金属的主要来源。可能因为煤矸石中重金属含量不同，所以复垦土壤中重金属的分布不均匀。在湖泥充填复垦区，土壤中重金属的相对标准偏差范围为 9.73%～31.61%。重金属在混推平整复垦区土壤中的相对标准偏差范围为 11.17%～36.21%。

4.3.2　煤矸石充填复垦区土壤重金属剖面分布特征

重金属在土壤剖面上的分布可以在一定程度上反映重金属的迁移情况。煤矸石充填复垦区土壤剖面重金属分布情况如图 4-10 所示。不同复垦区的土壤剖面重金属含量随土壤深度的增加其变化趋势有差异，具体变化趋势如下。

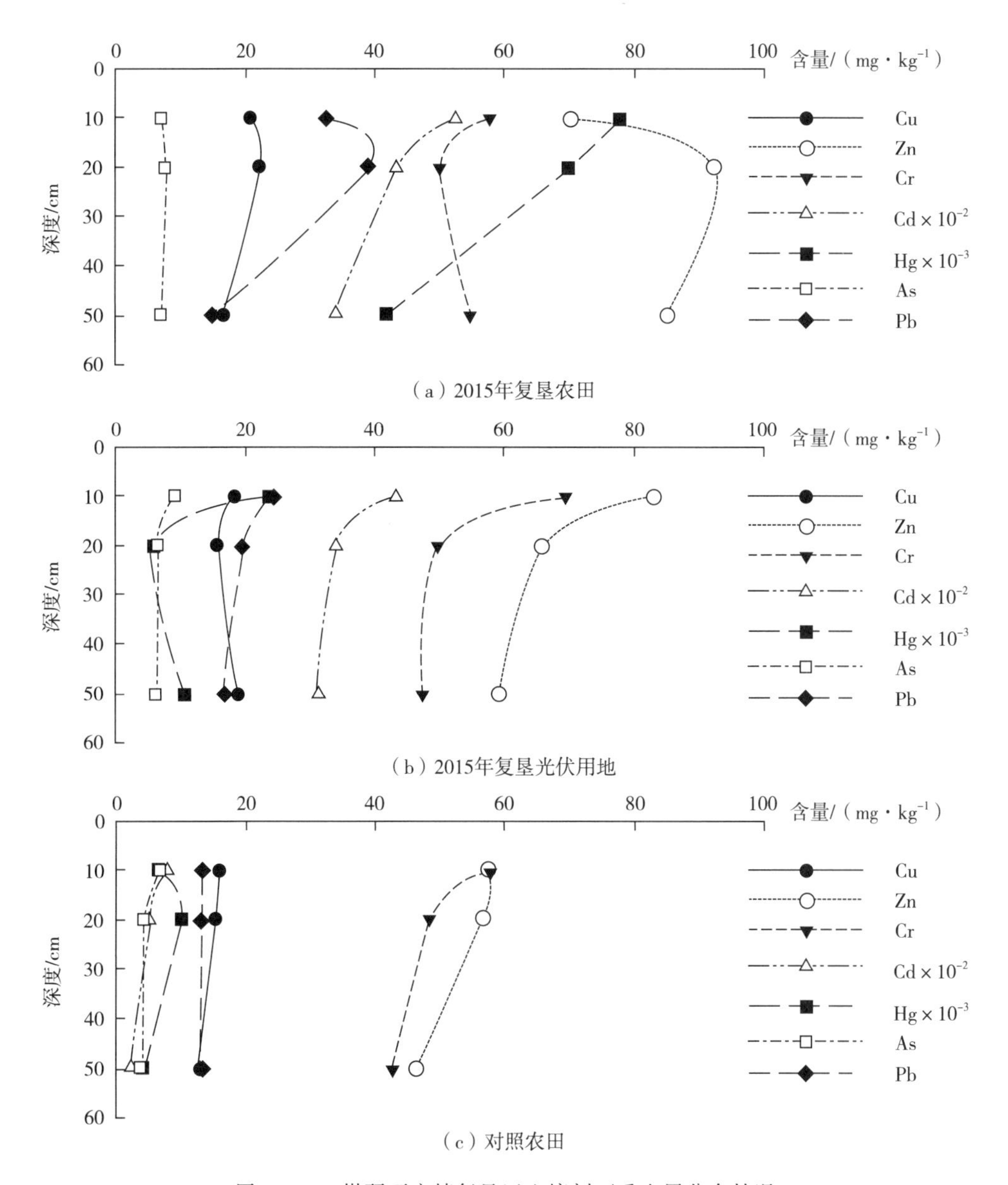

（a）2015年复垦农田

（b）2015年复垦光伏用地

（c）对照农田

图 4－10　煤矸石充填复垦区土壤剖面重金属分布情况

复垦农田中，土壤中 0～10 cm 土层 Cr、Cd 和 Hg 含量较高，10～20 cm 土层 Cu、Zn、Pb 含量较高。沉陷区复垦后，为加快土地熟化，人们会增施有机肥。有机肥的施用会增大土壤中 Cu、Zn 等重金属的富集量。有研究表明，禽畜有机肥对农田土壤中的 Cu、Zn 的贡献率分别为 37%～40% 和 8%～17%。[124] 此外，化肥中品类较差的过磷酸钙含有微量的 As、Cd[125]，长期施用造成的重金属在土壤中的累积作用不容忽视。在复垦光伏用地中，土壤剖面 Zn、Cr、Cd、As 和 Pb 含量的变化趋势：0～10 cm 土层＞10～20 cm 土层＞20～50 cm 土层。土壤剖面重金属分布规律主要受重金属运移作用的影响。由于电池板之间留有空隙，降水会造成重金属在垂向上的迁移，最终导致了由表层至下层土壤重金属含量逐渐降低。

4.3.3 混推平整复垦区土壤重金属剖面分布特征

土壤重金属含量的变化主要与人类干扰活动、土壤母质等有关。混推平整复垦区土壤剖面重金属含量分布情况如图 4-11 所示。2005 年复垦农田、2007 年复垦农田、2009 年复垦农田、2015 年复垦农田、2015 年复垦光伏用地土壤中 Cu 在垂向剖面上的分布差异不大，差异系数分别为 0.02、0.01、0.12、0.05 和 0.06。与对照农田不同，2007 年、2009 年和 2012 年复垦土壤中 10～20 cm 土层中 Cu 含量较高。原因可能是在土地平整过程中，土壤结构被破坏，原有土壤微生态系统被破坏，重金属在剖面上的分布规律也被打乱，混推平整复垦区重构土壤正在恢复过程中。Zn 在各复垦年份土壤中的分布规律较为统一，除 2007 年外，其分布规律均与对照农田相同，其含量随着剖面深度的增加而降低。农田土壤中 Zn 的主要来源为农药、化肥的施用，表层土壤受到的影响更大，Zn 富集更多。

混推平整复垦区土壤中 Cr 的分布空间差异性较低，差异系数介于 0.02～0.12，2005 年、2007 年复垦农田土壤中 Cr 含量随剖面深度的增加而增加。与 Cr 不同，Cd 在剖面中的分布差异较大，各复垦土壤中的 Cd 在剖面上的差异系数在 0.08～0.36，处于中等差异水平。2005 年、2007 年、2009 年、2012 年复垦土壤 10～20 cm 土层中 Hg 含量较高，与对照农田不同。2015 年复垦农田和光伏用地中 20～50 cm 土层 Hg 含量较高，造成这一现象的原因可能是充填材料中 Hg 含量相对较高。

除 2015 年复垦农田外，其他复垦年份土壤中的 As 分布均与对照农田不同。对照农田土壤 0～10 cm 土层中 As 含量最高，而 2005 年、2007 年复垦农田土壤 10～20 cm 土层中 As 含量最高，2009 年、2012 年复垦农田和 2015 年复垦光伏用地中，20～50 cm 土层中 As 含量最高。影响土壤中 As 含量的主要因素包括成土母质、土壤类型和土壤基础理化性质等。各采样点成土母质、土壤类型类似，土壤基础理化性质存在不同程度的差异。2015 年复垦光伏用地土壤 20～50 cm 土层中 pH 值相对较低。有研究报道，pH 值越低，土壤中的正电荷越多，土壤对砷酸的吸附作用越强，土壤中 As 含量越高。[126]

除 2012 年复垦农田外，Pb 在各复垦年份土壤中分布规律相同，随着剖面深度的增加，土壤中 Pb 含量升高，可能与复垦材料煤矸石中 Pb 含量相对较高有关。土壤中 Pb 可分为“原生”和“外源”两种，刚进入土壤系统中的 Pb 首先富集在土壤表层，然后向下层慢慢迁移。[127] 相关研究表明，土壤外源 Pb 主要来源于煤矿开采，未来我们可采用同位素溯源等方法解析沛县重金属来源。

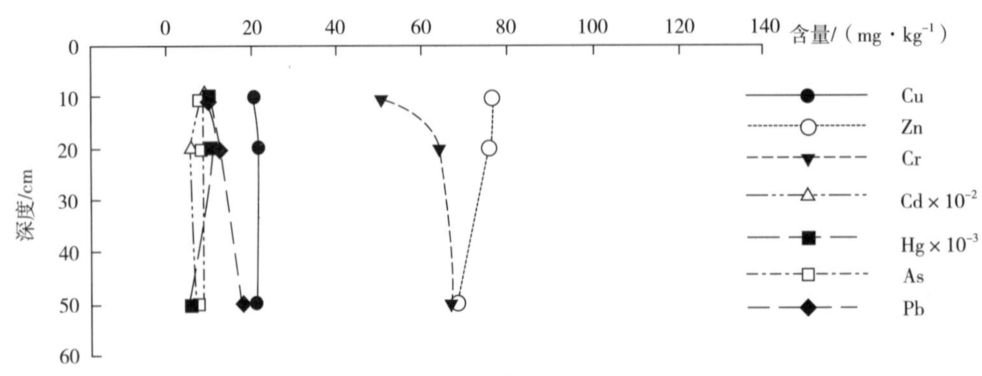

（a）2005年复垦农田

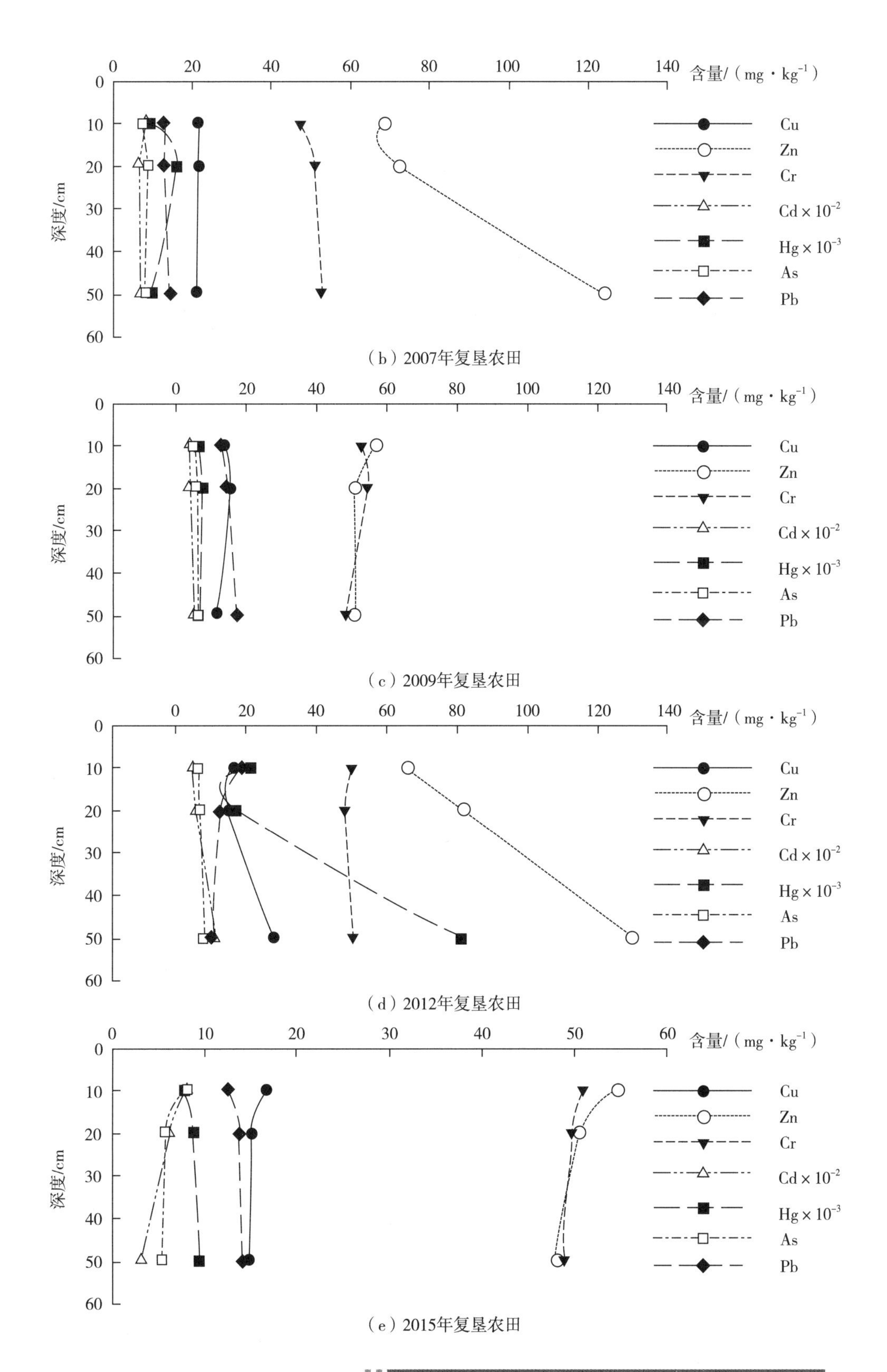

（b）2007年复垦农田

（c）2009年复垦农田

（d）2012年复垦农田

（e）2015年复垦农田

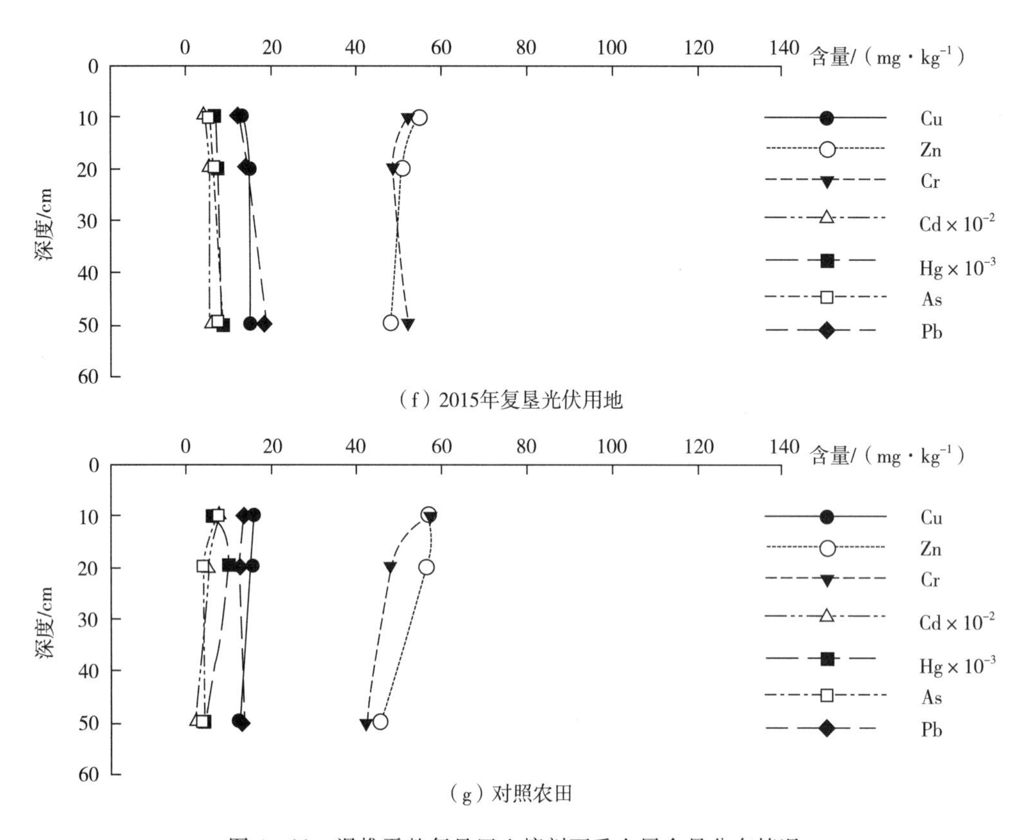

图 4-11　混推平整复垦区土壤剖面重金属含量分布情况

4.3.4　湖泥充填复垦区土壤重金属剖面分布特征

1999—2013 年复垦农田土壤剖面重金属分布情况如图 4-12 所示。不同年份各剖面土壤中 Cu 含量均高于对照农田。这可能与充填湖泥中 Cu 含量较高有关。有研究表明，底泥及其他有机肥（例如猪粪、厩肥等）的施用可使农田土壤中 Cu 含量达到原始土壤的几倍乃至几十倍。[128]充填湖泥主要来源于微山湖，微山湖受到周边农业活动和采矿活动的影响，湖泥含有较高含量的 Cu。1999 年、2005 年、2009 年、2013 年复垦农田中 0～10 cm 土层的 Cu 含量最高，2003 年、2007 年、2011 年复垦农田中 10～20 cm 土层的 Cu 含量最高。

除 2003 年、2007 年复垦农田外，其余年份复垦农田土壤 0～10 cm 土层中的 Zn 含量最大，这与对照农田一致。充填湖泥中含有丰富的 Zn，除此之外，化肥施用等农业活动也会带来 Zn 在土壤表层的富集。Cr 含量低于一定限值对植物生长是有利的，但超过一定量，就会对植物及其他生物造成危害。[129]1999 年、2003 年、2007 年复垦农田土壤中 Cr 在底层富集，其他年份土壤中 Cr 分布规律各异。Cd、Hg、As、Pb 在土壤剖面中的分布也无明显规律，这可能与充填湖泥中重金属含量较高有关。重金属通过各种途径进入城市周边河湖，然后通过沉降吸附等作用，富集在河湖底泥中，底泥是河湖污染物的重要载体。[130]底泥中有机质含量高，土壤肥沃，把湖泥当成充填材料有利于植被生长，但是底泥中的重金属可能会再次释放。虽然重金属经过植被吸收等作用含量有所下降，但是重金属本底值基数较大，可能需要较长时间重金属在剖面上的分布规律才能与对照农田一致。

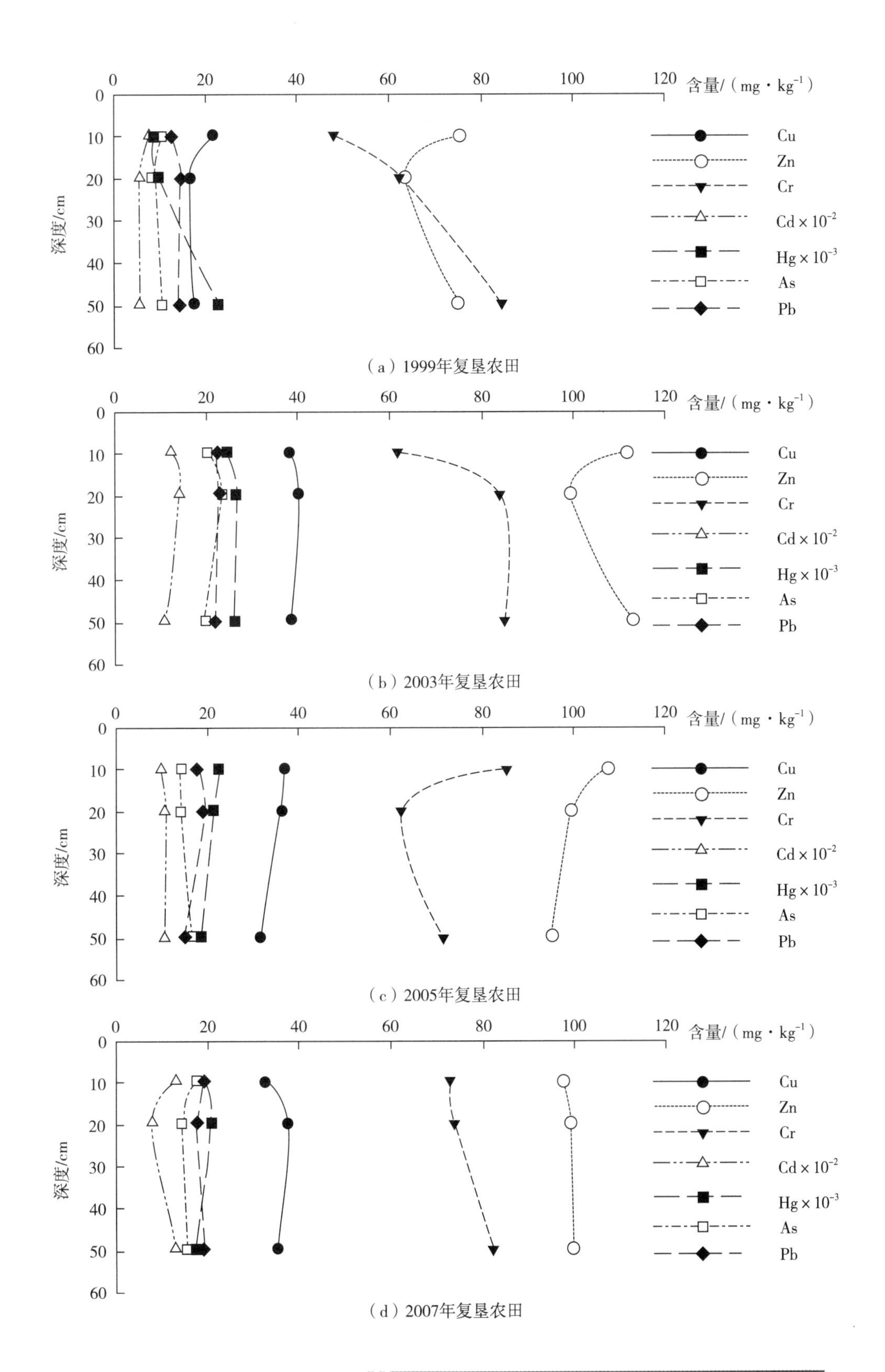

（a）1999年复垦农田

（b）2003年复垦农田

（c）2005年复垦农田

（d）2007年复垦农田

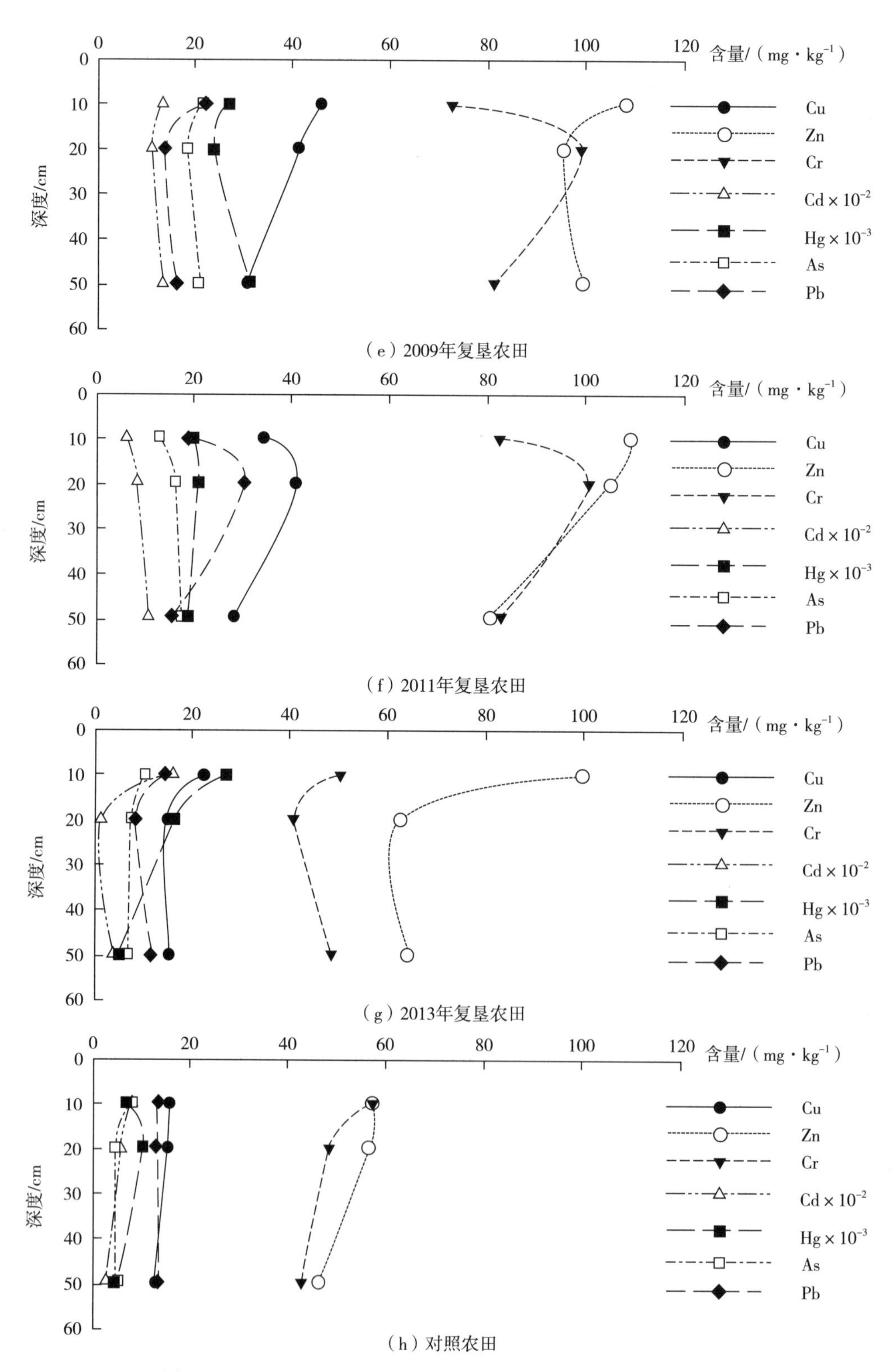

图 4-12　1999—2013 年复垦农田土壤剖面重金属含量分布情况

不同土地利用方式对土壤重金属有明显影响。湖泥充填复垦区不同土地利用类型土壤剖面重金属含量分布情况如图 4-13 所示。对比 2007 年复垦农田、2007 年复垦林地和 2007 年复垦光伏用地土壤重金属含量可知，总体上来说，复垦林地的土壤重金属含量是较低的。2007 年复垦林地土壤中 7 种重金属总含量为 168.17～219.72 mg·kg^{-1}，2007 年复垦光伏用地土壤的 7 种重金属总含量为 186.65～241.59 mg·kg^{-1}，2007 年复垦农田土壤中 7 种重金属总含量为 239.08～250.03 mg·kg^{-1}。对照林地和对照农田土壤中 7 种重金属总含量分别为 148.92～174.71 mg·kg^{-1}、119.78～151.68 mg·kg^{-1}。

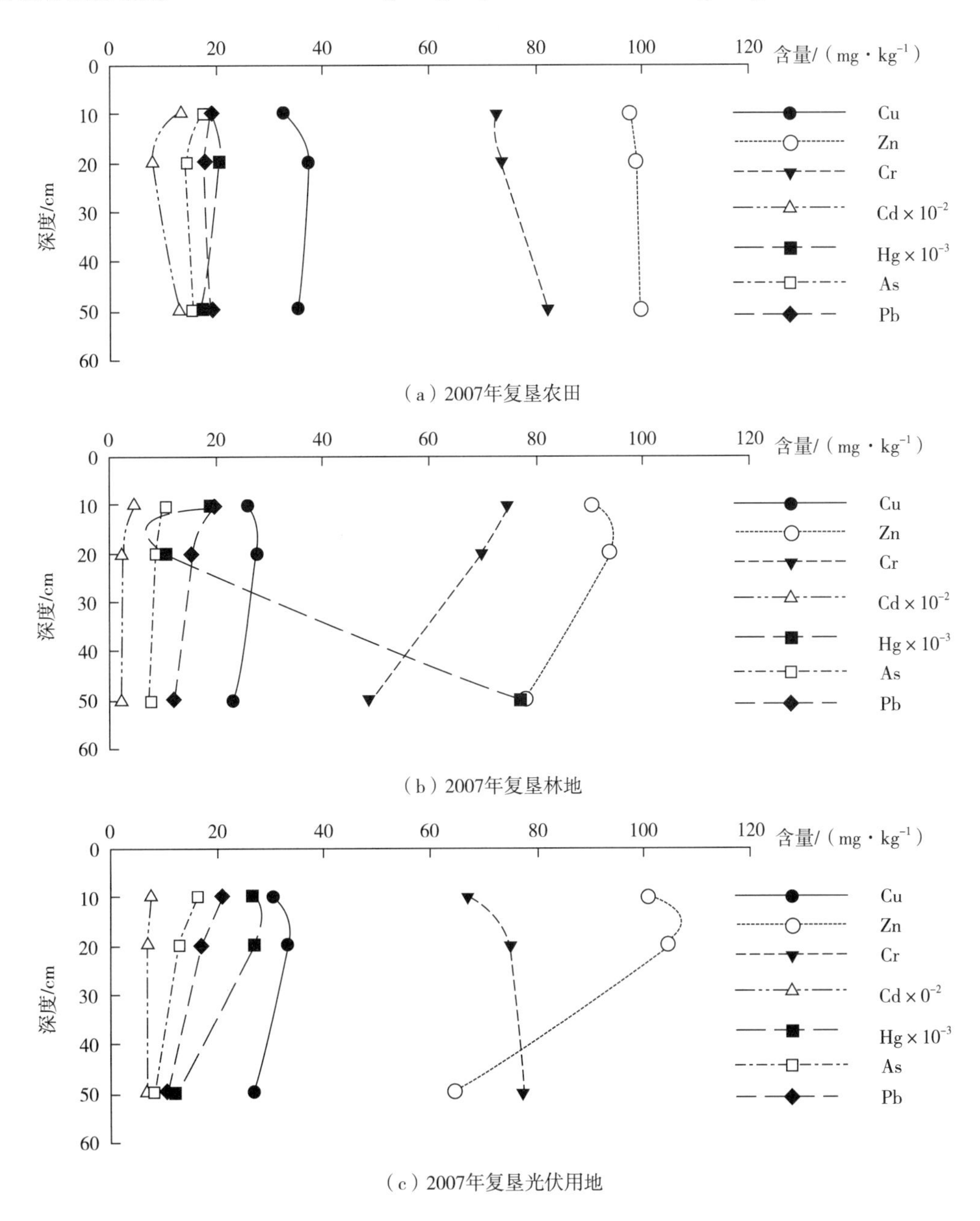

（c）2007年复垦光伏用地

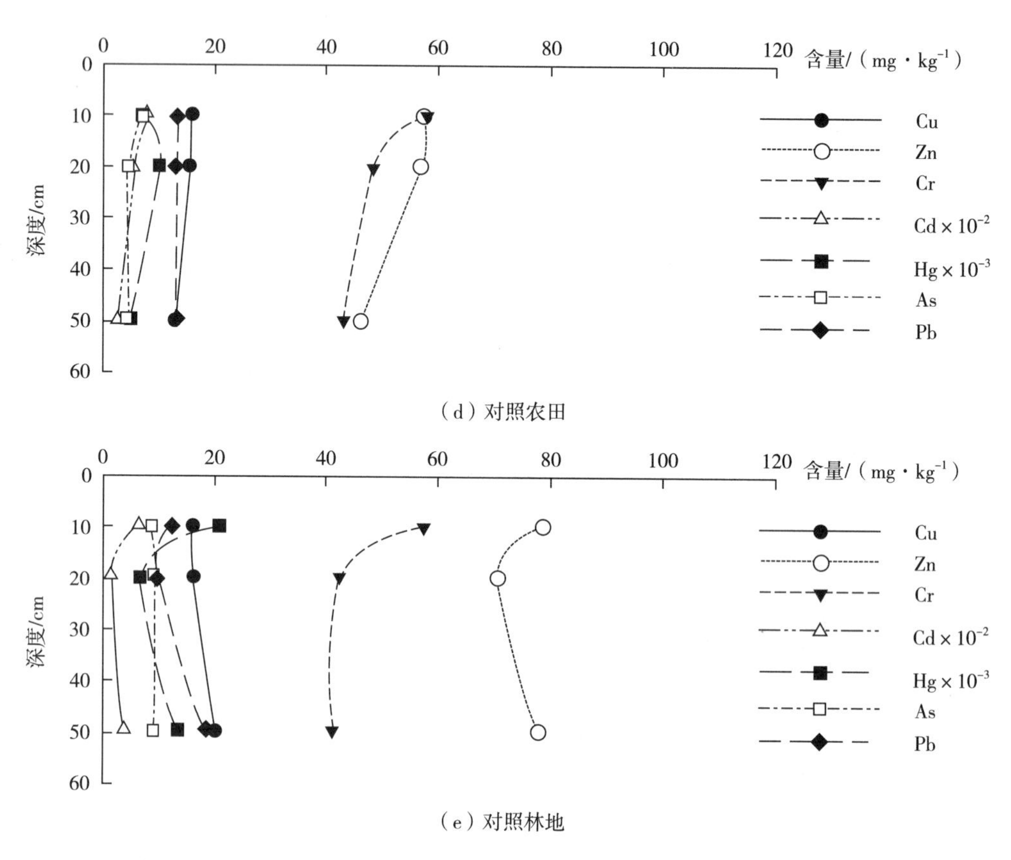

（d）对照农田

（e）对照林地

图 4-13 湖泥充填复垦区不同土地利用类型土壤剖面重金属含量分布情况

4.3.5 煤矸石充填复垦区土壤重金属含量年际变化情况

2015 年复垦农田、2015 年复垦光伏用地土壤中的 Cu、Zn、Cr、As、7 种重金属总含量均略高于对照农田。煤矸石充填复垦区 d、Hg、Pb 含量明显高于对照农田。煤矸石充填复垦区土壤重金属含量如图 4-14 所示。虽然本书中所有煤矸石充填复垦区土壤重金属均低于农用地标准，但是煤矸石因自身重金属含量相对较高，可能会带来土壤中重金属的积累，应予以关注。

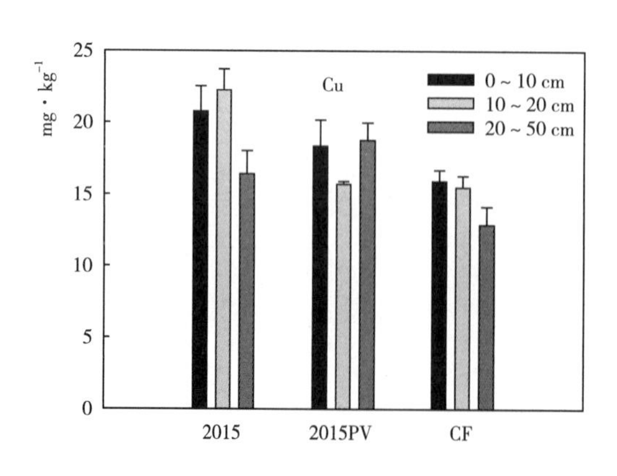

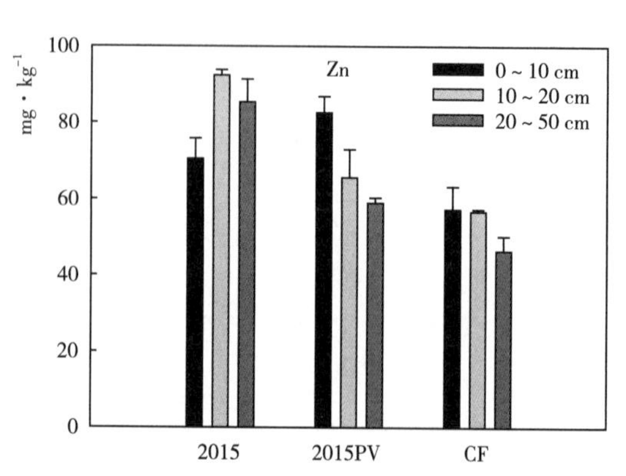

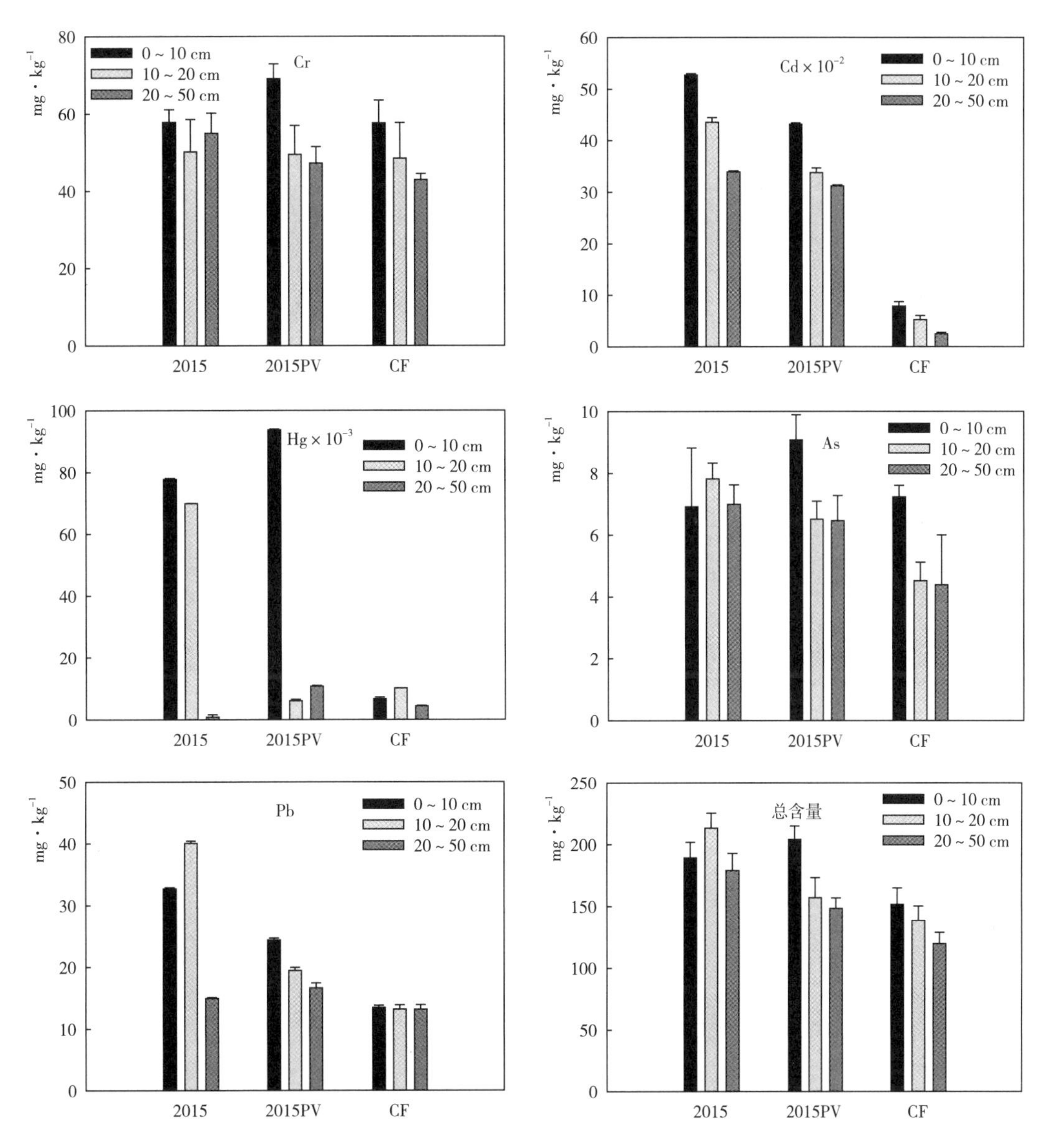

2015—2015 年复垦农田；2015PV—2015 年复垦光伏用地；CF—对照农田。

图 4-14 煤矸石充填复垦区土壤重金属含量

4.3.6 混推平整复垦区土壤重金属含量年际变化情况

混推平整复垦区不同复垦年份土壤重金属含量变化情况如图 4-15 所示。总体上来看，除 2011 年复垦农田外，2005 年至 2015 年复垦农田土壤重金属含量与对照农田相差无几，且随时间波动并无明显规律，研究结果从一定程度上说明混推平整复垦区无煤矸石、湖泥等充填土等带来的重金属外源输入，混推平整复垦对复垦土壤的扰动程度最低，复垦土壤与对照农田土壤的性质相似。

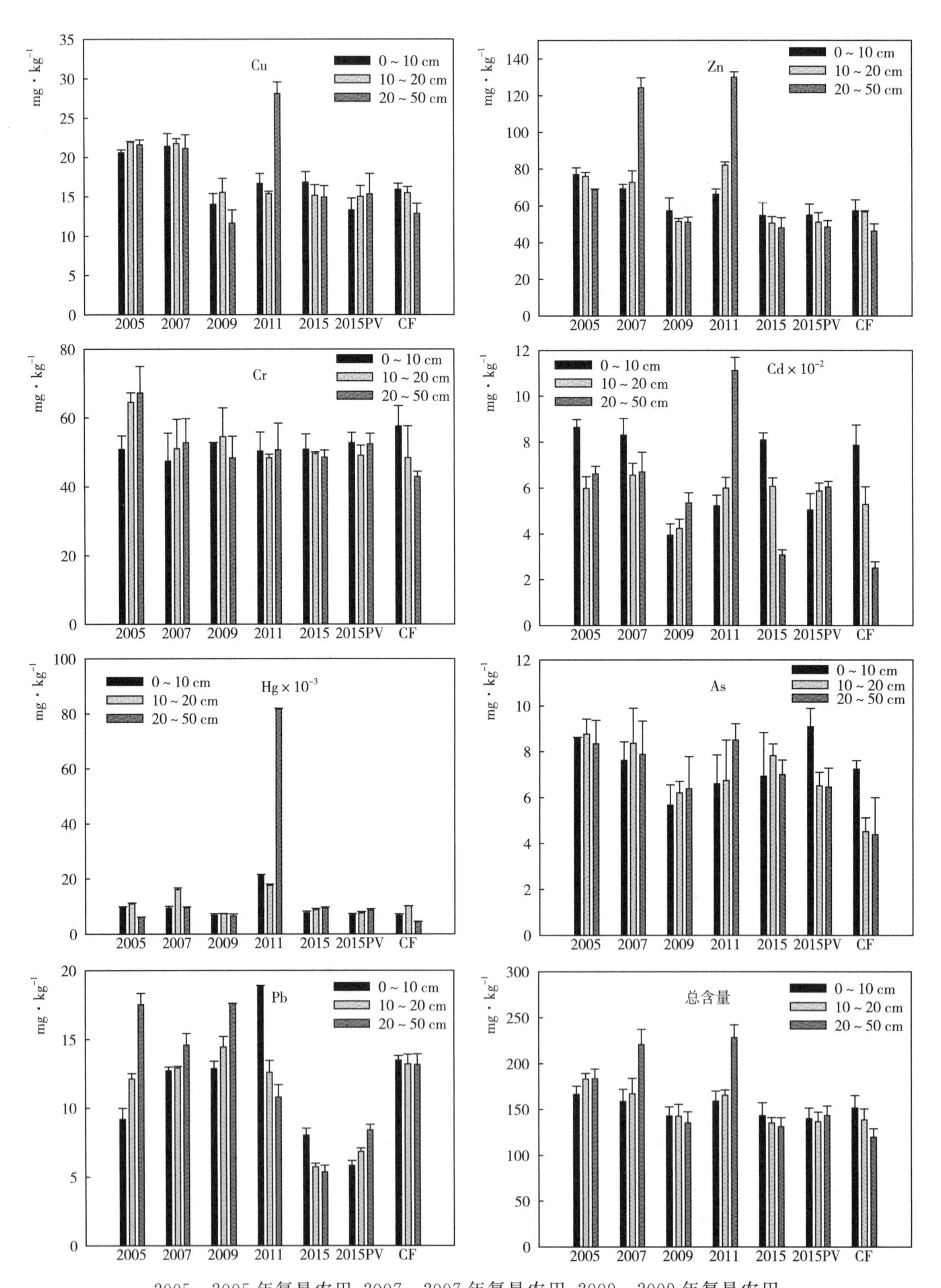

2005—2005 年复垦农田；2007—2007 年复垦农田；2009—2009 年复垦农田；
2012—2012 年复垦农田；2015—2015 年复垦农田；2015PV—2015 年复垦光伏用地；CF—对照农田。

图 4-15　混推平整复垦区不同复垦年份土壤重金属含量变化情况

4.3.7 湖泥充填复垦区土壤重金属含量年际变化情况

如图 4-16 所示，在各年份复垦土壤中，1999 年复垦农田土壤中的重金属含量最低，但仍然略高于对照农田。1999—2011 年，复垦年份越长，土壤重金属含量越低，这也能说明农业活动对湖泥充填复垦区土壤重金属的改善作用。

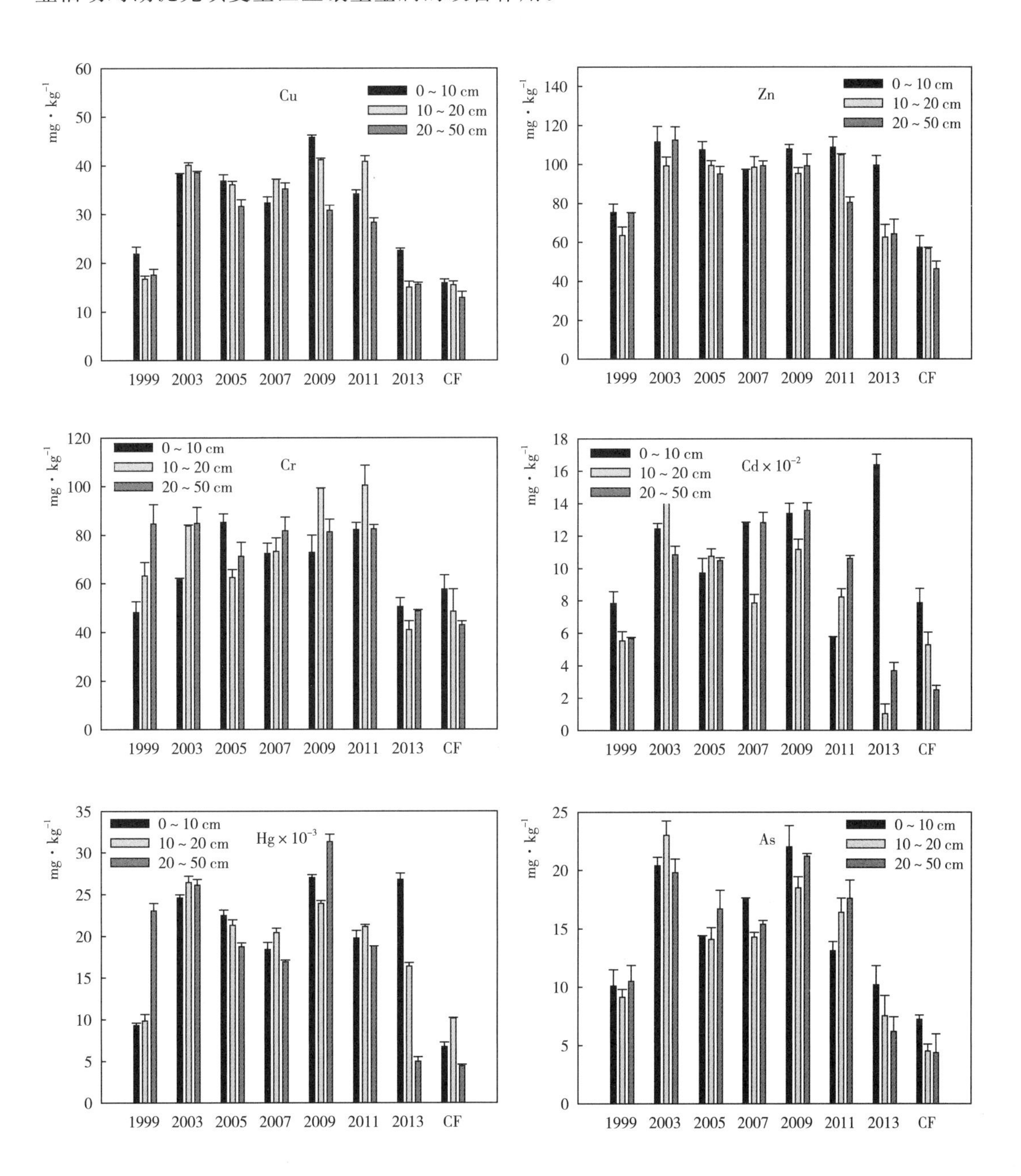

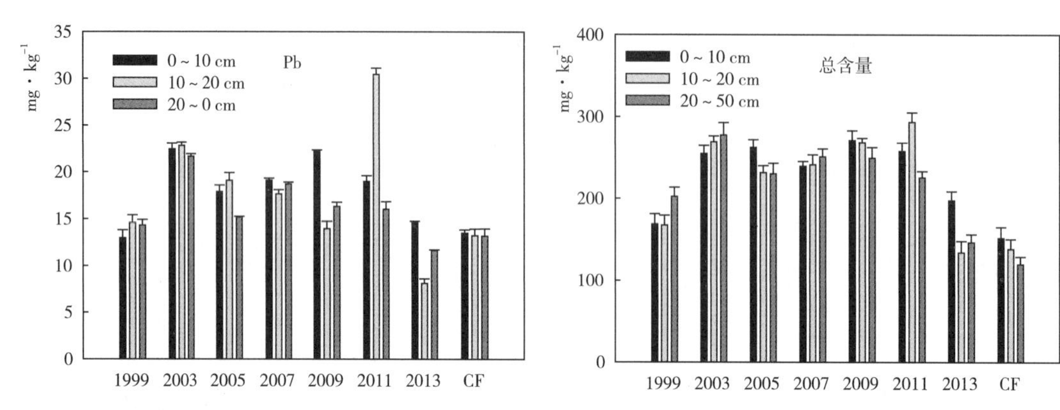

1999—1999 年复垦农田；2003—2003 年复垦光伏用地；2005—2005 年复垦农田；2007—2007 年复垦光伏用地；2009—2009 年复垦农田；2011—2011 年复垦光伏用地；2013—2013 年复垦农田；CF—对照农田。

图 4－16　湖泥充填复垦区不同复垦年份土壤重金属含量变化情况

4.4　三类复垦区土壤重金属污染和生态风险

采用单因子污染指数（CF）、污染负荷指数（PLI）、潜在生态风险评价指数（RI）、地累积指数（I_{geo}）法评价研究区土壤重金属的污染程度。

1. 土壤重金属单因子污染指数

单因子污染指数 CF 表示采样点重金属污染情况，以江苏省土壤元素地球化学基准值作为标准值评价土壤重金属单因子污染情况。不同复垦区土壤重金属单因子污染指数如图 4－17 所示。在煤矸石充填复垦区所有重金属中，Hg 的平均污染指数值达到 6.32，为重度污染水平；其次是 Cd，其平均污染指数值为 5.43，达到重度污染水平。总体而言，其他 5 种重金属在煤矸石充填复垦土壤中单因子污染指数排序为 Pb＞Zn＞Cu＞Cr＞As。在湖泥充填复垦土壤中，单因子污染指数排序依次为 Hg＞Cu＞Zn＞As＞Cd＞Cr＞Pb。与煤矸石充填复垦和湖泥充填复垦土壤相比，混推平整复垦区土壤中所分析元素的平均污染指数值相对较低。混推平整复垦区样品的所有元素均处于轻度污染水平。

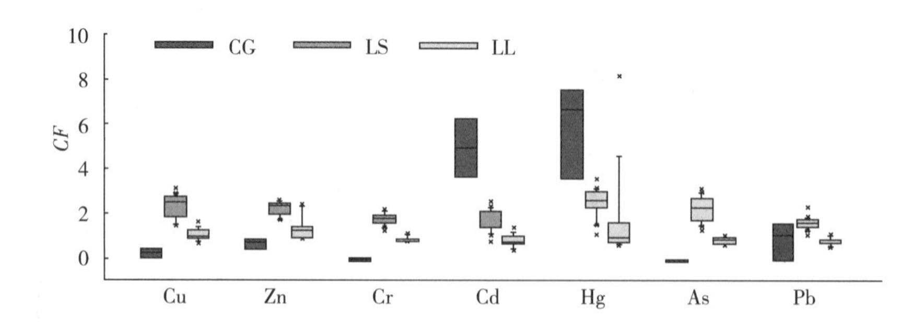

图 4－17　不同复垦区土壤重金属单因子污染指数（参照江苏省土壤元素地球化学基准值）

2. 土壤重金属污染负荷指数

三类复垦区土壤重金属污染负荷如图 4－8 所示。煤矸石充填复垦区 PLI 最高，最大值为

2.05。综合分析煤矸石充填复垦区、湖泥充填复垦区、混推平整复垦区不同复垦年份、不同土层中的重金属 PLI，我们可以发现其平均值呈现出 CG(PLI=1.85)＞LS(PLI=1.55)＞LL(PLI=0.97)的规律。相关研究表明，煤矸石中重金属含量较高。[123] Han 等[123]采集了不同地区的煤矸石，分析了其基础理化性质和重金属含量，结果发现煤矸石中重金属含量高于背景值，有向周边土壤释放的风险。此外，还有很多的研究表明，湖泥中重金属含量明显高于背景值[131,132]。因此，研究煤矸石充填复垦区和湖泥充填复垦区土壤重金属非常必要。

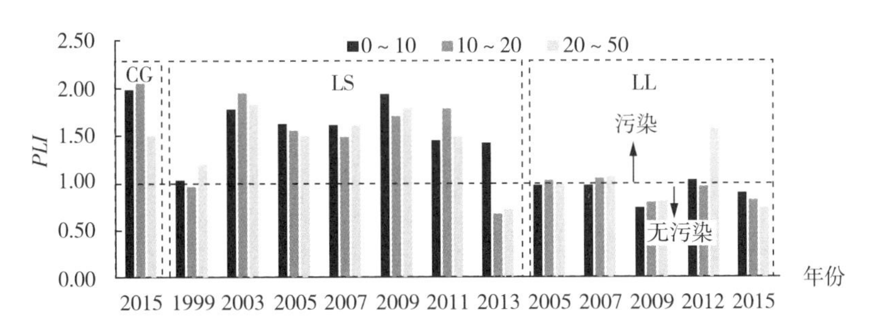

图 4-18　三类复垦区土壤重金属污染负荷

3. 土壤重金属潜在生态风险指数

在煤矸石充填复垦区，土壤重金属的生态风险呈现 Hg(252.61)＞Cd(162.78)＞Pb(8.60)＞As(8.33)＞Cu(4.83)＞Cr(1.81)＞Zn(1.53)的规律。其中，Pb、As、Cu、Cr、Zn 为低风险，Hg、Cd 为高风险。湖泥充填复垦区土壤重金属潜在生态风险分别为 Hg(84.60)＞Cd(39.79)＞As(17.70)＞Cu(10.06)＞Pb(5.19)＞Cr(2.44)＞Zn(1.84)。其中，Pb、Cr、Cu、Zn、As 和 Cd 为低风险，Hg 为中等风险。在混推平整复垦区，土壤重金属生态风险顺序为 Hg(37.56)＞Cd(22.78)＞As(8.76)＞Cu(4.95)＞Pb(3.80)＞Cr(1.70)＞Zn(1.27)。我们可以发现，混推平整复垦区土壤中所分析重金属的潜在风险均低于 40，表明其均处于低风险状态。综合分析三类复垦区土壤可知，重金属 Hg 潜在生态风险最高，Cd 次之，Cr 和 Zn 生态风险最低。

煤矸石充填复垦区土壤重金属的 RI 范围为 314.57～535.97，平均值为 441.49，表明其具有相当大的风险。湖泥充填复垦区和混推平整复垦区不同复垦年份不同土层中重金属的 RI 值及潜在生态风险分别如图 4-19(a)和图 4-19(b)所示。湖泥充填复垦区土壤重金属生态风险处于低风险和中风险的比例分别为 33.3%和 66.7%。统计分析混推平整复垦区土壤重金属 RI，结果显示所有样品的生态风险均低于数值 150，处于低风险状态。

4. 土壤重金属地累积指数

三类复垦区土壤重金属 I_{geo} 分析见表 4-3 所列。为了更清晰地对比分析三种复垦方式带来的重金属污染，本书详细分析了对照区、煤矸石充填复垦区、混推平整复垦区、湖泥充填复垦区土壤重金属的地累积指数。结果表明，对照区土壤中重金属的地累积指数均为 0 级，表明研究区重金属的背景值较低。Cu、Cr 和 As 在煤矸石充填复垦土壤中属于 0 类，Cd、Hg、Pb 和 Zn 分别属于 3、2、1 和 1 类。结果表明，煤矸石充填采煤沉陷区确实加重了土壤重金属污染。湖泥充填土壤中，Cu、Zn、Cd、Hg、As 和 Pb 的含量分别为 71.43%、71.43%、

28.57%、52.38%、71.43%和4.76%。混推平整复垦区中Cr、As、Pb均为0级。部分样品Zn的地累积指数为1级。在混推平整复垦区，土壤中Cd的地累积指数值超过1的样品有3个，Hg的地累积指数值超过2的样品有1个。污染程度最高的是2009年开垦的表层土壤。其原因可能是某些人类活动(农药使用等)导致土壤中Cd和Hg异常富集(图4-20)。

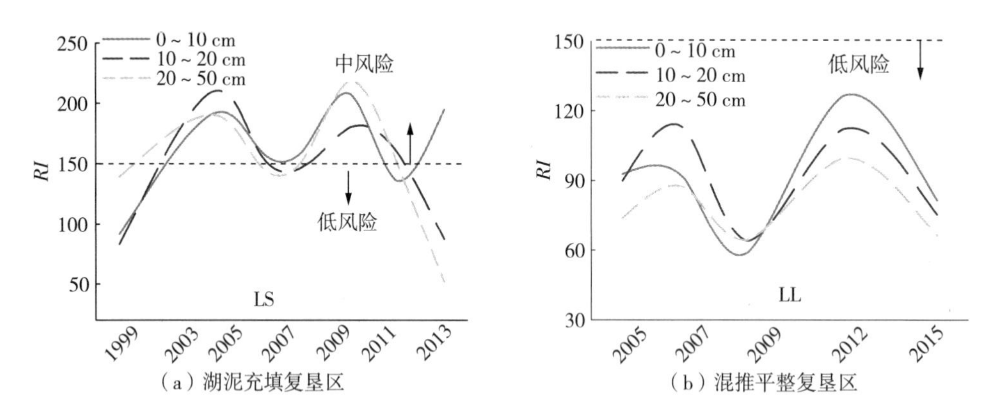

图4-19 湖泥充填复垦区和混推平整复垦区不同复垦年份不同土层中重金属的RI值及潜在生态风险

表4-3 三类复垦区土壤重金属I_{geo}分析

I_{geo}	煤矸石充填复垦区			混推平整复垦区			湖泥充填复垦区		
	最小值	最大值	平均值	最小值	最大值	平均值	最小值	最大值	平均值
Cu	−0.47	−0.30	−0.39	−0.93	−0.25	−0.53	−0.64	0.84	0.15
Zn	−0.20	0.03	−0.09	−0.56	0.03	−0.28	−0.20	0.46	0.22
Cr	−0.64	−0.38	−0.51	−0.92	−0.38	−0.76	−0.90	−0.08	−0.46
Cd	1.78	2.07	1.92	−1.32	1.78	−0.43	−1.47	2.07	−0.26
Hg	1.89	2.16	2.02	−1.58	2.16	−0.52	−1.18	1.89	0.15
As	−0.91	−0.52	−0.72	−1.16	−0.52	−0.79	−0.91	0.75	−0.02
Pb	−0.06	0.36	0.15	−1.47	−0.06	−0.83	−1.01	0.36	−0.44

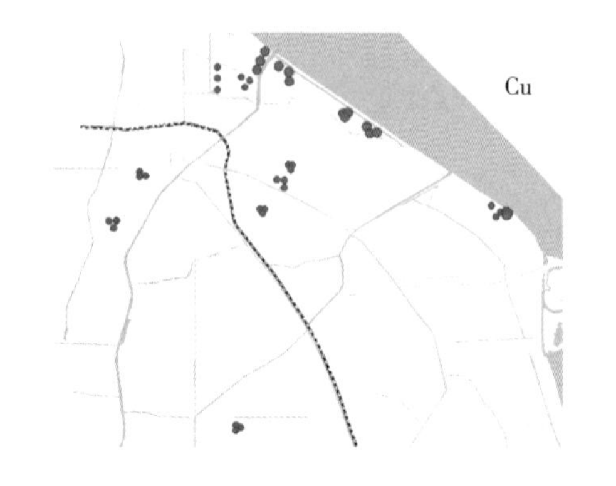

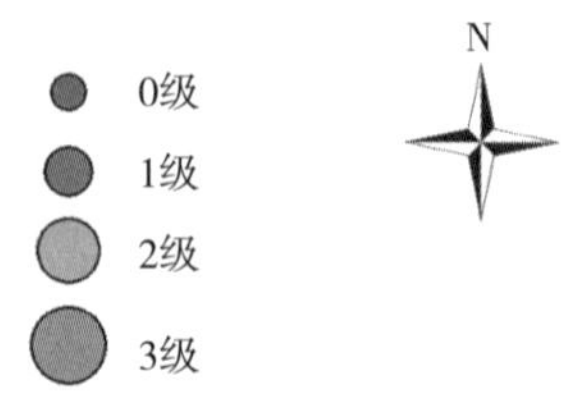

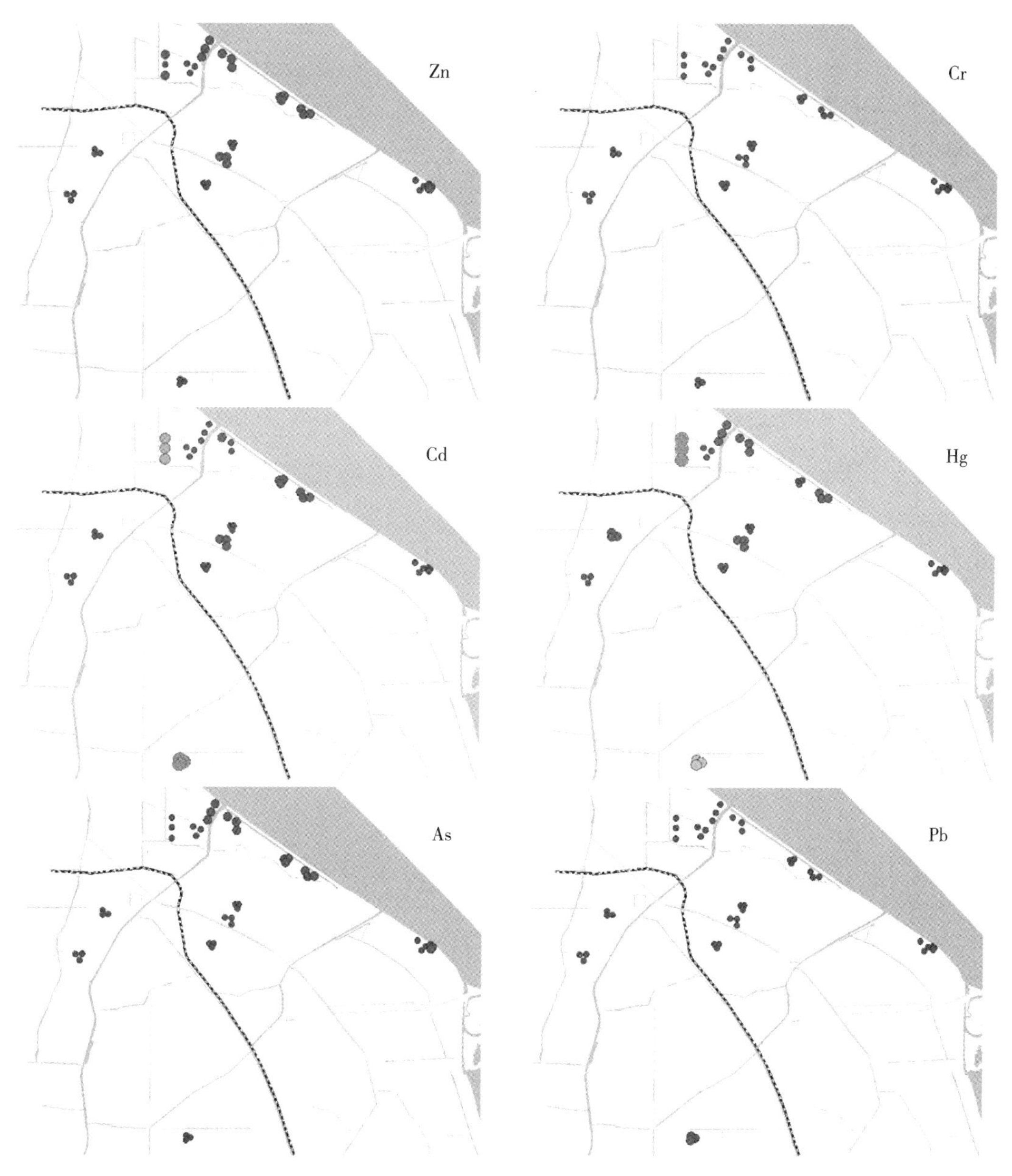

图 4-20　三类复垦区土壤重金属 I_{geo} 值

4.5　三类复垦区土壤性质相关性分析

4.5.1　煤矸石充填复垦区土壤性质相关性分析

表 4-4 列出了土壤重金属和基础理化性质在煤矸石充填复垦区土壤中的肯德尔 Tau-b 相关性系数。Cd 和 Cu 在 95%的置信区间显著相关，相关系数为 0.733。Hg 和 Zn 在 95%的置信区间显著负相关，相关系数为 0.733。AN 和 Cd 在 95%的置信区间显著负相关，相关系数为 0.867。

表 4-4 煤矸石充填复垦区土壤重金属与基础理化性质的肯德尔 Tau-b 相关性分析

	Cu	Zn	Cr	Cd	Hg	As	Pb	总含量	含水量	AK	AP	AN	SOC	pH 值
Cu	1													
Zn	−0.067	1												
Cr	0.2	0.467	1											
Cd	**0.733***	0.2	0.2	1										
Hg	0.067	**−0.733***	−0.467	0.067	1									
As	0.467	0.2	0.467	0.467	−0.2	1								
Pb	0.067	−0.467	−0.2	−0.2	0.2	0.067	1							
总含量	0.333	0.333	0.6	0.333	−0.333	**0.867***	−0.067	1						
含水量	0.467	−0.333	−0.333	0.467	0.6	−0.067	−0.2	−0.2	1					
AK	0.333	−0.2	−0.2	0.067	0.2	0.333	−0.067	0.2	0.333	1				
AP	−0.067	−0.067	−0.333	−0.333	0.067	−0.067	−0.2	−0.2	−0.067	0.6	1			
AN	−0.6	−0.333	−0.067	**−0.867***	0.067	−0.333	0.333	−0.2	−0.333	0.067	0.2	1		
SOC	−0.2	0.067	0.067	−0.2	0.2	−0.467	−0.333	−0.333	0.067	0.2	0.333	0.333	1	
pH 值	−0.086	0.086	−0.43	0.086	−0.086	−0.086	0.258	−0.258	0.086	−0.43	−0.258	−0.258	−0.602	1

注："* *"表示在 0.01 级别(双尾),相关性显著;"*"表示在 0.05 级别(双尾),相关性显著。

提取特征值大于1的主成分，本书共提取了5个主成分。初始特征值与主成分贡献率（煤矸石充填复垦区）见表4-5所列，旋转方法为恺撒正态化最大方差法，旋转在12次迭代后收敛。旋转后的主成分载荷（煤矸石充填复垦区）详见表4-6所列。PC1在总方差中占比为32.85%，PC2解释了总方差的19.89%，PC3解释了总方差的19.44%，PC4解释了总方差的14.16%，PC5解释了总方差的13.66%。煤矸石充填复垦区重金属含量和其他土壤基础理化性质的HCA分析结果如图4-21所示。很明显，所有指标被分成5类，第一类包括As、总含量、Cd、Cr、Zn，第二类包括AK、AP、Cu，第三类为pH值，第四类包括AN、SOC，第五类为Hg、Pb、土壤含水量。

表4-5 初始特征值与主成分贡献率（煤矸石充填复垦区）

主成分	提取载荷平方和			旋转载荷平方和		
	特征值	方差百分比/%	累积/%	特征值	方差百分比/%	累积/%
1	4.80	34.29	34.29	4.60	32.85	32.85
2	2.95	21.10	55.38	2.78	19.89	52.74
3	2.51	17.92	73.30	2.72	19.44	72.18
4	2.35	16.82	90.12	1.98	14.16	86.34
5	1.38	9.88	100.00	1.91	13.66	100.00

表4-6 旋转后的主成分载荷（煤矸石充填复垦区）

主成分	1	2	3	4	5
Cu	0.553	0.111	0.711	0.419	0.010
Zn	0.341	−0.915	−0.088	−0.163	0.110
Cr	0.535	−0.079	−0.506	−0.453	0.497
Cd	0.919	−0.303	0.110	0.209	−0.089
Hg	−0.394	0.712	0.231	0.498	0.190
As	0.895	0.263	0.269	−0.236	0.037
Pb	0.278	0.928	−0.149	−0.199	−0.012
总含量	0.904	−0.088	−0.070	−0.322	0.257
含水量	−0.001	0.020	−0.226	0.970	−0.087
AK	0.237	0.219	0.902	−0.230	0.171
AP	−0.231	−0.231	0.932	−0.149	−0.041

（续表）

主成分	1	2	3	4	5
AN	−0.802	0.408	0.142	−0.245	0.332
SOC	−0.664	−0.347	0.178	0.067	0.634
pH 值	−0.022	−0.056	−0.040	0.065	−0.995

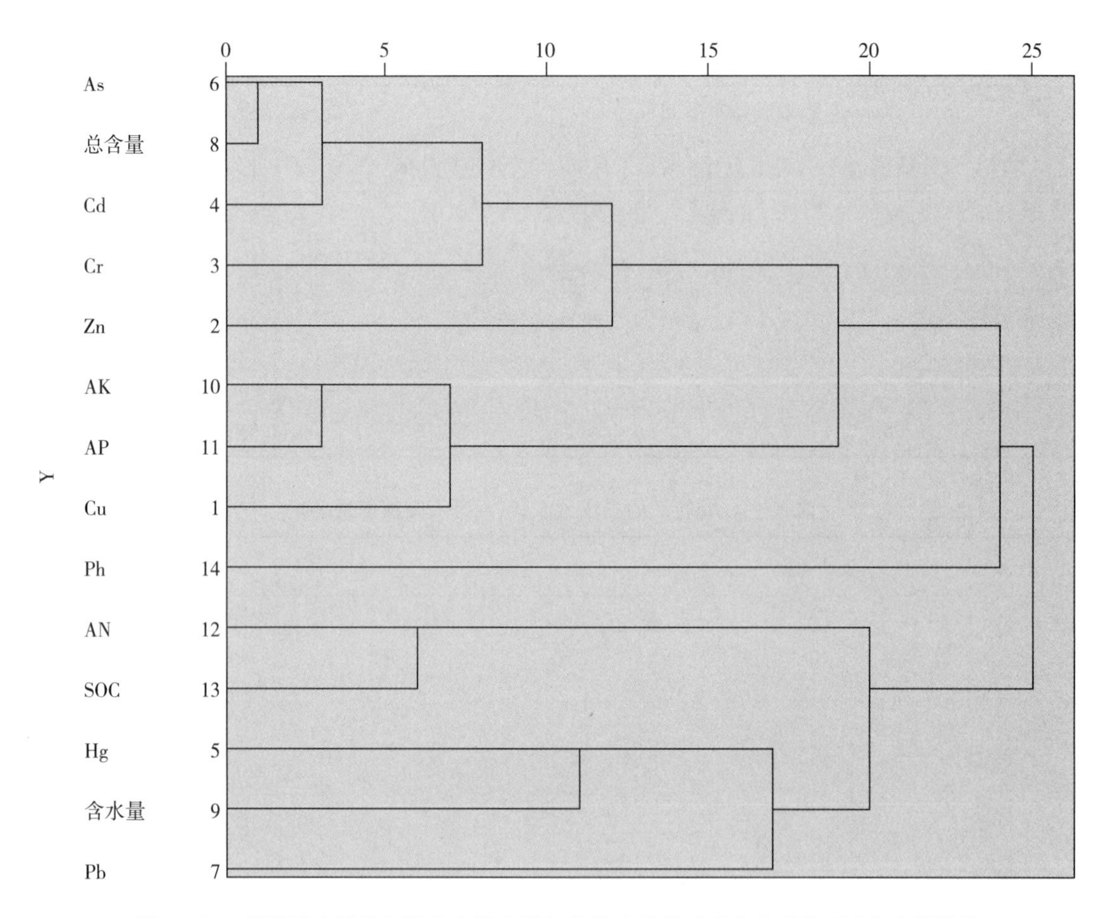

图 4-21 煤矸石充填复垦区重金属含量和其他土壤基础理化性质的 HCA 分析结果

图 4-22(a)和(b)分别是对照区和煤矸石充填复垦区土壤基础理化性质和重金属的相关性矩阵。我们可以看出，在对照区，7 种重金属均为正相关关系，表明其有相似来源。对照区土壤只受农业活动影响，土壤中 7 种重金属的主要来源为农业种植等。有研究表明，除土壤母质外，农药、化肥的施用是农田土壤中 Zn、Cu 等重金属不可忽略的重要来源。[133,134] 在煤矸石充填复垦区，Cu 与 Cd、Hg、Pb 正相关，表明其有相似来源。煤矸石充填技术在复垦土地时，带入了大量外源重金属，因此充填材料是其主要的重金属来源。

此外，土壤基础理化性质对土壤中重金属含量也存在一定程度的影响。本研究发现，在三类复垦区和对照区中，土壤中含水量、AK、AN 和 SOC 与重金属既存在正相关的情况，也存在负相关的情况。综合考虑土壤中含水量、AK 含量、AN 含量和 SOC 含量等因素，深入分析可以发现，在本研究区，较低的含水量和较低浓度的 AK、AN 和 SOC 在一定程度上抑制了土壤中重金属的积累，较高的含水量和较高浓度的 AK、AN 和 SOC 对土壤中重金属有促进作用。分析原因可知，土壤含水量对重金属的形态及其迁移转化有重要影响。土壤溶液构成了土壤重金属的反应环境。含水量影响土壤颗粒之间的胶结、絮凝作用，间接影响土壤表面与重金属的接触面积，干扰单位质量土壤中的重金属吸附量。[135]土壤中 AK、AN 等含量也会影响土壤中离子浓度等，从而间接影响重金属的吸附强度。此外，还有学者发现土壤溶液中 N 元素的存在会影响土壤对 Cr 等的解吸作用，且 N 元素含量越高，越不利于解吸，土壤对重金属的固持能力越强。[136]SOC 能改变土壤表面的负离子浓度，影响土壤表面络合、离子交换等作用，从而影响重金属的吸附作用。[137]土壤中 AP 与重金属负相关，这是因为土壤中 AP 的氧化反应会影响土壤溶液中重金属的络合和迁移作用。不同浓度的土壤基础理化因子对重金属的具体影响还需进一步研究。

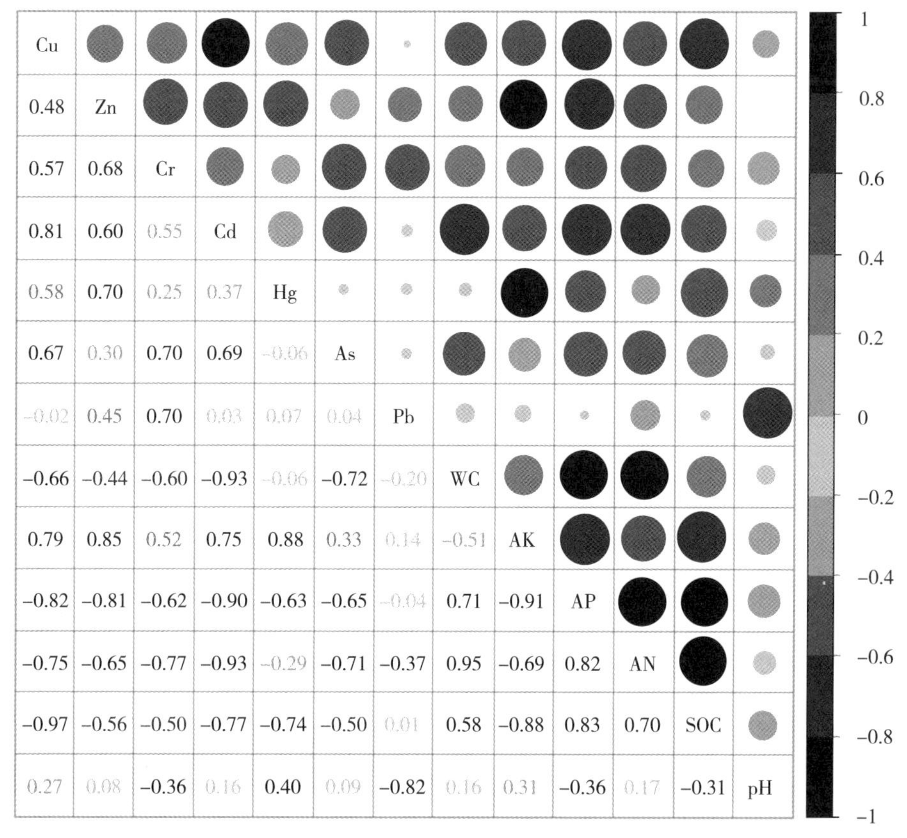

（a）对照区

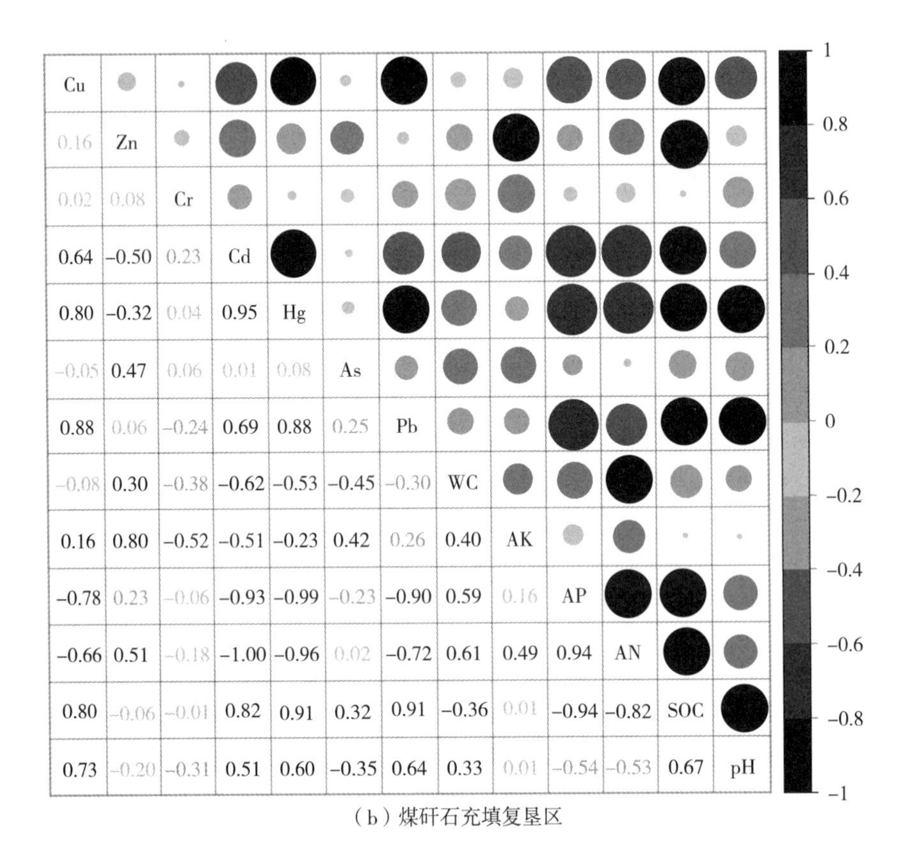

（b）煤矸石充填复垦区

图 4－22　对照区及煤矸石充填复垦区土壤基础理化性质和重金属的相关性矩阵

4.5.2　混推平整复垦区土壤性质相关性分析

由表 4－7 可知，Cu 与 Zn、As 在 99％置信区间显著相关，相关系数分别为 0.451、0.556；Zn 与 Hg、As 在 99％置信区间显著相关，相关系数分别为 0.490、0.582；Zn 与 Cd 在 95％置信区间显著相关，相关系数为 0.359；Cu、Zn、Cd、Hg、As 对 7 种重金属含量贡献较大，与其含量密切相关；土壤含水量对 Cr 的影响相对较大，两者之间相关系数为 0.459；AP 与 Cd 负相关，AN 与 Cd 正相关，相关系数分别为 0.346、0.386；AN 和 AK 之间相关系数为 0.516。

提取特征值大于 1 的主成分。初始特征值与主成分贡献率（混推平整复垦区）见表 4－8 所列，旋转方法为恺撒正态化最大方差法，在 10 次迭代后旋转收敛。旋转后的主成分载荷见表 4－9（混推平整复垦区）所列。PC1、PC2、PC3、PC4 分别解释了总方差的 25.72％、22.62％、17.88％和 10.82％，4 个主成分共解释了总方差的 77.03％。图 4－23 为混推平整复垦区土壤基础理化性质和重金属的相关性矩阵。我们可以看出，所有指标被分成 4 类，第一类包括 Zn、Cu、As、总含量，第二类包括土壤含水量、AK、AN、Cd、Cr、Hg、Pb，第三类为 SOC、pH 值，第四类为 AP。

这一结果与肯德尔 Tau-b 相关性分析、PCA 结果一致。混推平整复垦区土壤中 Zn、Cu、As 有相似的来源。有研究表明，除土壤母质外，化肥的施用是农田土壤中 Zn、Cu 不可忽略的重要来源[138]。

表 4-7　混推平整复垦区土壤重金属与基础理化性质的肯德尔 Tau-b 相关性分析

	Cu	Zn	Cr	Cd	Hg	As	Pb	总含量	含水量	AK	AP	AN	SOC	pH 值
Cu	1													
Zn	**0.451****	1												
Cr	0.131	0.131	1											
Cd	0.203	**0.359***	0.013	1										
Hg	0.255	**0.490****	0.118	0.346*	1									
As	**0.556****	**0.582****	0.315	0.255	0.333	1								
Pb	−0.072	−0.124	0.092	0.307	0.046	−0.15	1							
总含量	**0.569****	**0.725****	0.328	**0.425***	**0.477****	**0.569****	0.072	1						
含水量	−0.111	0.072	**0.459****	0.059	−0.046	0.02	0.176	0.163	1					
AK	−0.19	−0.033	0.092	0.111	0.085	−0.085	0.203	−0.072	0.399*	1				
AP	−0.281	−0.124	0.039	**−0.346***	−0.163	−0.229	−0.046	−0.137	0.046	−0.111	1			
AN	−0.124	0.085	−0.079	**0.386***	0.255	−0.02	0.294	−0.033	0.229	**0.516****	−0.281	1		
SOC	0.19	0.111	0.118	−0.007	0.307	0.163	0.163	0.229	−0.163	0.02	−0.15	−0.072	1	
pH 值	0.271	−0.063	−0.07	0.049	−0.063	−0.132	0.104	0.09	−0.007	−0.035	0.077	−0.104	0.146	1

注："**"表示在 0.01 级别(双尾)，相关性显著；"*"表示在 0.05 级别(双尾)，相关性显著。

重金属 Cd、Cr、Hg、Pb 有相似的自然或人为来源，其来源有多种途径，来源可能为复垦区煤矿开采活动、大气沉降、农药的使用等。此外，Cd、Cr、Hg、Pb 在土壤中的含量受到土壤含水量、AK 含量、AN 含量的影响。土壤含水量对重金属的形态及其迁移转化有重要影响。土壤含水量是土壤溶液的重要组成部分，土壤溶液构成了土壤重金属的反应环境。土壤含水量影响土壤颗粒之间的胶结、絮凝作用，间接影响土壤表面与重金属的接触面积，干扰单位质量土壤的重金属吸附量。土壤中 AK、AN 等含量也会影响土壤中离子浓度等，从而间接影响重金属的吸附强度，这对重金属的吸附、解析起到一定作用。

表 4-8 初始特征值与主成分贡献率(混推平整复垦区)

成分	提取载荷平方和			旋转载荷平方和		
	特征值	方差百分比/%	累积/%	特征值	方差百分比/%	累积/%
1	4.60	32.86	32.86	3.60	25.72	25.72
2	2.94	21.01	53.87	3.17	22.62	48.34
3	1.93	13.82	67.69	2.50	17.88	66.21
4	1.31	9.35	77.03	1.52	10.82	77.03

表 4-9 旋转后的主成分载荷(混推平整复垦区)

主成分	1	2	3	4
Cu	0.872	0.117	−0.214	0.010
Zn	0.850	0.071	0.032	0.237
Cr	0.364	−0.081	0.580	−0.317
Cd	0.079	0.821	0.383	−0.149
Hg	0.538	0.572	0.355	−0.047
As	0.841	−0.033	0.038	−0.352
Pb	0.066	0.881	0.216	0.118
总含量	0.898	0.289	0.188	0.130
含水量	0.046	−0.005	0.894	0.170
AK	−0.344	0.387	0.650	−0.016
AP	−0.042	−0.542	0.139	0.633

（续表）

主成分	1	2	3	4
AN	0.002	0.382	0.681	－0.387
SOC	0.190	0.751	－0.169	0.173
pH 值	0.118	0.353	－0.175	0.754

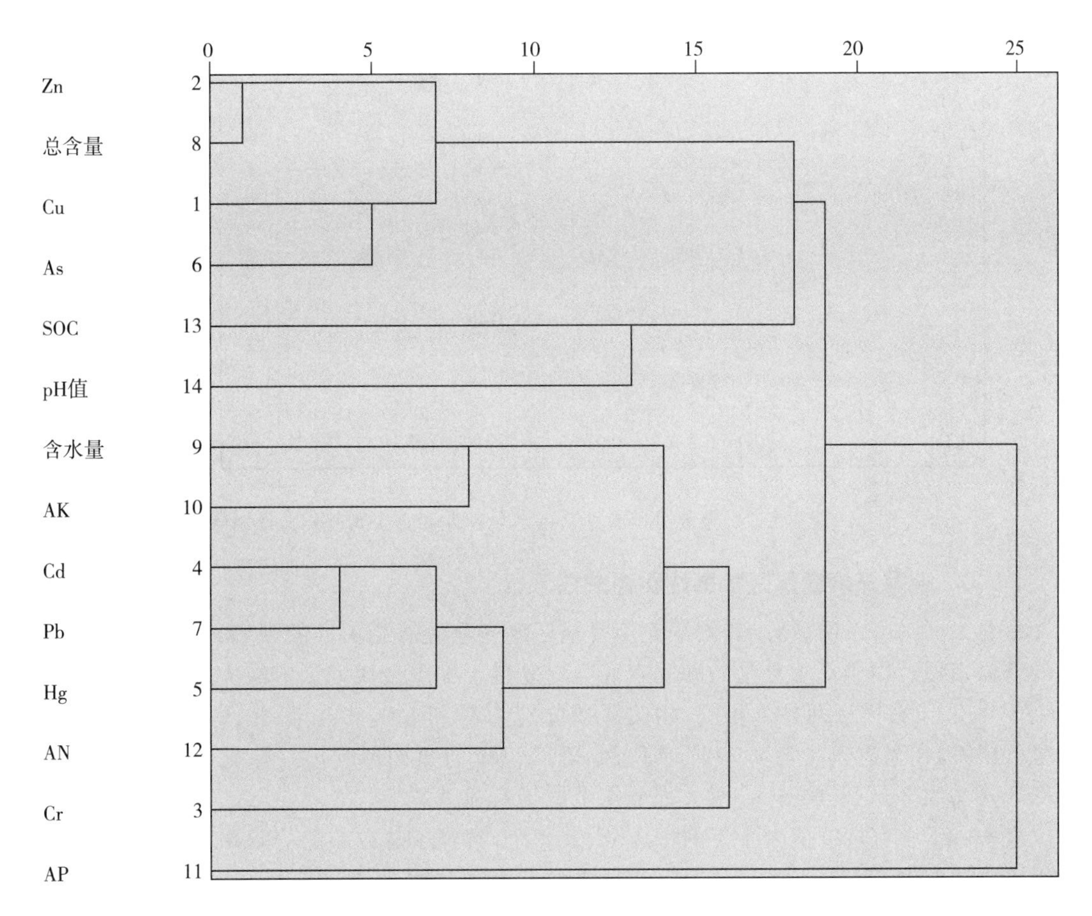

图 4－23　混推平整复垦区重金属含量和其他土壤性质的 HCA 分析图

混推平整复垦方法无外源重金属输入，对重构土壤的扰动较小，因此混推平整复垦区与对照区土壤环境最相似。在混推平整复垦区，土壤中 Cu、Zn、Cr、Cd、Hg、As 表现出正相关关系，说明其来源相同，均为农药和化肥的施用等农业活动。其土壤基础理化性质和重金属的相关性矩阵如图 4－24 所示。混推平整复垦区土壤中 Pb 的来源与其他重金属不同，考虑到混推平整复垦区仅受到采矿活动的影响，因此可以推测其来源主要是煤矿开采活动。

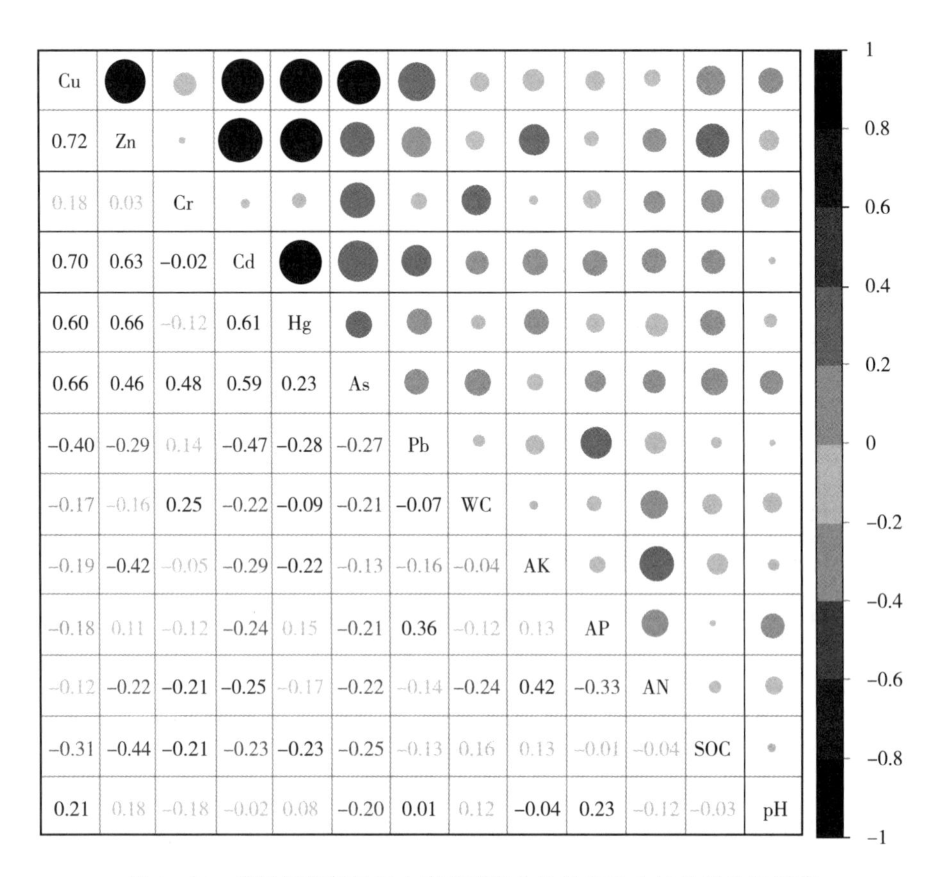

图 4－24　混推平整复垦区土壤基础理化性质和重金属的相关性矩阵

4.5.3　湖泥充填复垦区土壤性质相关性分析

由表 4－10 可以明显看出，湖泥充填复垦区所有重金属相关性较强，表明几乎所有重金属的来源相似。用于充填复垦的湖泥本底值对复垦土壤重金属的影响最大。土壤含水量与 Cd、As 在 99％置信区间显著相关，相关系数分别为 0.373、0.409，与 Cu、Cr 在 95％置信区间显著相关，相关系数均为 0.322。AK 和 AP 对 Hg 有负面影响，与 Hg 之间相关系数分别为 0.394、0.302。AN 和 SOC 对大部分重金属均有显著影响。

表 4－11 中有特征值大于 1 的主成分，共 4 个，解释了总方差的 75.90。PC1（主成分 1）解释了总方差的 37.89％，PC2（主成分 2）解释了总方差的 16.19％，PC3（主成分 3）解释了总方差的 13.43％，PC4（主成分 4）解释了总方差的 8.38％。旋转后的主成分载荷（湖泥充填复垦区）见表 4－12 所列，旋转方法为恺撒正态化最大方差法，旋转在 6 次迭代后收敛。湖泥充填复垦区重金属含量和其他土壤性质的 HCA 分析图如图 4－25 所示。我们把所有指标分成 4 类，第一类包括 Cu、Zn、As、总含量、Pb、Cd、Cr、SOC、土壤含水量、AN，第二类包括 Hg、pH 值，第三类为 AK，第四类为 AP。

上述结果表明，湖泥充填复垦区土壤中除 Hg 外，其余重金属均有相似来源。由于湖泥重金属含量较高，本研究推测湖泥重金属本底值对复垦土壤中重金属影响最大。Hg 的主要来源有可能是人类采矿活动。

表 4－10 湖泥充填复垦区土壤重金属与基础理化性质的肯德尔 Tau－b 相关性分析

	Cu	Zn	Cr	Cd	Hg	As	Pb	总含量	含水量	AK	AP	AN	SOC	pH 值
Cu	1													
Zn	**0.616****	1												
Cr	**0.442****	0.262	1											
Cd	**0.459****	**0.394****	0.208	1										
Hg	**0.354****	**0.409****	0.165	**0.337***	1									
As	**0.586****	**0.435****	**0.363****	**0.677****	**0.372****	1								
Pb	**0.578****	**0.593****	**0.271***	**0.368****	**0.268***	**0.551****	1							
总含量	**0.818****	**0.673****	**0.567****	**0.436****	**0.377****	**0.631****	**0.613****	1						
含水量	**0.322***	0.148	**0.322***	**0.373****	0.08	**0.409****	0.151	0.311*	1					
AK	0.054	−0.137	0.1	−0.02	**−0.394****	−0.026	0.031	0.031	0.105	1				
AP	−0.088	−0.223	−0.157	−0.219	**−0.302***	−0.191	−0.066	−0.179	−0.197	0.117	1			
AN	**0.356****	0.223	**0.447****	**0.282***	**0.274***	**0.369****	**0.276***	**0.402****	**0.407****	0.06	−0.185	1		
SOC	**0.544****	**0.445****	0.259	**0.413****	**0.348***	**0.557****	**0.476****	**0.521****	0.197	−0.151	−0.225	0.265	1	
pH 值	−0.037	0.003	0.094	−0.069	−0.116	−0.028	−0.062	−0.006	−0.044	−0.069	0.075	−0.081	−0.037	1

注："**"表示在 0.01 级别(双尾)，相关性显著；"*"表示在 0.05 级别(双尾)，相关性显著。

表 4-11 初始特征值与主成分贡献率(湖泥充填复垦区)

主成分	提取载荷平方和			旋转载荷平方和		
	特征值	方差百分比/%	累积/%	特征值	方差百分比/%	累积/%
1	6.252	44.655	44.655	5.304	37.887	37.887
2	1.902	13.585	58.240	2.267	16.190	54.077
3	1.309	9.353	67.593	1.880	13.431	67.508
4	1.162	8.298	75.891	1.174	8.383	75.891

表 4-12 旋转后的主成分载荷(湖泥充填复垦区)

主成分	1	2	3	4
Cu	0.908	0.240	−0.013	0.077
Zn	0.900	0.068	−0.211	0.029
Cr	0.607	0.478	0.156	0.174
Cd	0.577	0.451	−0.078	−0.092
Hg	0.041	0.002	−0.822	0.302
As	0.789	0.433	−0.095	−0.043
Pb	0.893	−0.040	0.074	−0.044
总含量	0.935	0.295	−0.028	0.080
含水量	0.185	0.821	0.244	0.159
AK	−0.056	0.220	0.789	0.043
AP	−0.139	−0.364	0.580	0.189
AN	0.230	0.791	−0.173	−0.206
SOC	0.749	0.117	−0.245	−0.195
pH 值	−0.005	−0.026	−0.079	0.940

研究结果表明,SOC 对土壤重金属的影响较大。分析原因可以发现,SOC 能改变土壤表面的负离子浓度,影响土壤表面络合、离子交换等作用,从而影响重金属的吸附作用。[137] 此外,研究发现 AN 对 Cu、Cr 等重金属含量有显著影响。这一发现与任力洁[139]的研究结果一致。研究发现,土壤溶液中 N 元素的存在会影响土壤对 Cr 等的解吸作用,且 N 元素含量越高,越不利于解吸,土壤对重金属的固持能力越强。

在 LS 区,所测 7 种重金属相关性相对较强,且均为正相关,说明其来源相似。湖泥充填复垦区土壤基础理化性质和重金属的相关性矩阵如图 4-26 所示。因为用于充填复垦的湖泥重金属含量相对较高,其本底值对复垦土壤中重金属含量的影响程度高于其他因素的影响,所以在 LS 区,7 种重金属的主要来源是充填湖泥本身带来的重金属输入。

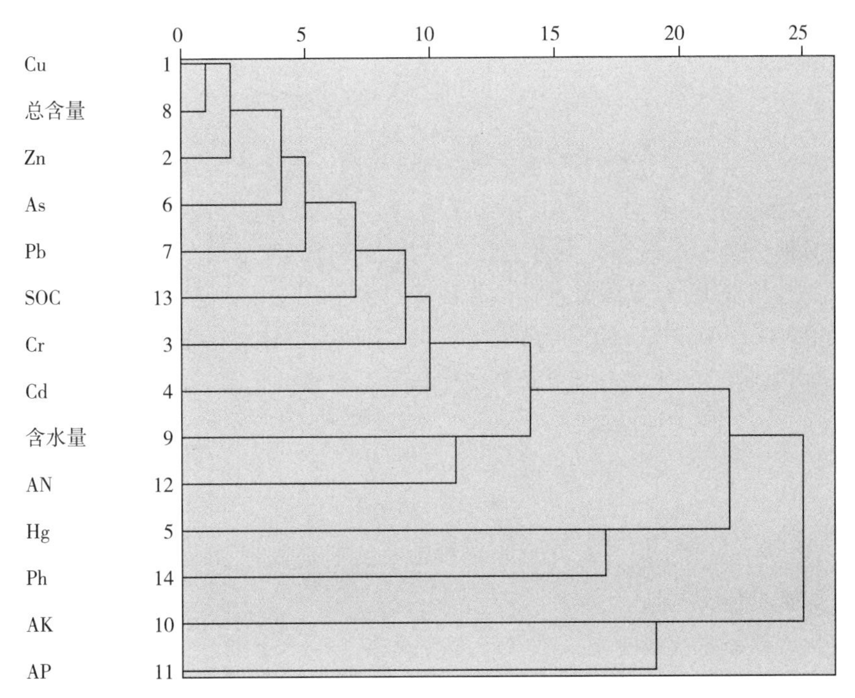

图 4-25 湖泥充填复垦区重金属含量和其他土壤性质的 HCA 分析图

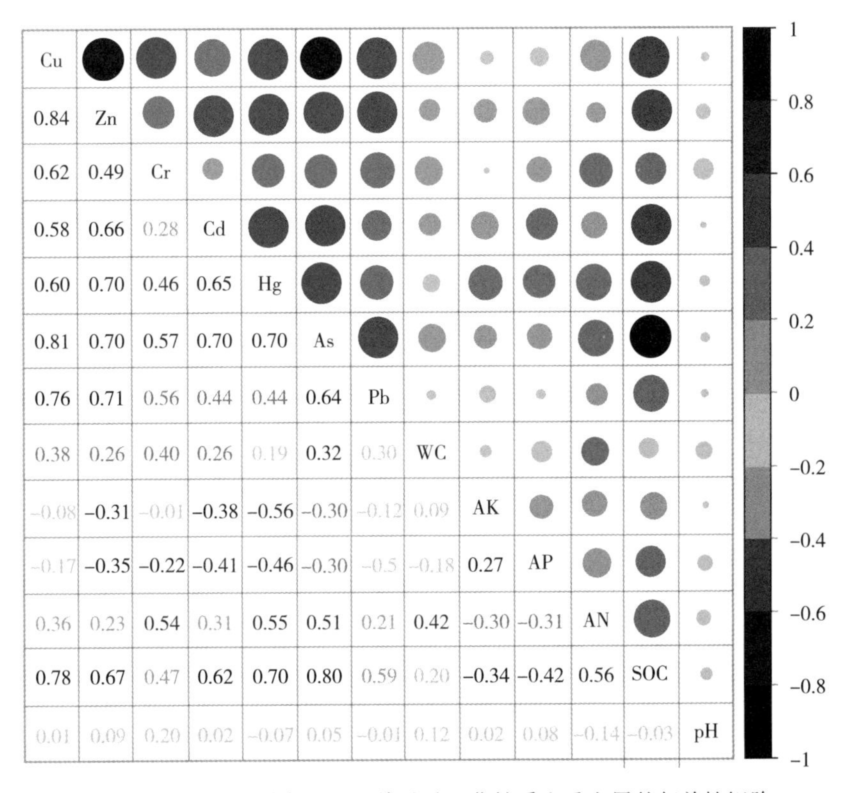

图 4-26 湖泥充填复垦区土壤基础理化性质和重金属的相关性矩阵

4.6 三类复垦区农作物富集系数

植物重金属污染已成为人们密切关注的环境问题。土壤重金属会通过植物根系的吸收作用转移到作物内，并在植物中富集，最终又会通过食物链进入人体内，对人类健康造成威胁。农作物对重金属的富集特征决定了农产品生态安全风险的高低。分析不同复垦区农作物对重金属的富集能力，对保障复垦区农作物产品安全具有重要意义。

富集系数(Bioconcentration Factors，BCF)是表征生物体对某种元素富集能力的重要指标，为生物体内某种元素含量与所生长环境中该元素含量的比值，计算公式如下：

$$BCF=\frac{C_{plant}}{C_{soil}} \tag{4-2}$$

式中，C_{plant}为植物中的重金属含量；C_{soil}为沉积物中的重金属含量；BCF值越大，表明植物对此种重金属的富集能力越强[140]。

不同复垦区植被重金属富集系数统计表详见表4-13所列，不同复垦区植被重金属富集系数如图4-27所示。作物对重金属的吸收受多方面因素的共同影响，包括土壤基础理化性质和植物对重金属的吸收机制等。2015年，煤矸石充填复垦区植被中Zn、Cr、Cu、Pb、As、Cd和Hg浓度分别为72.60 mg·kg^{-1}、32.00 mg·kg^{-1}、8.00 mg·kg^{-1}、2.70 mg·kg^{-1}、0.67 mg·kg^{-1}、0.12 mg·kg^{-1}和0.017 mg·kg^{-1}，其重金属富集系数分别为Zn(0.88)>Cr(0.59)>Cu(0.40)>Cd(0.28)>Hg(0.27)>Pb(0.09)=As(0.09)。综合分析三类复垦区植被重金属富集系数，我们可以发现，部分样地植被对Zn、Cd和Hg的富集系数大于1，富集系数大于1说明植物对该种重金属有较强的吸收能力。本研究表明在煤矸石充填复垦区、混推平整复垦区和湖泥充填复垦区，植物对Zn、Cd和Hg有较强的富集能力，这与赵怀敏等[141]的研究结果一致。在Zn、Cd和Hg低风险区，种植大豆等农作物能起到一定的治理重金属污染的作用。

表4-13 不同复垦区植被重金属富集系数统计表

复垦区	年份	Cu	Zn	Cr	Cd	Hg	As	Pb
煤矸石充填复垦区	2015	0.40	0.88	0.59	0.28	0.27	0.09	0.09
	2015PV	0.57	0.73	—	0.03	0.79	0.06	0.02
混推平整复垦区	2005	0.28	0.97	—	0.56	1.74	0.07	0.05
	2007	0.47	0.65	—	0.83	1.15	0.05	0.04
	2009	0.73	1.59	0.17	2.44	5.65	0.08	0.10
	2012	0.90	0.74	—	1.48	0.36	0.06	0.09
	2015	0.57	0.89	0.30	0.35	2.02	0.07	0.05
	2015PV	0.69	1.33	—	0.53	3.05	0.07	0.08

（续表）

复垦区	年份	Cu	Zn	Cr	Cd	Hg	As	Pb
湖泥充填复垦区	1999	0.09	0.01	0.01	0.06	0.06	0.15	0.00
	2003	0.38	0.56	0.35	0.80	3.39	0.19	0.25
	2005	0.34	0.81	—	3.68	1.28	0.06	0.14
	2007	0.37	0.79	—	1.79	0.66	0.03	0.17
	2009	0.15	0.53	—	0.39	0.78	0.02	0.05
	2011	0.41	0.67	0.15	0.12	1.09	0.10	0.15
	2013	0.62	0.83	—	0.57	4.94	0.06	—
	2007W	0.39	0.75	0.12	4.01	1.48	0.05	0.14
	2007PV	0.40	0.96	—	0.87	2.06	0.03	0.06
CW		0.62	1.20	—	2.28	2.93	0.07	0.15
CF		0.61	1.09	—	0.57	3.32	0.09	0.04

注：W 表示林地，PV 表示光伏用地，CW 表示对照林地，CF 表示对照农田。

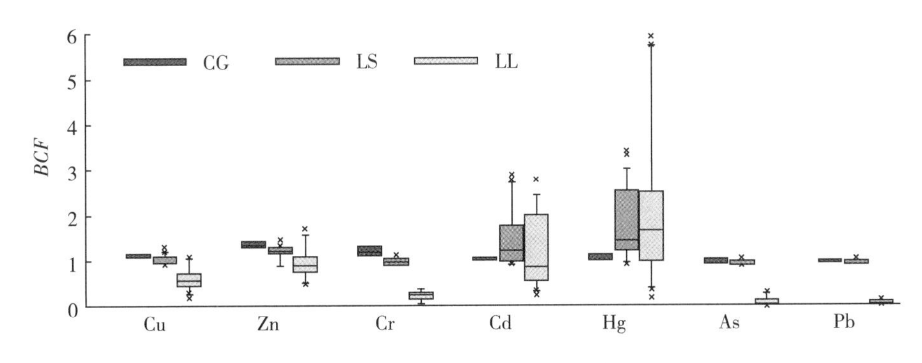

图 4-27　不同复垦区植被重金属富集系数

4.7　三类复垦方式对土壤重金属含量的影响

目前，煤矸石充填复垦、混推平整复垦和湖泥充填复垦三种方式的应用均较为广泛。基于以上研究结果，综合考虑土壤重金属含量、土壤重金属超标情况、地累积指数等指标，我们对比分析了这三种复垦方式对土壤重金属含量的影响。三类复垦方式对土壤重金属的影响对比见表 4-14 所列。

在三类复垦方式中，混推平整复垦区土壤的重金属总含量最低，与江苏省土壤元素地球化学基准值相比，超标率最低，应用地累积指数法评价时，7 种重金属均处于无污染情况。再加上混推平整技术成熟、流程简单、成本较低，因此，在未来的沉陷区复垦工作中，此技术值得推广应用。

湖泥充填复垦区土壤重金属总含量最高，以江苏省土壤元素地球化学基准值为评价标准时，超标率最高，但是以地累积指数法进行土壤重金属污染评价的结果表明，湖泥充填复垦区土壤重金属污染水平相对较低。此外，通常情况下，湖泥充填土壤有机质含量高，土壤较为肥沃。因此，在湖泥资源丰富地区我们也可考虑湖泥充填复垦这种方式。

煤矸石充填复垦区土壤重金属总含量相对较高，参照江苏省土壤元素地球化学基准值进行评价时，超标率较高；基于地累积指数法评价重金属污染情况时，煤矸石充填复垦区土壤重金属超标程度相对较重。

不同复垦技术有不同的适用条件。从总体上来说，混推平整复垦技术所带来的重金属外源输入量最低。当三种复垦方式均适用于沉陷区时，我们应优先推广应用混推平整复垦技术；在湖泥资源丰富地区，也可考虑湖泥充填复垦方式。

表 4-14　三类复垦方式对土壤重金属的影响对比

指标	煤矸石充填复垦	混推平整复垦	湖泥充填复垦
重金属总含量平均值/(mg·kg^{-1})	181.85	160.12	230.25
超标情况-参照《土壤环境质量 农用地土壤污染风险管控标准(试行)》(GB 15618—2018)	不超标	不超标	不超标
超标情况-参照江苏省土壤元素地球化学基准值	平均超标率为 57.14%	平均超标率为 22.22%	平均超标率为 62.77%
平均地累积指数	Pb 处于无污染到中等污染水平，Cd 处于中等污染水平，Hg 处于中等污染到严重污染水平	7 种重金属均处于无污染水平	Cu、Zn 和 Hg 处于无污染到中度污染水平
对比结果	重金属总含量较高，与江苏省土壤元素地球化学基准值相比超标率较高，污染相对较重	重金属总含量较低，与江苏省土壤元素地球化学基准值相比超标率较低，无污染现象，推荐	重金属总含量最高，与江苏省土壤元素地球化学基准值相比超标率最高，污染水平相对较低，在湖泥资源丰富地区可考虑此种方式

4.8　本章小结

本研究选取沛县典型煤矸石充填复垦区、混推平整复垦区、湖泥充填复垦区的不同复垦年份、不同土地利用类型的复垦区，采集了 19 个样地的不同剖面的 171 个土壤样本和 57 个植被样品，分析了有机质、pH 值、重金属等理化性质，对比分析了复垦土壤基础理化性质和重金属的时空分布特征，应用单因子指数法评价了重金属元素超标情况，基于地累积指数法评价其污染水平，结合肯德尔 Tau-b 相关性分析，利用 PCA 和 HCA 方法分析了土壤基础理化特性和重金属元素之间的相关性，结果如下。

（1）煤矸石充填复垦区、混推平整复垦区和湖泥充填复垦区土壤中 7 种重金属总含量平均值分别为 181.85 $mg \cdot kg^{-1}$、160.12 $mg \cdot kg^{-1}$和 230.25 $mg \cdot kg^{-1}$。7 种重金属含量均未超过农用地标准，但是以江苏省土壤元素地球化学基准值为评价标准时发现，煤矸石充填复垦区、混推平整复垦区和湖泥充填复垦区土壤 7 种重金属平均超标率分别为 57.14%、22.22%和 62.77%。混推平整复垦区的 7 种土壤重金属总含量和超标率均最低。

（2）在剖面变化上，三类复垦区土壤基础理化性质和重金属并未表现出统一规律。在复垦年际变化方面，混推平整复垦区各复垦年份重金属含量与对照农田差异不大，受复垦扰动最小。在湖泥充填复垦区，复垦年份越长，土壤重金属含量越低，但仍然高于对照农田。

（3）以平均值计，基于 I_{geo} 计算结果可知，煤矸石充填复垦区土壤 Cu、Zn、Cr、As 处于无污染水平，Pb 处于无污染到中等污染水平，Cd 处于中等污染水平，Hg 处于中等污染到严重污染水平。混推平整复垦区土壤的 7 种重金属均处于无污染水平。湖泥充填复垦区土壤中 Cu、Zn 和 Hg 含量处于无污染到中度污染水平。总体来说，混推平整复垦区污染程度最低，其次为湖泥充填复垦区，煤矸石充填复垦区土壤重金属污染程度相对较高。

（4）研究结果表明，煤矸石充填复垦区 Cd 和 Cu 来源相似。混推平整复垦区土壤中 Zn、Cu、As 有相似的来源，主要为化肥、农药的使用等；Cd、Cr、Hg、Pb 有相似的自然或人为来源，其来源包含煤矿开采活动、大气沉降、农药的使用等共同来源。湖泥充填复垦区土壤除 Hg 外，其余重金属均有相似来源，主要为充填湖泥本身带来的重金属输入。Hg 的主要来源是人类采矿活动。

（5）总体来说，混推平整复垦区土壤的重金属总含量最低，超标率最低，无污染情况。再加上混推平整技术流程简单、成本较低，因此，在未来的沉陷区复垦工作中，此技术值得推广应用。此外，湖泥充填复垦区土壤重金属污染水平相对较低，土壤较为肥沃，在湖泥资源丰富地区我们也可考虑此种方式。

5. 不同修复模式下采煤沉陷积水区的水生态效应

在我国高潜水位地区，地下水位较高，采煤沉陷后会出现大量积水。这不仅造成土地面积锐减，使农田生态系统等各种生态系统演变为水生生态系统，还在一定程度上改变了生态结构，破坏了生态平衡。[28,142]目前，沉陷积水区的生态修复和开发利用受到了不同领域专家的普遍关注，各级政府也十分重视采煤沉陷积水区的综合整治工作，在综合考虑当地自然环境和社会需求的前提下，因地制宜地对沉陷区积水进行治理。近年来，沉陷积水区的开发模式越来越多元化，强调生态农业、生态养殖与生态旅游相结合。[143]根据开发功能不同，沉陷积水区的开发再利用模式主要分为净化型人工湿地、养殖型人工湿地等模式。[144]

采煤沉陷积水区不同的开发治理模式，可以不同程度地缓解人地矛盾，将积水资源化，改善生态环境，从而带来一定的经济、社会和环境效益。[145]但是我们在看到这些方法优点的同时，也不能忽略其可能带来的各种环境问题。比如，城市污水经过处理达到排放标准后可以排入人工湿地，[146]一般来说，城市污水中重金属含量低，但是因为其不能降解，会在沉积物、水体、水生植物、动物中积累，并且沿着食物链进入人体，所以这也对生态环境和人类健康构成了潜在的威胁。

沉陷水域一般为封闭或半封闭系统，大气沉降、矿井水等携带周边污染物，将大量重金属等汇入沉陷水域。同时，周边农田的污水灌溉和农药及化肥的过度使用，进一步加重了环境中重金属污染。大量的重金属富集在沉积物中，导致其显著高于背景值，造成沉积物重金属污染。[147]目前，有关沉陷积水区重金属污染已有不少研究[148,149]，相关研究主要集中在沉陷未治理水域，同时关于沉陷积水区不同开发利用方式下沉积物、上覆水和水生植物中重金属的研究却没有。例如，魏焕鹏等[150]研究了大宝山矿区积水中悬浮物和沉积物的重金属污染情况。结果表明，Cu 和 Cd 污染较为严重。黄静[151]以淮南潘一矿和谢桥矿为研究对象，分析沉陷积水区水体重金属超标情况。研究结果显示，沉陷区水体存在严重的重金属污染，Cr、Cd、Pb 等重金属含量相对较高，Fe 含量远高于淮南市背景值。关注沉陷积水区不同利用方式，分析各利用方式对沉积物、水体、植被中重金属含量的影响，探讨其带来的经济价值、生态价值、社会价值，对指导沉陷积水区复垦再利用方式的选择非常有意义。

净化型人工湿地接收排放污水后，重金属是否会在湿地系统中富集？是否会超过湿地自净能力？湿地系统生态平衡是否会被破坏？养殖型人工湿地中，水产品养殖是否会增加生态系统中重金属负荷？此外，“渔光互补”虽然能促进地方经济的发展，但是光伏的建设会不会对当地水体、沉积物、水生植物等产生不利的影响？采煤沉陷积水后，究竟采取何种措施才能更好地恢复生态环境？这些都非常值得我们深入思考。我们可根据地理位置、社会需求等指标，将沉陷积水区恢复成景观型人工湿地、人工养殖区、渔光互补湿地等。目前有关沉陷积水区重金属的研究主要集中在沉积物的重金属分布特征等方面，缺乏对沉陷积水区不同利用方式下由沉积物、水体、植被等组成的水生态系统中的重金属含量及污染特征的分析。针对这一情况，本章以沛县为研究对象，研究不同开发治理模式下采煤沉陷积水区(安国湿地、渔业养殖塘、渔光互补湿地)的沉积物、水体、植被中重金属分布情况，并以沉陷未治理积水区为对照，分析不同资源再利用方式下采煤沉陷积水区的重金属污染情况，为沛县及其他沉陷积水区开发利用提供决策依据。

5.1 积水区样品采集

安国湿地于2012年结合南水北调尾水导流工程进行建设，2015年被评为国家级湿地公园，共分为两个独立的湿地系统，分别在南入口和西入口接收张双楼大沟来水、龙口河来水。其中，张双楼大沟来水含沛县开发区污水处理厂处理后的再生水和周边居民区生活污水，龙口河来水含有龙固开发区污水处理厂处理后的再生水和周边居民区生活污水。污水进入安国湿地后，经入口沉淀区沉淀，然后流经一级表流区、二级表流区，再经植物氧化塘等后续处理工艺处理，达到排放标准后，经湿地排水口排出。

本研究于2019年8月29日在安国湿地(A)、渔业养殖塘(B)和渔光互补湿地(C)开展沉积物、上覆水、植被样品采集工作，并以沉陷未治理积水区域为对照区(D)。安国湿地一期建设面积约为6 km^2，占地面积较大，因此布置9个沉积物采样地，其余积水区布置3个沉积物采样样地。共布设12个采样样地、36个采样点。积水区样地分布图如图5-1所示。上

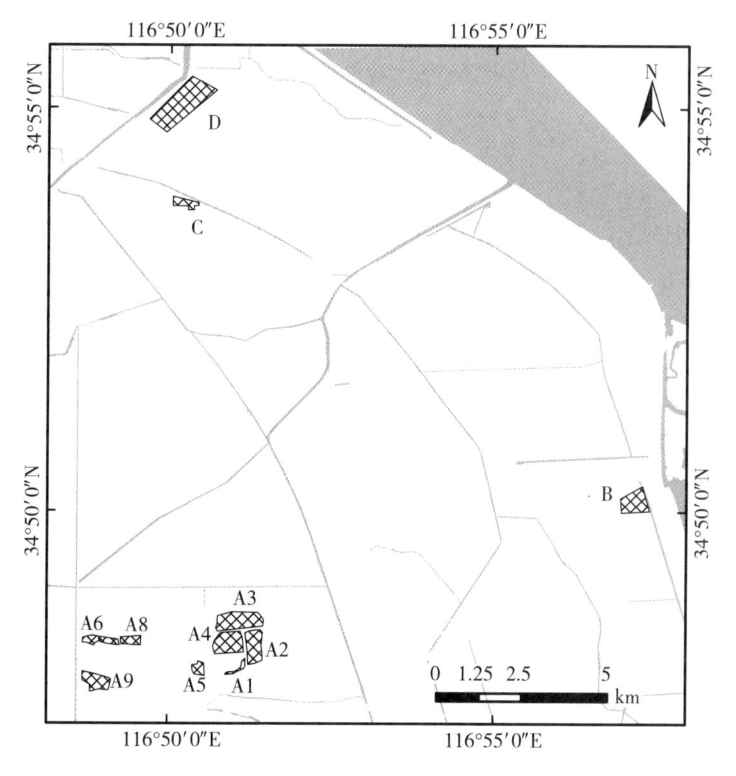

图5-1 积水区样地分布图

覆水采样位置与沉积物采样位置相同。采样时，用有机玻璃采水器采集水面以下 0.5 m 处的上覆水样品，装入干净的聚乙烯瓶中；用抓斗采样器采集表层 0～10 cm 沉积物样品，然后立即保存在聚乙烯袋中并带回实验室，同时采集各采样样地当地完整植株。本次分别采集 36 个沉积物样本、36 个上覆水样本和 36 个水生植物样本。所有样品带回实验室后立即分成 2 份，1 份用于理化指标的测定，1 份留存备用。

5.2 重金属污染评价

5.2.1 重金属含量分析

各采样样地沉积物、上覆水和水生植物中的重金属含量及 pH 值变化如图 5－2 所示。从图 5－2(a)可以看出，沉积物的 pH 值范围为 7.7～8.4，均为微碱性。这与之前有关华东地区高潜水位矿区的研究结果是一致的。[26,152,153]沉积物 pH 值呈弱碱性可以归因于许多因素，这些因素包括气候特征、土壤母质、土壤基础阳离子、有机物积累和分解过程中释放的有机酸等。[154]具体而言，沛县位于长江以北，降水较少，淋溶作用弱，土壤碱性离子含量高。此外，该地区的土壤母质是黄潮土，其有机物含量低，游离碳酸钙含量高。因此，该地区的土壤呈碱性。

我们把沉积物、上覆水和水生植物当成一个整体来研究，C_{sum} 表示各重金属在沉积物、上覆水和水生植物中的含量之和，Cu、Zn、Cr、Cd、Hg、As 和 Pb 总含量的范围分别为 17.66～55.21 $mg \cdot kg^{-1}$、115.80～224.29 $mg \cdot kg^{-1}$、39.44～84.34 $mg \cdot kg^{-1}$、0.12～1.17 $mg \cdot kg^{-1}$、9.37×10^{-3}～81.24×10^{-3} $mg \cdot kg^{-1}$、6.51～15.16 $mg \cdot kg^{-1}$ 和 15.00～34.11 $mg \cdot kg^{-1}$。

以安国湿地出水口(A9)代表湿地样本与渔业养殖塘(B)、渔光互补湿地(C)和对照区(D)进行比较，分析其重金属含量。如图 5－2(b)～5－2(d)所示，各采样样地沉积物中的 Cu、Zn、Cr 含量表现出相同的规律：B>D>C>A9。这表明 Cu、Zn、Cr 可能有相同的污染源，且渔业养殖塘中 Cu、Zn 含量较高。这一发现与 Dejan Krcmar 等[155]的研究结果相同。经研究发现，渔业养殖过程中，饵料的长期投放会增加沉积物中 Cu、Zn 含量，造成重金属超标。

由图 5－2(e)～5－2(g)可以看出，Cd、Hg、As、Pb 规律相同，表明这些重金属的污染源可能相同，但是仅凭其分布规律相同不能充分说明其污染来源相同，要确定这些重金属是否有相同的污染来源，还需要在接下来的研究中进一步研究这些重金属之间是否密切相关。安国湿地(A)、渔业养殖塘(B)和渔光互补湿地(C)沉积物中的 Cd、Hg、As、Pb 含量均低于对照区(D)，从一定程度上证明了这三种采煤沉陷积水区再利用方式有可取之处。采煤沉陷区的重金属可能来源于煤矿开采、农药使用、生活用水和工业废水排放等。[26,156]首先，安国湿地(A)虽然接收了龙固开发区和沛县开发区污水处理厂的来水，但是来水中重金属含量并不高，对沉积物中重金属的积累作用微乎其微。其次，安国湿地种植了大量的芦苇，芦苇对镉等重金属有较明显的吸收作用[157]，这也在一定程度上降低了湿地沉积物中的重金属含量。渔业养殖塘(B)中的重金属一部分会通过食物链进入水生动物体内[158,159]，因而富集在沉积物中的重金属含量会低于对照区。在渔光互补区(C)，太阳能被认为是一种清洁能源，在正常情况下太阳能电池板不会对环境造成污染，不会增加沉积物中重金属的积累量[160,161]。对照区(D)地势较低,煤炭开采、尾矿堆积导致重金属随地表径流进入水体[162]。此外,沉陷积水区周边农田中农药的大量使用,也是不容忽视的重金属的重要来源。由于重金属稳定性高,难以降解,水中重金属会富集在沉积物中。因此,对照区(D)的 Cr、Hg、As、Pb 含量高于其他区域。

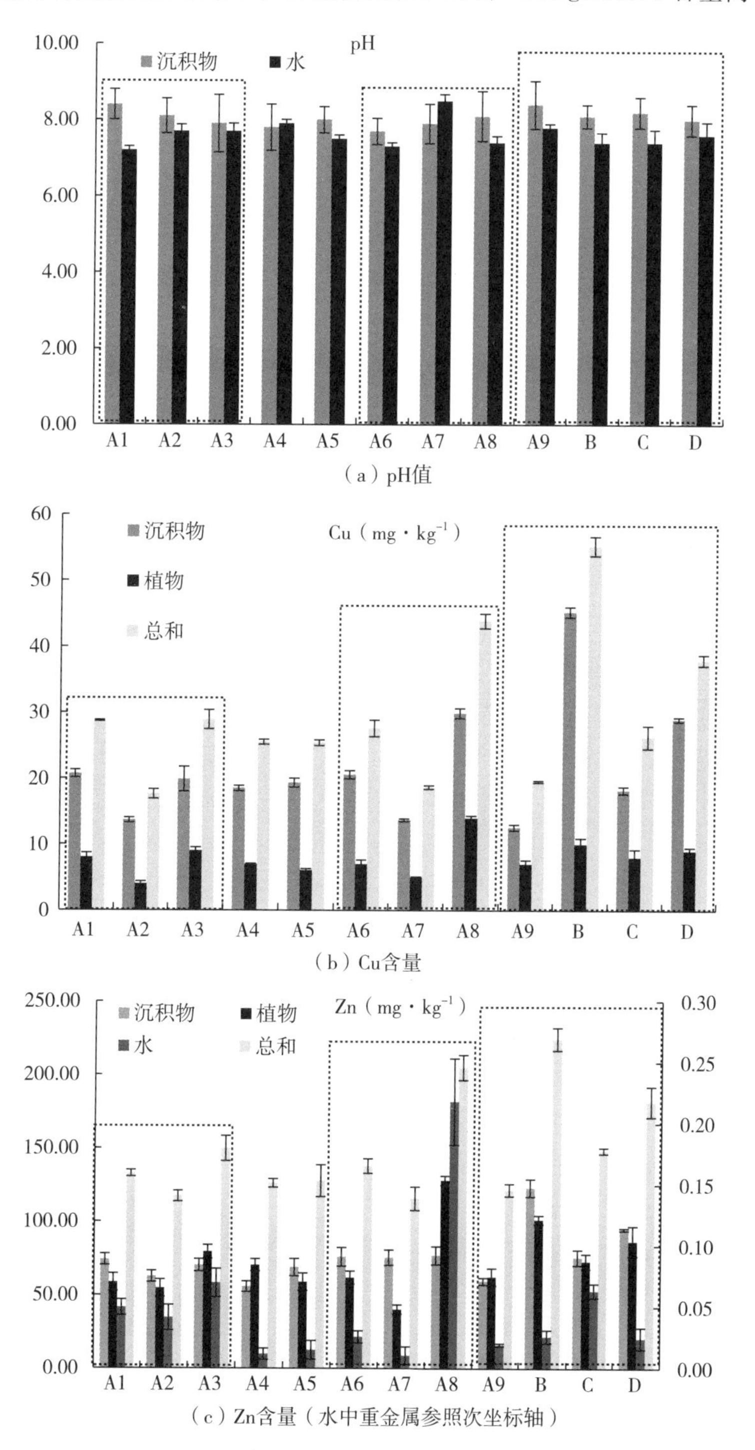

(a)pH值

(b)Cu含量

(c)Zn含量(水中重金属参照次坐标轴)

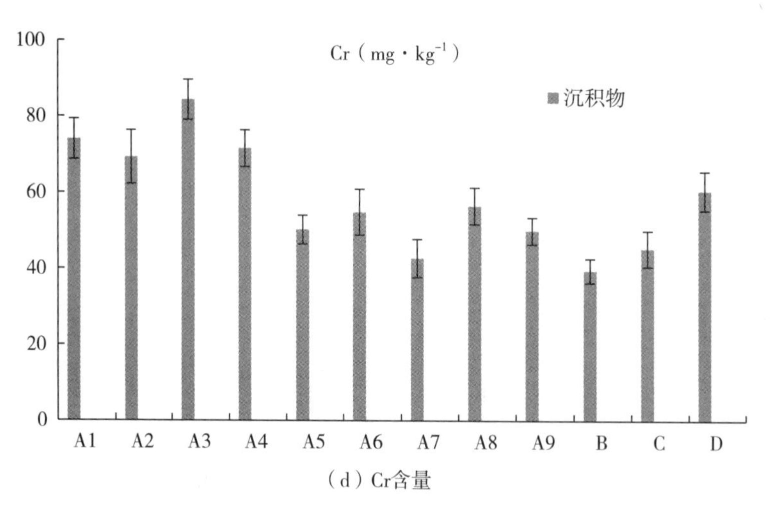

（d）Cr含量

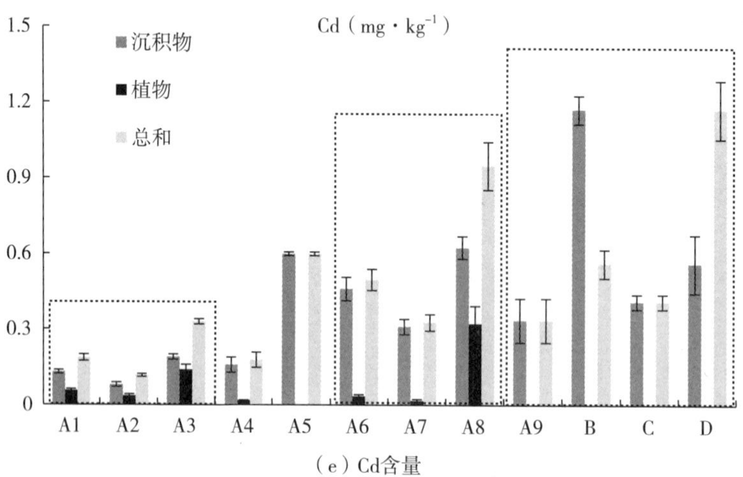

（e）Cd含量

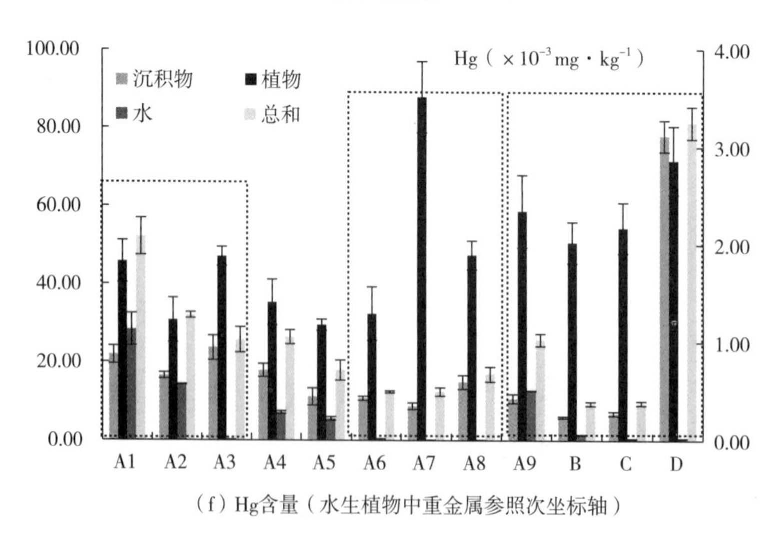

（f）Hg含量（水生植物中重金属参照次坐标轴）

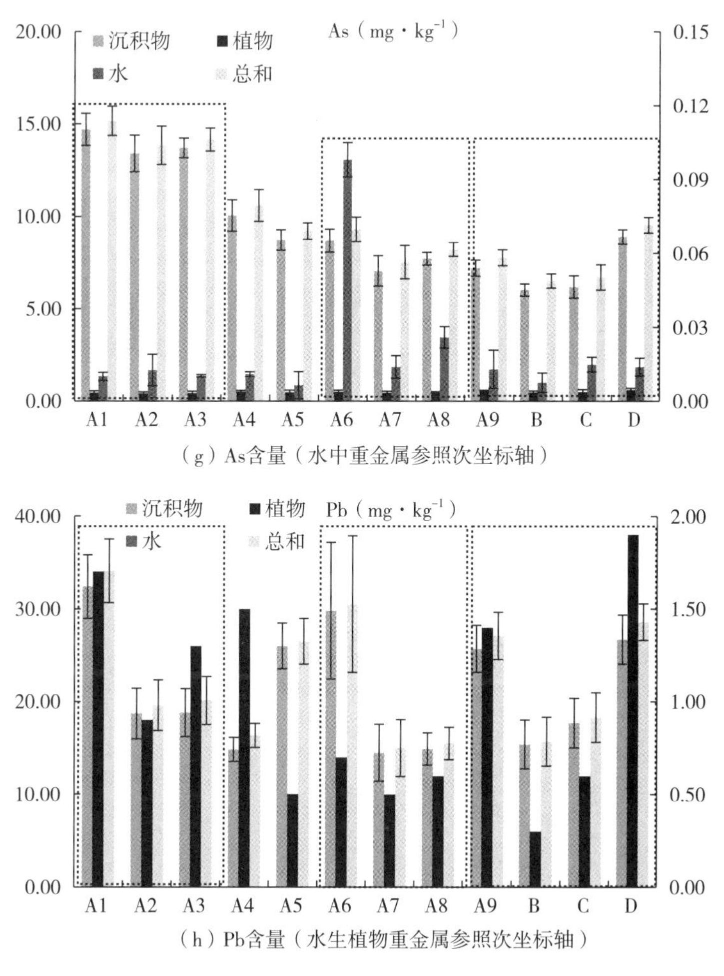

（g）As含量（水中重金属参照次坐标轴）

（h）Pb含量（水生植物重金属参照次坐标轴）

图 5-2　各采样样地沉积物、上覆水和水生植物中的重金属含量及 pH 值变化

除了低于检测限未被检测出的样点外，各采样样地对应水生植物中的重金属含量表现出与沉积物相同的规律，主要是因为水生植物中的重金属主要来源于沉积物，沉积物中的重金属被水生植物根系吸收富集到水生植物中[163,164]。在一定程度上，其赖于生长的沉积物中重金属含量越高，水生植物中的重金属含量也越高。

在上覆水中，重金属含量明显低于沉积物和水生植物中的重金属含量，这一结果与很多相关研究的结果一致。例如，Kamala - Kannan 等人[165]对 Pulicat Lake 中沉积物、上覆水和水生植物中重金属进行研究时发现，沉积物中的 Cd、Cr 等重金属含量远高于水体中重金属含量，Barlas 等[166]研究 Uluabat Lake 中重金属分布特征时发现，水体中的重金属含量明显低于沉积物中含量。造成这一现象的主要原因为，上覆水中的重金属通过络合作用被吸附到悬浮颗粒物中，在沉积物中富集，只有少量重金属留存在上覆水中。此外，结果还显示上覆水中的重金属并未表现出与沉积物和水生植物相同的规律。经研究发现，一般情况下，随着水体的流动，上覆水中的重金属在 10 km 左右的流动距离内能得到有效吸附。[167]沉积物和水生植物中的重金属含量较高是长期积累的结果，而上覆水中的重金属含量更偏向于实时变化。因此，上覆水中的重金属含量与沉积物和水生植物中重金属含量规律不一致也就不难理解。

分析由各采样样地沉积物、上覆水和水生植物组成的系统中的重金属总量，我们可以发现，Cu、Zn、Cd 变化趋势相同，As、Cr、Hg、Pb 变化趋势相同，说明这两类重金属可能分别有不同的污染源。

在安国湿地两个独立的湿地系统内，沉积物、上覆水和水生植物中的重金属含量表现出相同的特征，Cu、Zn、Cr、Cd 和 Hg 含量均表现出以下趋势：二级表流区＞沉淀区＞一级表流区。As 和 Pb 含量则表现为沉淀区＞二级表流区＞一级表流区。此外，安国湿地出水口上覆水中所有重金属的含量均小于入水口上覆水中重金属含量，说明安国湿地对沛县开发区、龙固开发区每天进入安国湿地的 5 万 t 尾水净化效果明显。

5.2.2 沉积物重金属超标情况分析

目前我国还没有专门的内河沉积物质量标准，通常参考《土壤环境质量　农用地土壤污染风险管控标准》(GB 15618—2018)中的水田标准评价内河沉积物污染情况。本书分别以上述标准中的水田标准和江苏省土壤元素地球化学基准值为评价标准，分析沉积物中重金属污染情况。沉积物中重金属评价标准值及标准来源见表 5 - 1 所列。

表 5 - 1　沉积物中重金属评价标准值及标准来源　　单位：$mg \cdot kg^{-1}$

标准值/来源	Cu	Zn	Cr	Cd	Hg	As	Pb
标准值	100.00	300.00	250.00	0.60	0.34	25.00	170.00
来源	《土壤环境质量　农用地土壤污染风险管控标准》(GB 15618—2018)(pH 值＞7.5)						
标准值	17.00	54.00	60.00	0.08	0.01	8.70	17.00
来源	江苏省土壤元素地球化学基准值[62]						

以农用地标准为评价限值的沉积物重金属评价指数见表 5 - 2 所列。除对照积水区 Cd 含量超标外，其余重金属含量均在农用地土壤污染风险管控线以下。

表 5 - 2　以农用地标准为评价限值的沉积物重金属评价指数

样地	Cu	Zn	Cr	Cd	Hg	As	Pb	最大值	平均值
A1	0.10	0.25	0.21	0.16	0.02	0.74	0.14	0.74	0.24
A2	0.07	0.21	0.20	0.10	0.02	0.67	0.08	0.67	0.20
A3	0.10	0.23	0.24	0.24	0.02	0.69	0.08	0.69	0.23
A4	0.09	0.19	0.20	0.20	0.02	0.50	0.06	0.50	0.18
A5	0.10	0.23	0.14	0.75	0.01	0.44	0.11	0.75	0.24
A6	0.10	0.25	0.16	0.58	0.01	0.43	0.12	0.58	0.23
A7	0.07	0.25	0.12	0.39	0.01	0.35	0.06	0.39	0.17
A8	0.15	0.26	0.16	0.78	0.01	0.39	0.06	0.78	0.24

（续表）

样地	Cu	Zn	Cr	Cd	Hg	As	Pb	最大值	平均值
A9	0.06	0.20	0.14	0.70	0.01	0.36	0.11	0.70	0.21
B	0.23	0.41	0.11	0.42	0.01	0.30	0.06	0.42	0.20
C	0.09	0.25	0.13	0.51	0.01	0.31	0.07	0.51	0.18
D	0.14	0.32	0.17	1.46	0.08	0.45	0.11	1.46	0.36

但是以江苏省土壤元素地球化学基准值为评价依据时，评价结果却不容乐观。以江苏省土壤元素地球化学基准值为评价标准的沉积物重金属评价指数见表 5－3 所列。沉积物中 Cu、Zn、Cr、Cd、Hg、As 和 Pb 的超标率分别达到 75%、100%、42%、92%、50%、58%和67%。这说明沛县地区沉积物重金属本底含量是较低的，重金属含量超标是长期外源输入的结果[168]。Cu、Zn 超标可能是由于目前的饲料添加剂中常含有高含量的 Cu 和 Zn，长期使用会导致沉积物中重金属含量增加。此外，大量研究表明，煤矿开采、农药化肥的使用、污水的排放等人为活动均可能带来重金属的富集，造成重金属的污染。[26] 据报道，化肥中品类较差的过磷酸钙含有微量的 As、Cd[125]，部分农药中含 Pb 和 Hg，使用后均会进入自然环境中。

表 5－3　以江苏省土壤元素地球化学基准值为评价标准的沉积物重金属评价指数

样地	Cu	Zn	Cr	Cd	Hg	As	Pb	最大值	平均值
A1	1.22	1.37	1.23	1.55	1.56	1.69	1.91	1.91	1.54
A2	0.80	1.16	1.15	0.95	1.18	1.54	1.10	1.54	1.15
A3	1.17	1.30	1.41	2.26	1.69	1.57	1.11	2.26	1.49
A4	1.09	1.03	1.19	1.89	1.28	1.16	0.87	1.89	1.20
A5	1.14	1.28	0.84	7.14	0.80	1.00	1.53	7.14	1.81
A6	1.21	1.41	0.91	5.48	0.76	1.00	1.75	5.48	1.68
A7	0.80	1.40	0.71	3.70	0.63	0.81	0.85	3.70	1.18
A8	1.76	1.42	0.94	7.44	1.06	0.89	0.88	7.44	1.86
A9	0.74	1.10	0.83	6.67	0.76	0.83	1.51	6.67	1.65
B	2.66	2.28	0.66	4.00	0.42	0.69	0.91	4.00	1.49
C	1.07	1.40	0.75	4.88	0.49	0.71	1.04	4.88	1.35
D	1.70	1.76	1.01	13.93	5.56	1.02	1.57	13.93	3.60

重金属的污染负荷指数(Pollution Load Index，PLI)可用于评价研究区内土壤所受到的重金属环境污染压力。当 PLI 小于 0 时，其值取 0。当 $PLI \leqslant 1$ 时，表示不存在环境污染；当 $PLI > 1$ 时，表示存在环境污染。分析采煤沉陷积水区沉积物重金属的 PLI 可知，参照农用地标准时，所有样地的重金属 PLI 值均低于阈值 1，表明不存在重金属污染；当参照江苏省土壤元素地球化学基准值时，研究区沉积物重金属 PLI 值高于阈值 1，表明存在重金属污

染。采煤沉陷积水区各采样样地沉积物重金属 *PLI* 分布情况如图 5－3 所示。

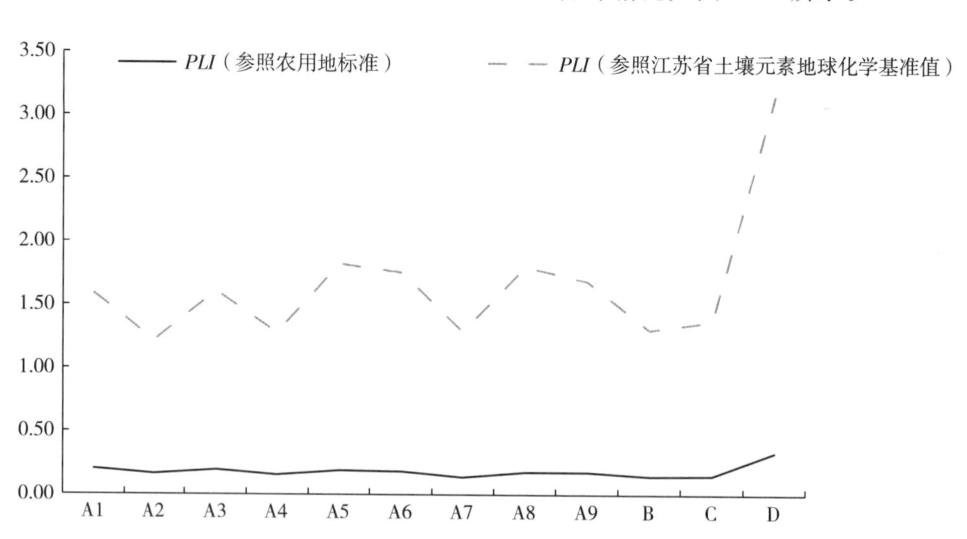

图 5－3　采煤沉陷积水区各采样样地沉积物重金属 *PLI* 分布情况

潜在生态风险指数(potential ecological risk index,RI)法是一种综合考虑重金属含量、毒性污染水平等的生态风险评价方法(Hakanson,1980)[66]，为各重金属潜在生态风险因子(E_r^i)总和。沛县采煤沉陷积水区沉积物重金属 *RI* 分布图如图 5－4 所示。

以平均值计，参照农用地标准时，样地 D 及未治理采煤沉陷积水区的重金属 Cd 生态风险指数为 43.80，处于中等生态风险级别，其余重金属均处于低风险级别。综合考虑 7 种重金属的含量及毒性污染水平，我们计算得出了各采样样地重金属潜在生态风险指数。结果表明，参照农用地土壤污染管控风险时，所有样地的 *RI* 均低于阈值 150，表明其处于低生态风险级别。当参照江苏省土壤元素地球化学基准值时，积水区沉积物中 Cu、Zn、Cr、As 和 Pb 生态风险指数小于 40，均处于低生态风险级别。分析沉积物中 Cd 生态风险指数可知，除样地 A2 外，其余样地沉积物中 Cd 生态风险指数均高于 40。分析沉积物中 Hg 生态风险指数可知，样地 D 的沉积物中 Hg 生态风险指数高达 222.40，处于强生态风险级别。

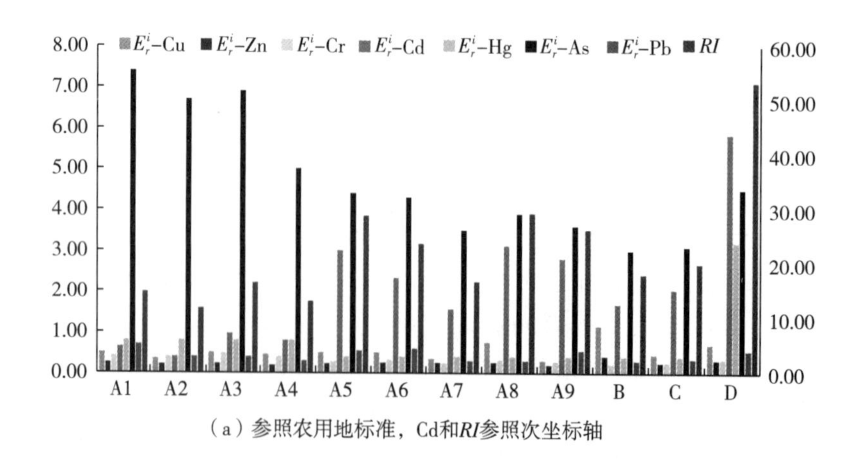

（a）参照农用地标准，Cd和*RI*参照次坐标轴

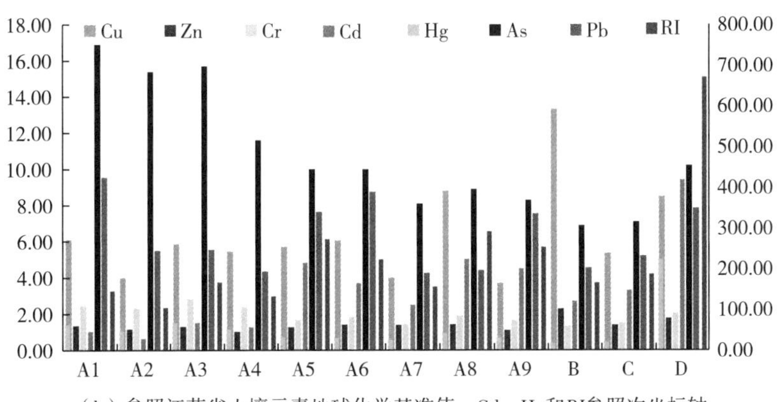

（b）参照江苏省土壤元素地球化学基准值，Cd、Hg和*RI*参照次坐标轴

图 5-4　沛县采煤沉陷积水区沉积物重金属 *RI* 分布图

5.2.3　上覆水重金属超标情况分析

安国湿地、渔业养殖塘和渔光互补湿地的水体功能区不同。在进行水体重金属评价时，安国湿地参照《地表水环境质量标准》(GB 3838—2002)Ⅴ类标准。Ⅴ类标准主要适用于“农业用水区及一般景观要求水域”；渔业养殖塘和渔光互补湿地参照《地表水环境质量标准》(GB 3838—2002)Ⅲ类标准，Ⅲ级标准主要适用于“集中式生活饮用水地表水源地二级保护区、鱼虾类越冬场、洄游通道、水产养殖区等渔业水域及游泳区”。

上覆水中重金属评价标准值及标准来源见表 5-4 所列。

表 5-4　上覆水中重金属评价标准值及标准来源　　单位：$mg \cdot L^{-1}$

标准值/来源	Cu	Zn	Cr	Cd	Hg	As	Pb
Ⅲ类标准值	1.00	1.00	0.05	0.005	0.0001	0.05	0.05
Ⅴ类标准值	1.00	2.00	0.10	0.01	0.001	0.10	0.10
来源	《地表水环境质量标准》(GB 3838—2002)						

表 5-5 中“ND”表示上覆水中 Cu、Cr、Cd 含量低于检测限，Zn、Hg、As 和 Pb 的范围分别为 0.01～0.22 $mg \cdot kg^{-1}$、0.12×10^{-3}～28.39×10^{-3} $mg \cdot kg^{-1}$、0.01～0.10 $mg \cdot kg^{-1}$ 和 0.001～0.01 $mg \cdot kg^{-1}$。在安国湿地上覆水中所有检测出的重金属元素中，含量均低于《地表水环境质量标准》Ⅴ类标准，渔业养殖塘和渔光互补湿地上覆水中重金属含量均低于《地表水环境质量标准》Ⅲ类标准。不同样地上覆水中重金属评价指数见表 5-5 所列。

表 5-5　不同样地上覆水中重金属评价指数

样地	Cu	Zn	Cr	Cd	Hg	As	Pb	最大值	平均值
A1	ND	0.03	ND	ND	0.03	0.11	0.12	0.12	0.08
A2	ND	0.02	ND	ND	0.01	0.13	0.06	0.13	0.06

（续表）

样地	Cu	Zn	Cr	Cd	Hg	As	Pb	最大值	平均值
A3	ND	0.04	ND	ND	0.00	0.10	0.09	0.10	0.06
A4	ND	0.01	ND	ND	0.01	0.11	0.04	0.11	0.04
A5	ND	0.01	ND	ND	0.01	0.07	0.03	0.07	0.03
A6	ND	0.01	ND	ND	0.00	0.98	0.03	0.98	0.28
A7	ND	0.01	ND	ND	0.00	0.14	0.02	0.14	0.05
A8	ND	0.11	ND	ND	0.00	0.26	0.03	0.26	0.10
A9	ND	0.01	ND	ND	0.01	0.13	0.03	0.13	0.05
B	ND	0.03	ND	ND	0.01	0.15	0.10	0.15	0.08
C	ND	0.06	ND	ND	0.00	0.30	0.21	0.30	0.15
D	ND	0.02	ND	ND	0.01	0.28	0.03	0.28	0.09

5.2.4 基于 I_{geo} 的沉积物重金属污染评价

各采样样地沉积物中 7 种重金属的 I_{geo} 变化如图 5－5 所示。从图中可以明显看出，所有样点的 Cr 处于较清洁水平，Cu、Zn、Hg、As 和 Pb 大部分处于较清洁水平，其余样点处于轻度污染—中度污染水平。在所有重金属中，Cd 的污染较重，33％样点处于中度污染水平，25％处于中度—高度污染水平，8.3％处于高度污染水平。沉积物中 Cd 的来源主要包括煤矿开采、交通运输、大气沉降、农业施肥及含 Cd 农药的使用等。[169] Cd 是煤矿开采的伴生元素，与其他重金属相比，Cd 更容易发生迁移，富集在沉积物中，这会造成 Cd 含量超标。

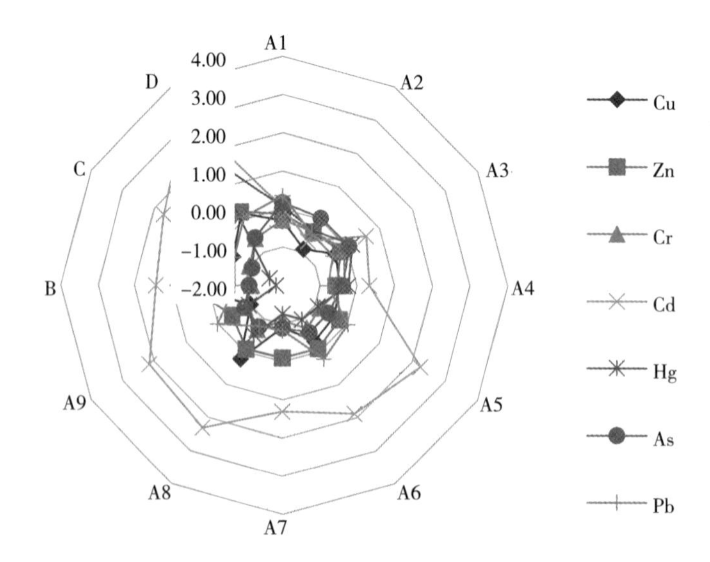

图 5－5 各采样样地沉积物中 7 种重金属的 I_{geo} 变化

5.2.5 重金属内梅罗综合污染指数

应用内梅罗综合污染指数法全面评价沉积物、上覆水等中的重金属的综合污染程度，具体计算公式如下：

$$P = \sqrt{\frac{\max(CF_i)^2 + (\overline{CF_i})^2}{2}} \tag{5-1}$$

$$CF_i = \frac{C_i}{S_i} \tag{5-2}$$

$$\bar{P}_i = \sum_{i=1}^{n} w_i CF_i / \sum_{i=1}^{n} w_i \tag{5-3}$$

式中，P 为各采样点的综合污染指数；$\max(CF_i)$ 为各重金属最大单因子污染指数；$\overline{CF_i}$ 指各采样点重金属单因子污染指数的平均值；[170] C_i 为重金属 i 的实测值；S_i 为重金属 i 的标准值；w_i 为重金属 i 的权重。权重的确立主要依据重金属对环境的影响程度，Cd、Hg、As 和 Pb 为一类金属，权重取值为 3；Cu、Zn 和 Cr 为二类金属，权重取值为 2。

依据以上方法，分别计算沉积物、上覆水和植被的内梅罗综合污染指数 P_{sediment} 和 P_{water}，指数的算术平均值为各采样样地的综合污染指数 P，并依据 P 值大小进行污染程度分级：$P \leqslant 1$，无污染；$1 < P \leqslant 2$，轻度污染；$2 < P \leqslant 3$，中度污染；$P > 3$，重度污染。

各样点内梅罗综合污染指数计算结果详见表 5-6 所列，加粗表示大于 1 的指数。沉积物内梅罗分析结果显示，安国湿地、渔业养殖塘和渔光互补湿地的所有样品内梅罗综合污染指数均低于 1，处于较清洁水平；而对照区沉积物重金属的内梅罗综合污染指数略大于 1，说明其处于轻度污染水平。

表 5-6 各样点内梅罗综合污染指数计算结果

样地	P_{sediment}	P_{water}	P
A1	0.55	0.10	0.32
A2	0.49	0.10	0.30
A3	0.51	0.08	0.30
A4	0.38	0.08	0.23
A5	0.56	0.05	0.30
A6	0.44	0.72	0.58
A7	0.30	0.10	0.20
A8	0.58	0.20	0.39
A9	0.52	0.10	0.31
B	0.33	0.12	0.23
C	0.39	0.24	0.31
D	**1.06**	0.21	0.64

安国湿地、渔业养殖塘、渔光互补湿地和对照区内所有样点的上覆水中，重金属的内梅罗综合污染指数均小于1，说明上覆水处于较清洁水平。详细对比安国湿地各采样点上覆水内梅罗综合污染指数可知，对一级表流区、二级表流区净化处理之后，安国湿地出水口重金属污染状况明显好转，从一定程度上说明安国湿地的净化效果比较好。

沉积物和上覆水的内梅罗综合污染指数表明，把沉积物和上覆水作为整体考虑时，所有样地的内梅罗综合污染指数均低于1，说明所有样地处于无污染水平。

5.2.6 水生植物重金属富集系数

所有样地的水生植物中的Cr和部分样地的Cd含量低于检测限未被检出，Cu、Zn、Hg、As和Pb的范围分别为4.01～14.00 mg·kg^{-1}、40.29～127.95 mg·kg^{-1}、1.18×10^{-3}～3.51×10^{-3}mg·kg^{-1}、0.43～0.61 mg·kg^{-1}、0.30～1.92 mg·kg^{-1}。水生植物中重金属富集系数见表5-7所列，加粗表示大于1的值。

表5-7 水生植物中重金属富集系数

样地	Cu	Zn	Cr	Cd	Hg	As	Pb
A1	0.39	0.79	ND	0.44	0.08	0.03	0.05
A2	0.29	0.87	ND	0.46	0.07	0.03	0.05
A3	0.45	**1.13**	ND	0.74	0.08	0.03	0.07
A4	0.38	**1.26**	ND	0.13	0.08	0.05	0.10
A5	0.31	0.86	ND	ND	0.11	0.06	0.02
A6	0.34	0.81	ND	0.08	0.12	0.06	0.02
A7	0.37	0.53	ND	0.05	0.40	0.07	0.03
A8	0.47	**1.67**	ND	0.52	0.13	0.06	0.12
A9	0.56	**1.05**	ND	ND	0.22	0.08	0.05
B	0.22	0.82	ND	ND	0.34	0.08	0.02
C	0.44	0.96	ND	ND	0.32	0.08	0.03
D	0.31	0.91	ND	ND	0.04	0.07	0.07

从表5-7可以看出，安国湿地的水生植物对Zn有较强的富集能力，其中A3、A4、A8、A9水生植物的Zn富集系数大于1。其余重金属富集系数相对较低，水生植物中As和Pb的富集系数范围分别为0.03～0.08和0.02～0.12，说明水生植物对这两种重金属的富集作用相对较小。

5.3 相关性分析

表5-8列出了水生态系统中重金属和pH值的肯德尔Tau-b相关系数矩阵。沉积物pH值作为土壤重要的物理性质之一，对重金属吸附点位、吸附稳定性等有强烈影响，很多研

究报道了 pH 值对重金属的重要作用。[171,172] Yukari Imoto 等人[173]运用多元回归方法，研究了 pH 值对 Cd 和 Pb 吸附作用的影响，建立了吸附方程，结果证明土壤 pH 值对重金属的吸附作用有很大影响。JiSu Bang 等人[174]的研究结果表明，土壤 pH 值通过改变重金属吸附剂表面电荷，来改变土壤中有机物等物质对重金属的吸附。在本书中，水生态系统的 pH 值和 Cu、Zn 相关性较高，且与大部分重金属呈负相关关系。具体原因可能是沛县土壤呈碱性。在碱性土壤溶液中，土壤中的重金属会通过络合等作用形成难以溶解的氢氧化物，使土壤溶液中的金属离子浓度降低。[175]一方面，在一定范围内，土壤 pH 值越高，土壤中有机质的溶解度越大，对金属的络合能力越强，土壤中有机质使大量的金属离子生成更稳定的结合态、氢氧化物；[176]另一方面，由于金属离子本身电子层结构具有某种特点，金属离子与 OH^- 以水合离子形式存在，土壤 pH 值越高，越有利于水解反应的进行，从而使土壤溶液中重金属含量下降[177]。

水生态系统中，Cu-Zn、Cd-Zn、Cu-Cd 的相关系数分别为 0.848、0.333、0.303，As-Cr、As-Hg、As-Pb、Cr-Hg、Cr-Pb、Hg-Pb 的相关系数分别为 0.848、0.636、0.394、0.545、0.303、0.333，说明 Cu、Zn、Cd 可能有相同的污染来源，As、Cr、Hg、Pb 污染来源可能相同，这与前文的分析结果一致。

表 5-8　水生态系统中重金属和 pH 值的肯德尔 Tau-b 相关系数矩阵

	pH 值	Cu	Zn	Cr	Cd	Hg	As	Pb
pH 值	1.000							
Cu	−0.538	1.000						
Zn	−0.603	0.848**	1.000					
Cr	0.016	0.121	0.030	1.000				
Cd	−0.375	0.303	0.333	−0.030	1.000			
Hg	0.245	−0.091	−0.182	0.545*	−0.121	1.000		
As	0.049	−0.030	−0.121	0.848**	−0.182	0.636**	1.000	
Pb	−0.147	0.030	0.000	0.303	0.121	0.333	0.394	1.000

注："*"表示在 0.05 水平上显著相关，"**"表示在 0.01 水平上显著相关。

PCA（主成分分析）的 KMO(0.517)和 Bartlett（巴特利特）检验结果表明我们可以对数据进行主成分分析。我们根据特征值提取 3 个主成分，共解释了总方差的 82.09%。PC1 在总方差中占比为 37.88%，对 Cu、Zn、Cd 表现出较强的正相关性[图 5-6(a)]。PC2 解释了总方差的 28.39%，对 As、Cr、Hg、Pb 表现出较强的正相关性。PC3 解释了总方差的 15.83%，对 pH 值表现出较强的正相关性。HCA 的分析结果如图 5-6(b)所示。很明显，所有指标被分成三类：第一类包括 Cu、Zn、Cd，第二类包括 As、Cr、Hg、Pb，第三类为 pH 值。这与肯德尔 Tau-b 相关性和 PCA 的分析结果相同。根据以上结果可以推断，Cu、Zn、Cd 有共同的来源，As、Cr、Hg、Pb 有共同的来源。

结合重金属分布规律可知，第一类重金属 Cu、Zn、Cd 在渔业养殖塘(B)中含量最高，第二类重金属 As、Cr、Hg、Pb 在对照区(D)中含量最高。众所周知，重金属污染源分为自然来源和人为来源。自然来源包括岩石风化、水土流失等，人为来源包含煤矿开采、农业种植、工业生产等。此外，生产生活污水、农药和化肥的使用、渔业养殖、旅游等均会带来重金属累积。因此，我们可理解为 Cu、Zn、Cd 的主要来源是渔业养殖，包括饵料的长期投放等。As、Cr、Hg、Pb 的来源主要包括大气沉降、煤矿开采等。

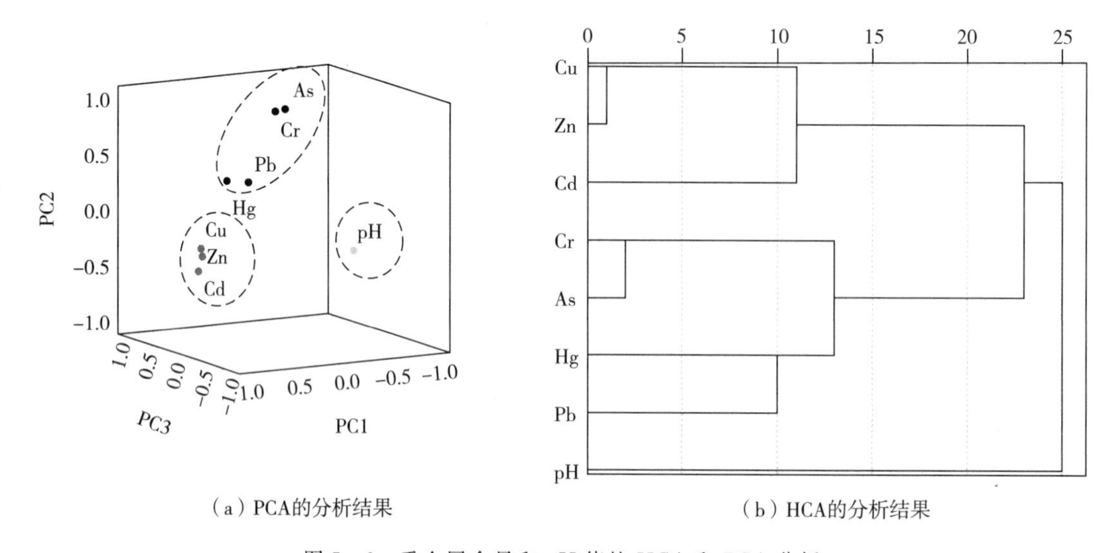

(a) PCA的分析结果

(b) HCA的分析结果

图 5-6 重金属含量和 pH 值的 HCA 和 PCA 分析

5.4 三类沉陷积水区开发利用方式效果对比

为对比分析安国湿地、渔业养殖塘、渔光互补湿地和对照区的开发利用效果，本研究综合考虑重金属含量、单因子污染指数、内梅罗综合污染指数、水生植物重金属富集系数等结果，全面评价三类沉陷积水区开发利用方式(表 5-9)。

渔业养殖塘沉积物中的 Cu、Zn、Cd 含量最高，对照区沉积物中的 Cr、Hg、As、Pb 含量最高。上覆水中重金属含量分布无统一规律。渔业养殖塘水生植物中的 Cu、Zn 含量最高，对照区水生植物中的 Hg、As、Pb 含量最高。

对各采样样地沉积物和上覆水中重金属含量进行单因子污染指数评价和内梅罗综合污染指数评价时，可以发现，安国湿地、渔业养殖塘和渔光互补湿地的沉积物、上覆水均处于无污染水平，对照区沉积物中 Cd 超标，处于轻度污染水平。

安国湿地上覆水中重金属含量均低于地表水环境质量Ⅴ类标准，渔业养殖塘、渔光互补湿地和对照积水区上覆水中重金属含量均低于《地表水环境质量标准》Ⅲ类标准，即与各自的水体功能区要执行的标准相比，所有样地上覆水中重金属含量均未超标。

水生植物富集系数计算结果表明，所有样地中水生植物对 Zn 的富集能力相对较强，尤其是在安国湿地中，水生植物对 Zn 的富集系数超过 1；与安国湿地、渔业养殖塘和渔光互补湿地水生植物相比，对照区水生植物对重金属的富集能力相对较差。

总体来说，安国湿地作为净化型湿地，对接收的来水有很好的净化效果。重金属分布规律显示，安国湿地出水口水体中所有重金属的含量均小于入水口中重金属含量，说明通过表流湿地及水生植物的共同作用，每天从沛县开发区、龙固开发区进入安国湿地的5万t尾水得到了有效净化。但不可否认的是，所接收来水会增加湿地系统的重金属富集量。但让我们放心的是，污染评价结果表明，安国湿地沉积物、上覆水中重金属处于无污染水平。渔业养殖会带来一定的经济效益，但是因为饵料、药物等的投放，会加重系统中的Cu、Zn含量。虽然目前来看渔业养殖塘沉积物、上覆水中重金属含量均低于相关标准，但未来在选择饵料、药物时，要注重对其Cu、Zn含量的考量。同样，渔光互补模式也会加大环境中的重金属含量，但环境中的重金属含量仍处于无污染水平。净化型湿地(安国湿地)、渔业养殖和渔光互补三类沉陷积水区开发利用模式均能带来一定的生态、社会、经济效益，均有可取之处，未来可根据不同需求科学地选择沉陷积水区开发方式。

表5-9　三类沉陷积水区开发利用方式对比

指标		净化型湿地	渔业养殖	渔光互补	对照
重金属含量	沉积物	入水口>出水口	Cu、Zn、Cd含量最高	—	Cr、Hg、As、Pb含量最高，7种重金属总量最高
	上覆水	入水口>出水口	—	—	—
	水生植物	Cd含量最高	Cu、Zn含量最高	—	Hg、As、Pb含量最高
单因子污染指数	沉积物	未超标	未超标	未超标	Cd超标
	上覆水	未超标	未超标	未超标	未超标
内梅罗综合污染指数	沉积物	无污染	无污染	无污染	轻度污染
	上覆水	无污染	无污染	无污染	无污染
水生植物重金属富集系数		范围为0.02～1.67，平均值为0.33，对Zn的富集能力最高	范围为0.02～0.82，平均值为0.30，对Zn的富集能力最高	范围为0.03～0.96，平均值为0.37，对Zn的富集能力最高	范围为0.04～0.91，平均值为0.28，对Zn的富集能力最高
对比结果		净化型湿地对接收污水的处理效果较好，会增加湿地系统中重金属富集程度，但未超过相关标准，该模式可行	渔业养殖会增加系统中Cu、Zn含量，但未超过相关标准，说明该模式可行	渔光互补湿地沉积物、上覆水中重金属均处于无污染水平，说明该模式可行	对照区重金属总量最高，沉积物中重金属处于轻度污染水平

5.5 本章小结

各采样样地沉积物和上覆水中重金属单因子污染指数评价和内梅罗综合污染指数表明，安国湿地、渔业养殖塘和渔光互补湿地的沉积物、上覆水均处于无污染水平，对照区 Cd 超标，沉积物处于轻度污染水平，即三类沉陷积水开发利用区域沉积物、上覆水环境优于未开发沉陷积水区环境。

肯德尔 Tau-b 相关性和 PCA、HCA 的分析结果表明，研究区 7 种重金属可分为两类：第一类为 Cu、Zn、Cd，第二类为 As、Cr、Hg、Pb。结合上述重金属含量分布规律可知，第一类重金属在渔业养殖塘(B)中含量最高，主要来源是渔业养殖，包括饵料的长期投放等；第二类重金属在对照区(D)中含量最高，可能来源主要包括大气沉降、煤矿开采作用等。

总体来说，净化型湿地、渔业养殖和渔光互补三类沉陷积水区开发利用方式均能带来一定的生态、社会、经济效益。未来在对沉陷积水区进行资源开发再利用时，可以根据现实情况考虑这几种模式。具体而言，安国湿地作为净化型湿地，对沛县开发区、龙固开发区的 5 万 t 自来水有很好的净化效果。虽然所接收来水增加了湿地系统的重金属富集量，但污染评价结果表明，安国湿地沉积物、上覆水中重金属处于无污染水平。渔业养殖能带来一定的经济效益，虽然饵料、药物等的投放会增加系统中的 Cu、Zn 含量，但未来我们选择 Cu、Zn 含量较低的饵料、药物即可。渔光互补方式充分利用了沉陷区积水资源和土地资源，具有较高的生态效益和经济效益。

6. 高潜水位采煤沉陷区复垦微生物效应

煤矿井工开采会导致地表沉陷，从而引发很多问题，例如水污染、土壤退化[178]、地质灾害、生物多样性被破坏等[179,180]。矿区土壤复垦能在一定程度上恢复土壤生产力，改善生态环境。复垦最理想的状态是使受影响土地的生产力恢复到开采前的状态。评价土壤复垦效果时要综合考虑土壤的物理、化学和生物特性，包括土壤含水量、土壤肥力、微生物多样性和群落结构等。[181]

微生物在土壤中所占比例很小（0.5%w/w）[182]，但其在土壤能量流动和养分循环中起着重要作用，包括固氮、氧化和其他作用。[183]此外，微生物对环境变化更敏感，微生物多样性可以用作预警指标，用以衡量生态系统的被破坏程度。复垦土壤中微生物数量和群落特征是反映退化环境恢复效果的重要指标[184,185]，在衡量矿区复垦土壤质量方面具有重要作用[186]。复垦后，土壤理化和生物学特性会随时间改变。目前，矿区土壤微生物的特性变化已经受到了国内外学者的广泛重视[187,188]，有关此方面的研究主要集中在露天矿复垦区、煤矸石充填复垦区、湖泥充填复垦区，并取得了丰硕成果。例如，张振佳等[189]以黄土露天矿区不同复垦年限土壤为研究对象，分析了土壤真菌、细菌和放线菌的数量差异，厘清了影响微生物数量的主要因素。结果表明，复垦 27 年后，0～10 cm 土层土壤细菌、真菌、放线菌数量分别达到了对照土壤的 68.23%、68.81%和 70.08%，10～20 cm 土层土壤的细菌、真菌、放线菌数量分别达到了原地貌土壤微生物的 70.41%、70.94%和 72.07%，复垦土壤细菌、真菌和放线菌数量仍明显低于原地貌样地。Martin Bartuška 等[190]研究了捷克的一个露天矿复垦 10～50 年后的土壤微生物的变化，并对比了未复垦场地。结果表明，复垦区微生物群落结构优于未复垦区，这与复垦区土壤颗粒有机碳的快速积累有关，该研究进一步证实了复垦有利于改变土壤微生物结构。侯湖平等[191]基于徐州市煤矸石复垦场地的土壤样本，分析了复垦区细菌群落的结构变化。结果表明复垦场地各分类水平的细菌种类数量明显低于对照样地，随着复垦年限的增加，复垦场地与对照样地的贴近度越来越高。李媛媛[192]对比分析了泥浆泵复垦土壤的微生物多样性差异，结果表明，复垦土壤微生物数量高于沉陷未复垦土壤微生物数量，但仍然低于对照土壤，且三类土壤中优势菌群相对丰度明显不同。

目前有关复垦区土壤微生物的研究多集中在煤矸石充填复垦区和湖泥充填复垦区，尚未有学者系统地研究采煤沉陷混推平整复垦活动对土壤微生物群落的影响，以及分析微生物对重金属的响应规律，未来应该给予更多关注。

历史上，沛县采煤沉陷区主要复垦方式包括煤矸石充填复垦、混推平整复垦和湖泥充填复垦。目前，煤矸石等工业废弃物已被资源化利用，可供复垦充填的煤矸石资源非常有限；湖泥充填复垦会造成土壤盐碱化，且在复垦两三年之后才适宜耕种，因此沛县目前应用最广的复垦方式为混推平整复垦。此外，基于上文研究结果可知，测得的混推平整复垦区土壤中 7 种重金属总含量相对较低，超标率最低。因此，本章节以沛县典型混推平整复垦区为研究对象，分析了土壤微生物群落结构和土壤基础理化性质，为沛县及其他高潜水位地区在选择复垦方式方面提供微生物学数据支撑。

三河尖煤矿为沛县大型煤矿，于 1988 年开始开采，年产原煤 210 万 t，目前已关停。截至 2016 年底，三河尖煤矿已复垦土地总面积为 426 ha，为本章研究提供了完整的时间序列。复垦主要方式为混推平整，复垦后种植方式主要为豆麦轮作。基于此，本章以沛县三河尖煤矿混推平整复垦区为研究区，对比分析内容如下：(1)混推平整复垦区和对照区的土壤微生物群落是否相同；(2)重金属对土壤微生物多样性和微生物群落组成是否有影响；(3)不同复垦年限的土壤中微生物群落结构是否相同。这项研究揭示了采煤沉陷混推平整复垦区土壤重金属对土壤微生物的影响规律，也为矿山复垦后的生态评估提供了新的视角。

6.1 样品采集

本次采样共布设 7 个采样样地，分别为 2007 年复垦样地(R07)、2008 年复垦样地(R08)、2012 年复垦样地(R12)、2013 年复垦样地(R13)、2016 年复垦样地(R16)、2017 年复垦样地(R17)和对照样地(CK1)，样地基本情况见表 6-1 所列。在选择合适的采样样地时，我们主要从两个方面考虑：一方面，复垦时间可以提供完整的时间序列；另一方面，各采样样地的地形、土壤类型和水利条件等其他可能会影响土壤基础理化性质和生物性质的因素相似。采样时，在各采样样地上布设 3 个采样单元。在每个采样单元中随机采集 3 种 0～20 cm的表土，然后混合成一个土壤样品。在采集样品之前要把地表植被落叶及其他杂物轻轻清理干净，且不能破坏表土结构。将样品密封在聚乙烯袋中，放入冰包中，并立即运送至实验室。在实验室中，将土壤样品分为 4 个部分。将第一部分样品储存在－80 ℃环境中，用于土壤微生物多样性分析。将第二部分样品在 105 ℃下干燥 6 h，分析土壤含水量。将第三部分样品放在室内自然风干，过 2 mm 的筛，用于土壤 pH 值等其他性质分析。将最后一部分样品储存在 4 ℃环境中，留存备用。

表 6-1 样地基本情况表

样地	复垦年份	坐标
CK1	对照区	N116°46′01″,E34°53′23″
R07	2007 年	N116°46′29″,E34°53′00″
R08	2008 年	N116°49′10″,E34°54′27″
R12	2012 年	N116°47′16″,E34°54′01″
R13	2013 年	N116°46′56″,E34°53′53″
R16	2016 年	N116°49′34″,E34°53′36″
R17	2017 年	N116°46′52″,E34°54′24″

6.2 土壤基础理化性质分析

图 6-1 展示了不同复垦年份土壤样品的基础理化性质。在本研究区，土壤 pH 值呈碱性，这与其他有关高潜水位矿区土壤 pH 值的研究结果一致[193,194]。这可以归因于许多因

素，这些因素包括气候特征、土壤母质、土壤基础阳离子、有机物积累以及分解过程中有机酸的释放等。[195]具体而言，沛县位于长江以北，降水少，淋溶作用弱，土壤碱性离子含量高。另外，该地区的土壤母质是黄潮土，其有机物含量低，游离钙含量高。因此，该地区的土壤一般为碱性土壤。但是，本研究没有发现土壤 pH 值与复垦年份之间有明显的相关性，与其他研究[196,197]不一致。分析原因，可能是由于相比复垦年限给土壤 pH 值带来的影响，土壤母质对土壤 pH 值的影响更大[198]。但是，如果复垦时间足够长，复垦时间对土壤 pH 值的影响也是不容忽视的。换句话说，在自然耕作条件下，土壤的 pH 值可能会在短时间内保持稳定，但是若时间序列足够长，则可能会呈现与复垦年限明显的相关性。[199]

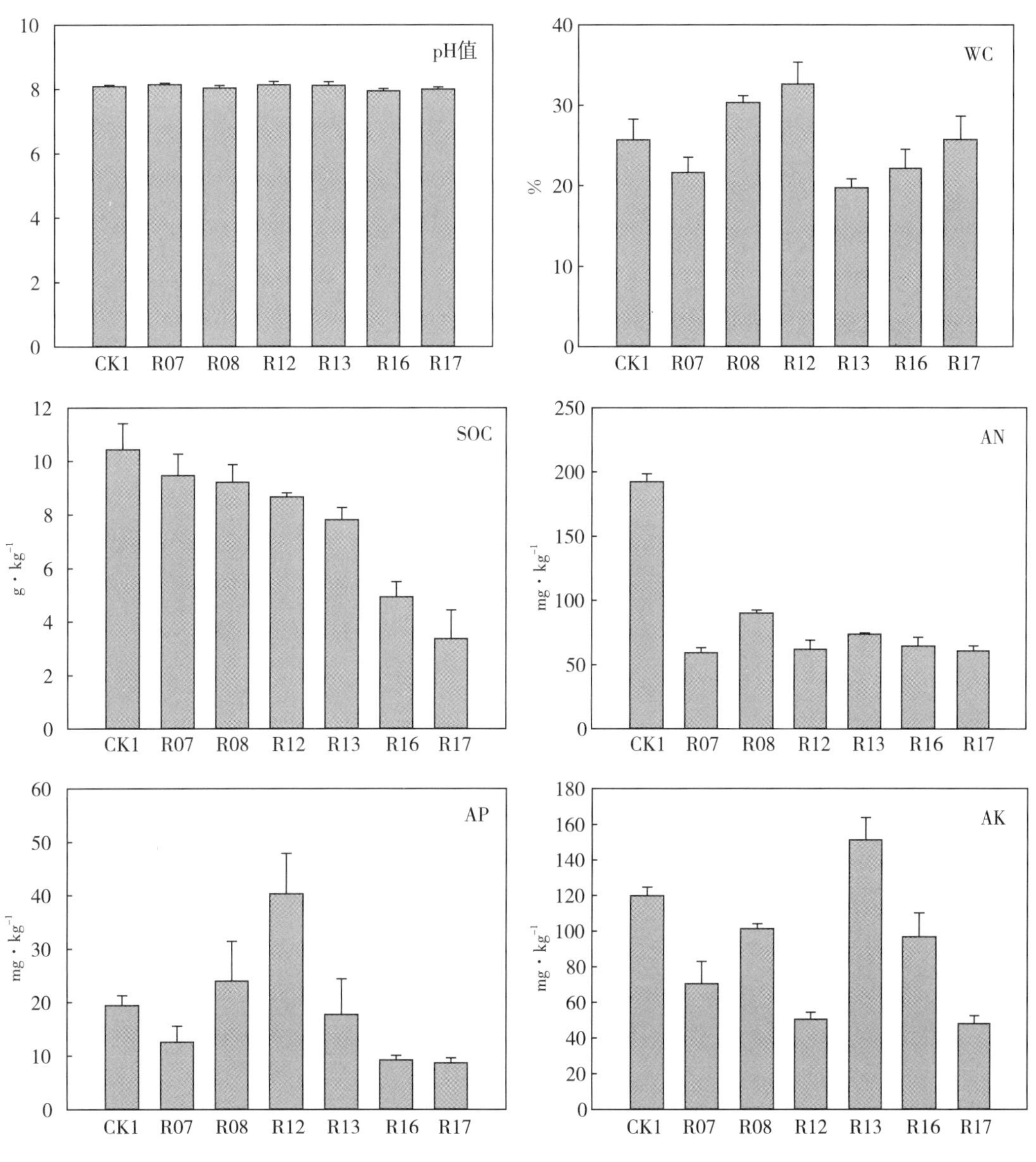

图 6-1　不同复垦年份土壤样品的基础理化性质

结果发现，在相同的耕作和管理条件下，采样点 R13、R16 和 R17 的土壤含水量较低。这可能是由于复垦过程中土壤压实改变了土壤结构，从而影响了土壤水分传输和保持的能力。这与 Sheoran 等人[193]的研究一致。在该研究中，Sheoran 证实矿产资源的开采通常会导致土壤含水量发生变化。[193]

SOC 含量受到很多因素的共同影响，例如土壤管理实践、土壤母质及植物和微生物的影响等[194－196]。在本研究中，复垦区 SOC 含量低于对照区，这可能是由于复垦活动使土壤中大量 SOC 转化为 CO_2，从而排放到大气中[197]。此外，本研究还发现，随着复垦年限的增加，土壤中 SOC 含量不断增加。在复垦 10 年后，SOC 含量为对照区的 88.92%。对照区土壤中的 AN 含量最高，并且其含量随复垦时间的变化不大。AP 和 AK 也表现出相同的规律。

6.3 土壤重金属含量分析

土壤中 Cd、Pb、Cr、Cu、Zn、Hg、As 的含量分别为 0.09～0.13 $mg \cdot kg^{-1}$、13.5～17.9 $mg \cdot kg^{-1}$、48.83～61.03 $mg \cdot kg^{-1}$、17.30～19.64 $mg \cdot kg^{-1}$、48.03～69.03 $mg \cdot kg^{-1}$、0.02～0.03 $mg \cdot kg^{-1}$、6.87～8.55 $mg \cdot kg^{-1}$。不同复垦年份土壤中重金属含量如图 6－2 所示。

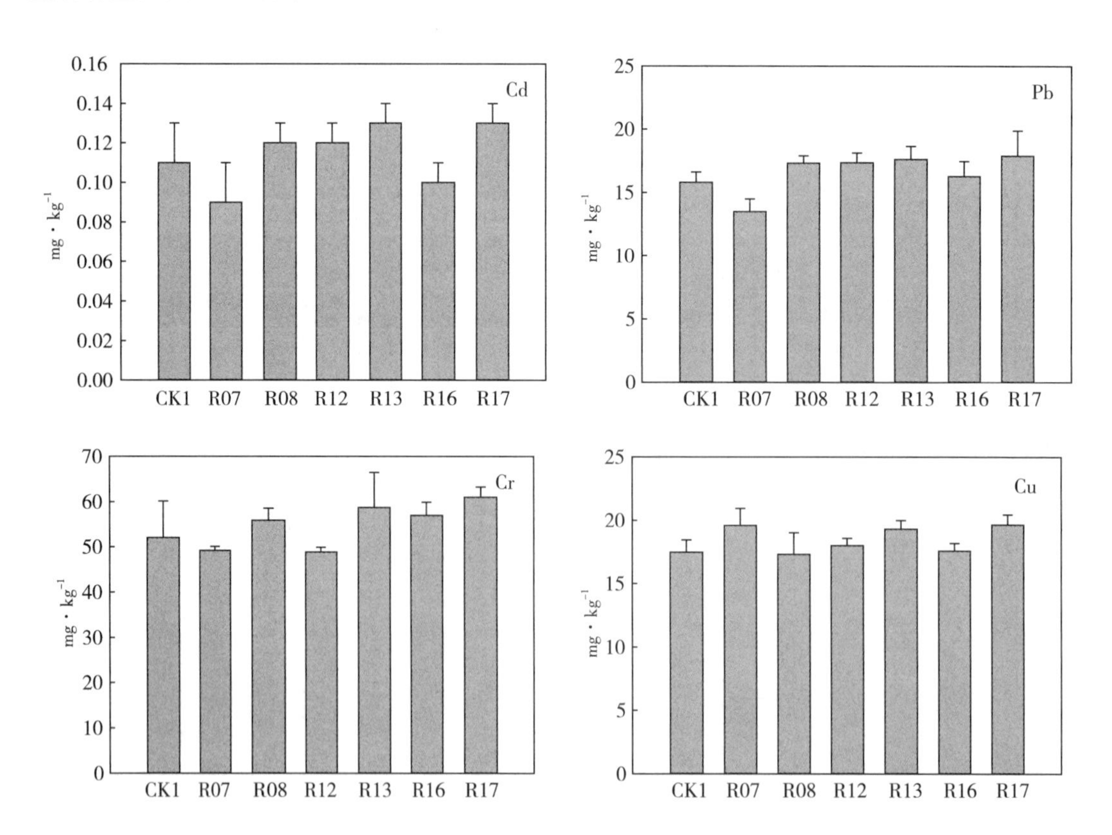

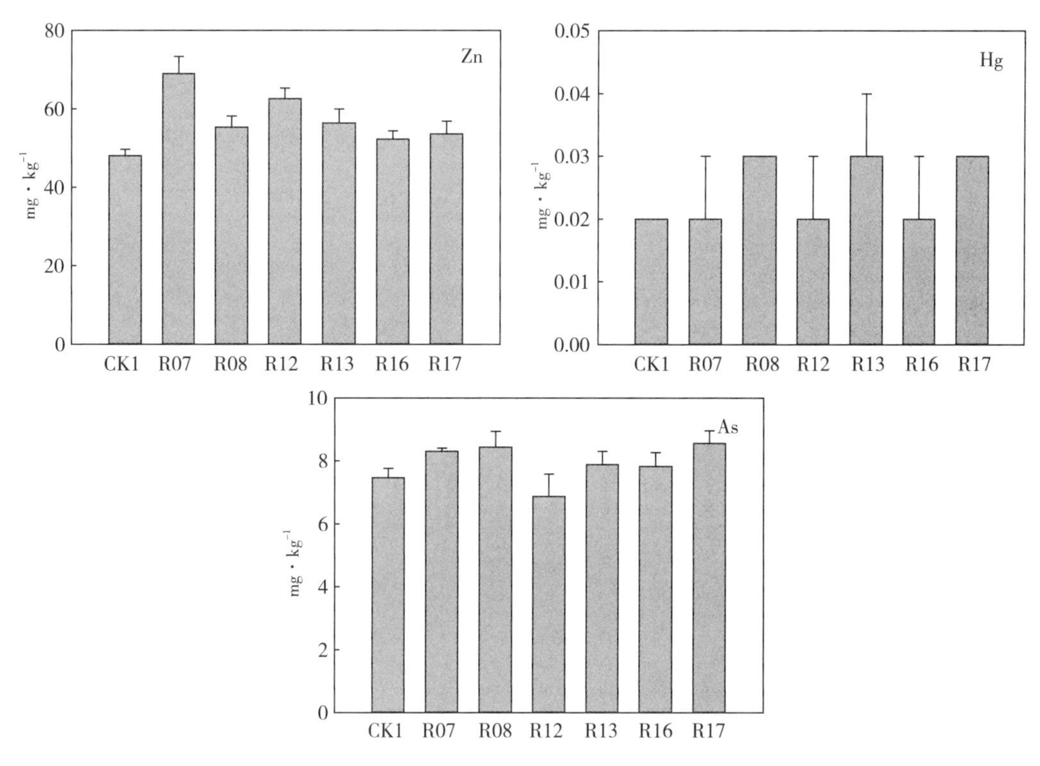

图 6-2 不同复垦年份土壤中重金属含量

为分析重金属超标情况，本研究分别以上大陆壳元素平均值和江苏省土壤元素地球化学基准值为评价标准，进行单因子评价。土壤重金属单因子污染指数如图 6-3 所示。评价结果表明，Cr、Cu、Hg 均低于上大陆壳元素平均值，部分样点土壤 Cd、Pb、Zn 含量略高于上大陆壳元素平均值，所有样地土壤中 As 均超出这一标准值，最高超标倍数达 1.78。所有重金属元素含量均未超过农用地标准。但除 As 外，其他重金属元素的含量均超过江苏省土壤元素地球化学基准值。

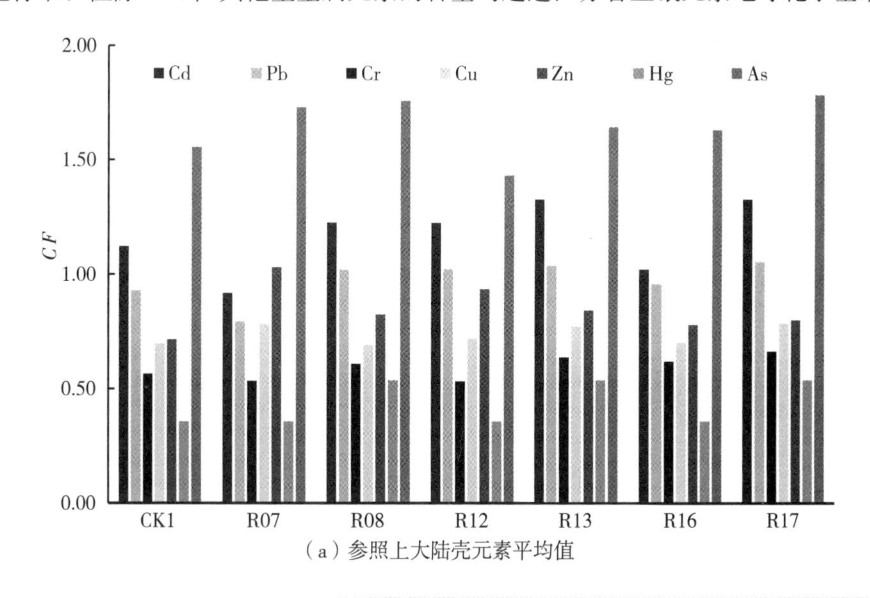

（a）参照上大陆壳元素平均值

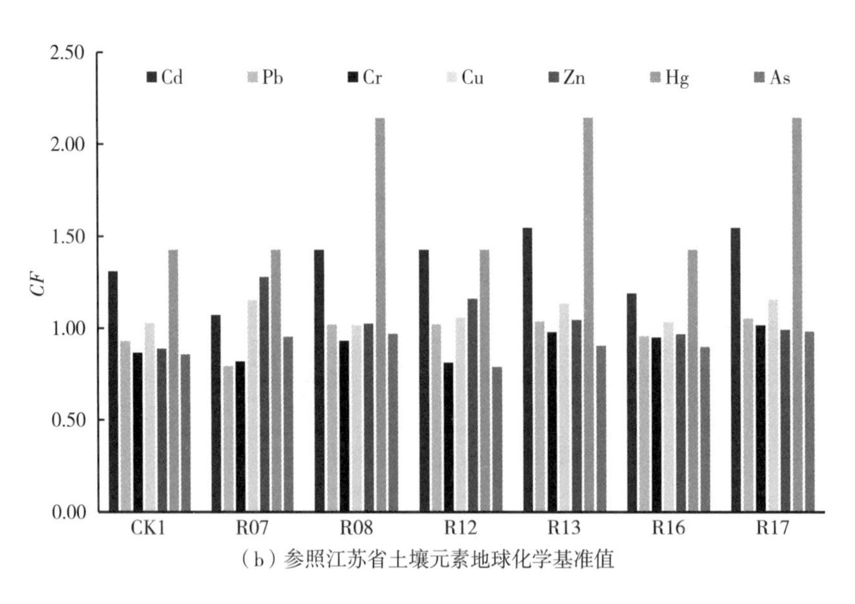

（b）参照江苏省土壤元素地球化学基准值

图 6-3　土壤重金属单因子污染指数

此外，为分析重金属含量和复垦年限之间的关系，本研究采用二次多项式拟合方法，对重金属含量和复垦年限进行了分析。不同复垦年份的土壤中重金属含量变化如图 6-4 所示。从图 6-4 中可以看出，Cd、Pb、Cr、Hg 的含量均随复垦年限的延长而降低，即复垦时间越长，重金属含量越低。造成这种现象的原因可能是植被对重金属进行了吸收和迁移等。

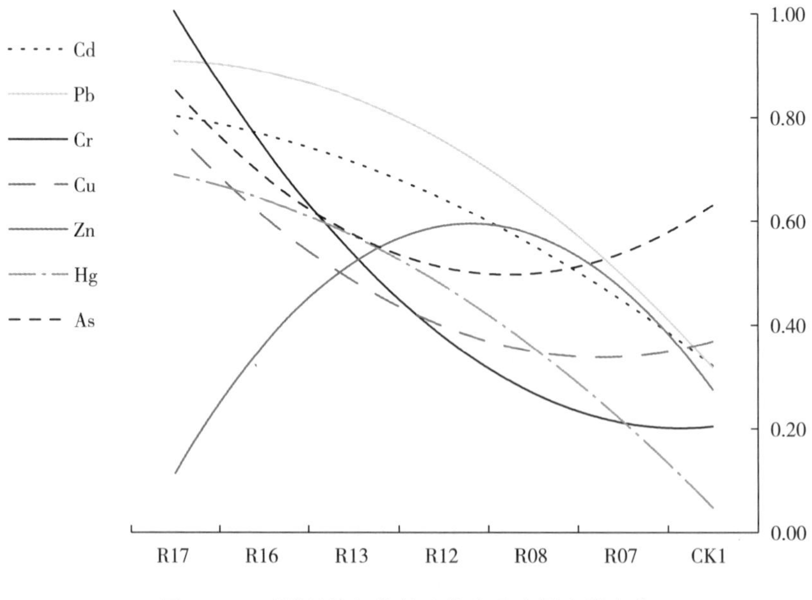

图 6-4　不同复垦年份的土壤中重金属含量变化

6.4 微生物多样性及群落结构变化

6.4.1 高通量测序技术

本研究采用高通量测序技术，通过分析测序序列的构成，分析三河尖混推平整复垦区土壤样品中的微生物多样性和群落组成。

1. 扩增子实验流程

DNA提取阶段：本研究在实验中，使用了MOBIO Power土壤DNA分离试剂盒(MOBIO Laboratories,Carlsbad,CA,USA)，根据说明提取了土壤样品的基因组DNA，用于进一步的Illumina基因组测定。本研究先将土壤样品添加到搅拌管中以进行快速和彻底的均质化，然后将总基因组DNA捕获在硅胶膜上，最后将其从硅胶模上洗脱下来，用于后续研究。

PCR扩增阶段：本研究使用了正向引物515F(CCGGACTACHVGGGTWTCTAAT)和反向引物806R(GTGCCAGCMGCCGCGGTAA)，来扩增微生物16S rRNA基因的V4区。R07、R08、R12、R13、R16、R17和CK1的引物序列分别为AGTACTGCAGGC、AGCGAGCTATCT、AGAGTCCTGAGC、ACTGATCCTAGT、AGTACGCTCGAG、AGCGACTGTGCA和ACGT-TAGCACAC。PCR扩增过程主要在BioRad S1000(Bio-Rad Laboratory,CA)热循环仪上进行。先将模板DNA加热到94 ℃，在94 ℃下初始变性5 min，然后开始引物退火循环过程。具体来说，在94 ℃变性30 s，将反应混合物温度降至52 ℃退火30 s，在72 ℃延伸变性30 s。多次反复的循环过程能使微量的模板DNA扩增量指数上升。最后，在72 ℃延伸变性10 min，将温度降至4 ℃后停止。

纯化测序阶段：首先，利用GeneTools分析软件对PCR产物进行浓度对比；然后，按照等质量原则计算各样品所需体积，混合各PCR产物，并使用琼脂糖凝胶回收试剂盒(Omega,USA)纯化；最后，将纯化后产物置于Illumina Hiseq 2500平台(广东美格基因科技有限公司)上，并对构建的扩增子文库进行PE250测序。

2. 测序数据处理

数据处理阶段包括双端原始测序数据过滤、数据拼接、质量过滤3个阶段，主要在Trimmomatic软件(V0.33)、Mothur软件(V1.35.1)和FLASH(V1.2.11)中进行。

3. OTU及物种群落分析

在微生物学研究中，为便于研究，通常将人为设置的一个分类单元OTU(Operational Taxonomic Units，操作分类单元)按照97%的相似性阈值划分为不同的OTU[200]。本研究利用usearch软件(V8.0.1517)，基于uparse聚类方法，将所有样品的全部过滤后序列片段进行聚类。每个所属的序列中，OTU数量很多，为了便于后续的分析，本研究利用Qiime选择出现频次最高的序列并作为OTU的代表序列。然后，设置置信度阈值为0.5，将每个OTU的代表序列与Greengenes、Silva和Unites数据库进行对比，从而获得物种注释结果。物种注释结果分为7个级别，分别为界(kingdom)、门(phylum)、纲(class)、目(order)、科(family)、属(genus)、种(species)。

Chao1指数、Simpson指数和Shannon指数表明物种的丰富性和多样性。本实验中所有序列数据均已保存在 NCBI 序列读取档案(SRA)数据库中,BioProject 编号为 PRJNA515548,BioSample 编号分别为 SAMN10761821 - SAMN10761830。

6.4.2 多样性指数

分配序列与过滤序列的平均比值为 80.55%,说明测序覆盖率较高。图 6 - 5 为在 97% 相似性水平下的 Chao 1 和 Shannon 指数的样本稀疏曲线,显示了微生物丰富度和多样性。两组曲线都趋于平稳,说明本书测序数据量足够大,无须开展进一步测序工作,进一步测序只会产生少量新物种。

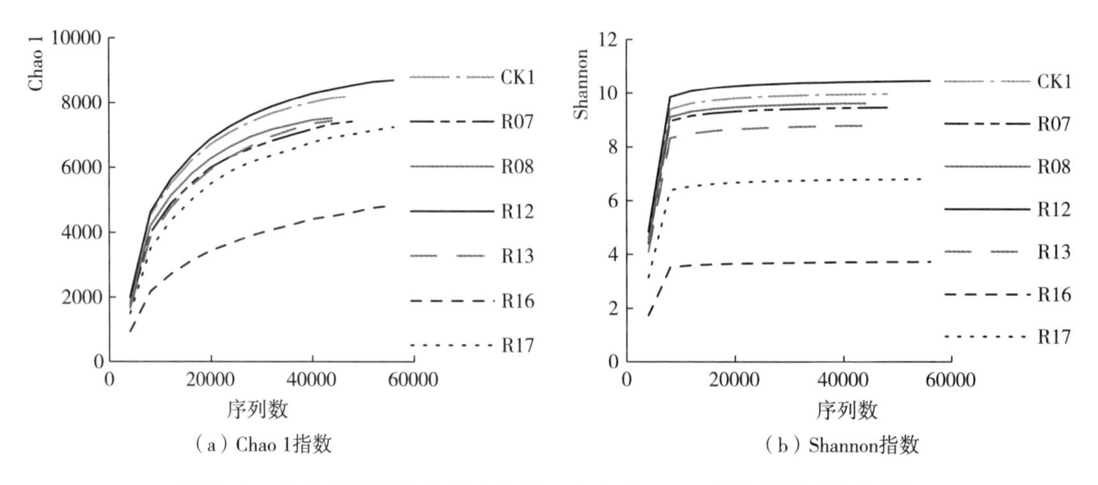

图 6 - 5 在 97%相似性水平下的 Chao 1 和 Shannon 指数的样本稀疏曲线

Chao 1 的多样性指数范围为 2769~8141,平均值为 6310。除 R12 外,土壤微生物群落丰度和多样性均显著低于对照样地土壤。造成这一现象的原因可能有两个:首先,R12 样地的土壤含水量、TP 含量和 Zn 元素含量均高于其他样地,这些因素可能对微生物群落的活性有积极影响;其次,R12 样地土壤中 As 含量最低,对微生物的抑制作用相对较弱。相关研究也表明,煤矿复垦后土壤细菌群落多样性显著降低。[201] 众所周知,微生物多样性和群落结构情况高度依赖于当地环境条件(包括土壤性质、植被类型、复垦后的时间长度和农业土地管理模式)[198]。现有研究表明,由于采矿影响,土壤可能经历持续的、不可逆转的变化[147,202,203],这对复垦土壤中的微生物也会造成不可逆转的影响。

6.4.3 群落结构

将细菌群落划分为 55 门、164 纲、240 目、261 科、346 属。相对丰度大于 4%的主要门包括变形菌门(Proteobacteria,38.25%)、厚壁菌门(Firmicutes,13.91%)、泉古菌门(Crenarchaeota,9.12%)、酸杆菌门(Acidobacteria),7.49%)、拟杆菌门(Bacteroidetes,6.35%)和浮霉菌门(Planctomycetes,5.51%),占所有样地细菌群落的 80.62%。各采样样地土壤微生物门级别生物丰度如图 6 - 6(a)所示。在所有样地中,变形菌门(Proteobacteria)最为丰富,R07、R08、R12、R13、R16、R17 和 CK1 样地的相对丰度分别为 33.10%、39.66%、33.77%、33.27%、50.39%、44.18%和 33.37%,这与相关研究的结果[153,204]一致。变形菌门(Proteobacteria)是土壤微生物中普遍存在的一个门,在质量和种类上所占比例均最大。[205]

各采样样地土壤微生物纲级别生物丰度如图 6－6(b)所示。与矿区对照土壤相比，复垦土壤中的优势纲发生了改变。具体而言，R07、R08、R12、R16 和 R17 中最丰富的一类微生物是 γ－变形菌纲(Gammaproteobacteria)，而 CK1 和 R13 中最丰富的纲是奇古菌纲(Thaumarchaeota)。在目级别上，亚硝基球菌目(Nitrososphaerales)在 CK1、R07 和 R13 中分别占细菌总数的 12.32％、10.82％和 16.88％，而芽孢杆菌目(Bacillales)在复垦时间相对较短的样地(R16 和 R17)中更为普遍：在 R16 中占 39.98％，在 R17 中占 25.31％[图 6－6(c)]。复垦时间相对较长的样地(CK1、R07、R08 和 R13)和对照样地的优势科相对丰度一致，而新复垦样地的优势科相对丰度与对照样地不同。亚硝基球菌科(Nitrososphaeraceae)是 CK1、R07、R08 和 R13 中最丰富的科，而 R16 和 R17 中的优势科是微杆菌科(Exiguobacteraceae)[图 6－6(d)]。

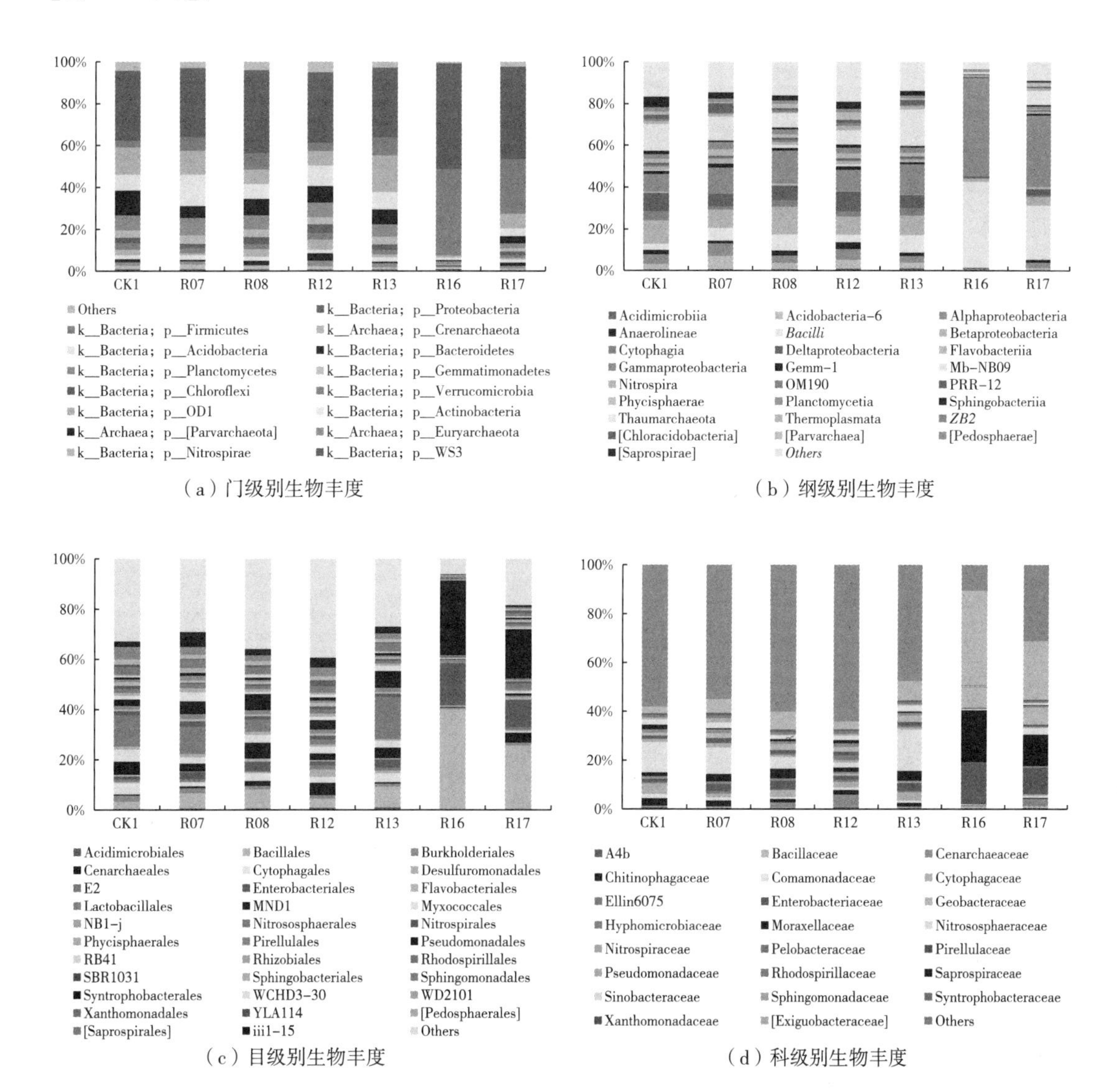

(a) 门级别生物丰度

(b) 纲级别生物丰度

(c) 目级别生物丰度

(d) 科级别生物丰度

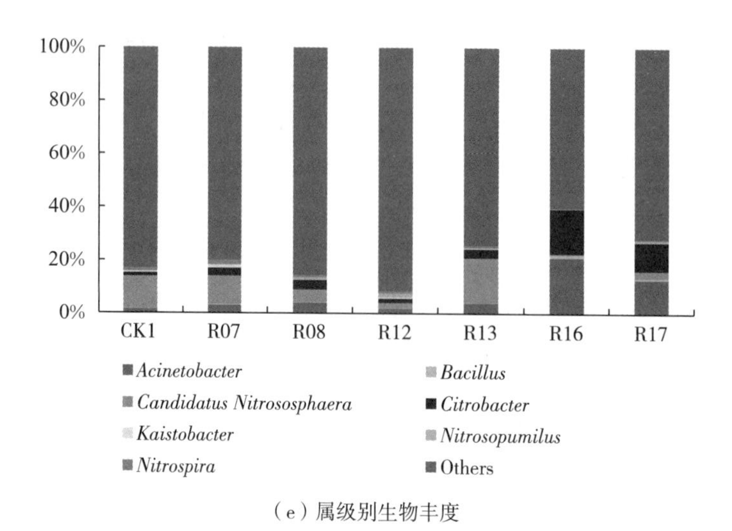

（e）属级别生物丰度

图 6-6　各采样样地土壤微生物门、纲、目、科、属多样性水平（相对丰度<1 归为其他）

在属水平上，复垦时间相对长的复垦样地（R07、R08、R12、R13）土壤中和对照样地土壤中优势属的相对丰度非常一致，但新复垦样地（R16、R17）土壤中优势属的相对丰度与对照样地土壤则不同。具体而言，在较早期复垦样地和对照土壤中，亚硝化念珠菌属（*Candidatus Nitrososphaera*）是最丰富的属，而在新复垦样地中，优势菌属为柠檬酸杆菌属（*Citrobacter*）和不动杆菌属（*Acinetobacter*）。这些结果表明，不同复垦时期的土壤微生物群落组成和多样性差异很大，进一步说明土壤微生物群落可以作为沉陷区复垦土壤质量评价的一个指标。

6.5　土壤重金属对微生物多样性的影响

三河尖煤矿土壤基础理化性质与微生物多样性指数的相关系数见表 6-2 所列。结果表明，SOC、AP 与 Shannon、Chao 1 和 Simpson 在 99％置信区间呈正相关关系，与 Li Y 等人[153]的研究结果相似。研究表明，SOC、土壤含水量和 AP 对微生物多样性的影响很大。施用有机肥能改善土壤基础理化性质，是引起微生物群落结构变化的重要因素，且能影响其功能。SOC 和 AP 的含量可作为复垦区生态系统健康状况的重要指标。

土壤 pH 值对微生物群落有很大的影响。结果表明，土壤 pH 值与 Shannon 指数和 chao1 正相关（$p<0.05$），与 Simpson 正相关（$p<0.01$）。Lauber 等人[206]的研究表明，在可识别的决定因素中，土壤 pH 值在微生物群落动态中起着重要作用。Shi 等人[207]发现，在整个华北平原上，土壤 pH 值对微生物群落都有显著影响。

根据统计分析，含水量对微生物群落的影响很大，这与以往的研究结果不同。土壤含水量通过两种主要机制影响微生物：作为基质的运输介质，以及作为水解过程的参与者。[182]含水量对微生物活性和生长也有很重要的影响，缺水可能有助于周围环境中的碳和氮矿化以及微生物细胞中渗透压的积累。[208]

表 6-2 三河尖煤矿土壤基础理化性质与微生物多样性指数的相关系数

	Shannon	Chao1	Simpson	pH	WC	SOC	AN	AP	AK	Cd	Pb	Cr	Cu	Zn	Hg	As
Shannon	1.000															
Chao1	0.905**	1.000														
Simpson	0.926**	0.823**	1.000													
pH	0.394*	0.374*	0.486**	1.000												
WC	0.447**	0.376*	0.434*	−0.010	1.000											
SOC	0.553**	0.463**	0.538**	0.375*	0.129	1.000										
AN	0.256	0.346*	0.130	0.068	−0.010	0.368*	1.000									
AP	0.678**	0.708**	0.651**	0.437**	0.324*	0.444**	0.210	1.000								
AK	−0.015	0.075	−0.163	−0.019	−0.238	0.234	0.524**	0.133	1.000							
Cd	0.022	0.120	−0.029	−0.026	0.181	−0.227	0.067	0.139	−0.026	1.000						
Pb	0.105	0.196	0.065	−0.155	0.371*	−0.081	0.181	0.190	0.105	0.500**	1.000					
Cr	−0.362*	−0.292	−0.451**	−0.229	−0.091	−0.316*	0.100	−0.196	0.205	0.331*	0.215	1.000				
Cu	−0.196	−0.206	−0.152	0.068	−0.219	−0.205	−0.200	−0.229	−0.067	0.098	−0.086	0.167	1.000			
Zn	0.166	0.075	0.325	0.311	0.076	0.167	−0.400*	0.257	−0.267	0.005	−0.038	−0.167	0.190	1.000		
Hg	−0.104	−0.069	−0.087	−0.339	0.011	−0.153	−0.055	0.033	0.120	0.136	0.251	0.005	−0.175	−0.033	1.000	
As	−0.287	−0.357*	−0.228	−0.180	−0.100	−0.124	−0.062	−0.253	−0.081	0.000	−0.024	0.287	0.358*	0.119	0.213	1.000

注:“*”表示在 0.05 水平上显著相关,“**”表示在 0.01 水平上显著相关。

研究结果表明，AN 与 chao1 呈正相关($p<0.05$)。相关研究表明，AN 含量影响养分循环，改变微生物多样性和群落结构，在复垦土壤的演变中起着重要作用。[209,210]然而，本研究中土壤 AK 与微生物群落的相关性结果与其他研究结果[211]不一致。研究发现，土壤 AK 与微生物群落的丰富度和多样性呈负相关关系。分析原因可以认为，这种负面影响可能与部分地块 AK 含量过高有关。农业地区土壤 AK 的补充依赖于施肥，其含量并非“越多越好”。例如，自然环境中土壤元素之间存在强烈的相互作用[212]，AK 含量过高会影响土壤其他营养元素的转化和吸收。例如，高水平的土壤 AK 可能导致土壤吸收钙和其他阳离子的能力下降。此外，土壤 AK 含量高可能是破坏生态系统营养结构和动态平衡的重要原因。

微生物多样性指数和重金属含量之间的相关系数表明：两者存在一定的相关性。相关研究也表明，大多数微型生物体可以通过细胞外沉淀、酶促氧化、细胞壁吸附和细胞内络合改变环境中重金属含量。[50,213]

6.6 土壤重金属对微生物群落结构的影响

基于肯德尔 Tau-b 相关性，本研究分析了土壤理化参数与优势菌群相对丰度之间的关系。结果表明，土壤 pH 值、含水量、SOC 和 AP 是影响细菌群落组成的主要因素。硝化螺旋菌门(Nitrospirae)和浮霉菌门(Planctomycetes)的丰度与 pH 值呈正相关关系($p<0.05$)，变形菌门(Proteobacteria)的丰度与 pH 值呈负相关关系($p<0.05$)。土壤 pH 值已被广泛认为是影响土壤细菌分布的关键因素。[214,215]pH 值通过影响硝化反应中底物的化学形态、浓度和有效性，影响硝化微生物的群落组成和丰度。含水量与小古菌门(Parvarchaeota)丰度呈正相关关系($p<0.05$)。土壤水分状况会引起土壤酶活性和呼吸作用的变化，从而影响微生物的生长和代谢活性。此外，硝化螺旋菌门(Nitrospirae)、浮霉菌门(Planctomycetes)的丰度与 SOC 呈正相关关系($p<0.05$)，与 Cong 等人的研究结果[216]一致。其原因是细菌与碳的转化和积累有着密切的关系[217]。拟杆菌门(Firmicutes)与 SOC 呈负相关关系，这是因为拟杆菌门(Firmicutes)属贫营养生物，低碳环境更适宜其生存。[218]AP 与疣微菌门(Verrucomicrobia)、绿弯菌门(Chloroflexi)和拟杆菌门(Bacteroidetes)呈正相关关系($p<0.05$)。

一些研究表明重金属很大程度上决定了土壤中的微生物群落组成[219,220]，本书研究结果也证实了这一点。Cd、Pb 和 Cr 元素与硝化螺旋菌门(Nitrospirae)、浮霉菌门(Planctomycetes)和酸杆菌门(Acidobacteria)的相对丰度呈负相关关系，这与 Li 等人的研究结果[221]类似。重金属破坏 RNA 复制和 DNA 合成过程，修饰生物体内的碱基，进而引起结构变化。值得注意的是，Zn 与硝化螺旋菌门(Nitrospirae)、酸杆菌门(Acidobacteria)、芽单胞菌门(Gemmatimonadetes)和浮霉菌门(Planctomycetes)相对丰度呈正相关关系，这可能是由于 Zn 在土壤氮循环中起协同作用，Zn 是参与氮代谢的某些酶的辅助因子。

6.7 本章小结

基于 16S rRNA 测序技术，本书的研究团队研究了典型资源型城市采煤沉陷复垦区土壤微生物群落丰度和结构组成。研究发现，在门水平上，无论是在复垦土壤中还是在参照土壤中，变形菌门(Proteobacteria)都是普遍存在的。在纲级别上,γ-变形菌纲(Gammaprotobacteria)是复垦样地 R07、R08、R12、R16 和 R17 土壤中的优势纲,奇古菌纲(Thaumarchaeota)是 CK1 和 R13 中的优势纲;在目级别上,CK1、R07 和 R13 中亚硝基球菌目(Nitrososphaerales)最丰富,R16 和 R17 中芽孢杆菌目(Bacillales)丰度最高;在科级别上,亚硝基球菌科(Nitrososphaeraceae)是 CK1、R07、R08 和 R13 的优势科,而 R16 和 R17 的优势科是微杆菌科(Exiguobacteraceae);在属水平上,R07、R08、R12、R13 和 CK1 的优势属为亚硝化念珠菌属(*Candidatus Nitrososphaera*),而 R16 和 R17 的优势属为不动杆菌属(*Acinetobacter*)和柠檬酸杆菌属(*Citrobacter*)。此外,统计分析表明,SOC、AP 等要素对微生物多样性有很大影响,Cd、Pb 和 Cr 与硝化螺旋菌门(Nitrospirae)、浮霉菌门(Planctomycetes)和酸杆菌门(Acidobacteria)的相对丰度呈负相关关系,Zn 与硝化螺旋菌门(Nitrospirae)、酸杆菌门(Acidobacteria)、芽单胞菌门(Gemmatimonadetes)和浮霉菌门(Planctomycetes)的相对丰度呈正相关关系。

我们在进行矿区评价时,应综合考虑土壤理化指标、植被覆盖度、生物多样性指数等生态环境因素,多维度评价复垦活动带来的影响。混推平整复垦区土壤微生物特性研究为煤矿复垦区的生态评价提供了一个新的视角。

7. 不同修复模式下采煤沉陷积水区的温室效应

高潜水位矿区是我国重要的煤炭产地。2021 年煤炭产量达 3.55 亿 t，在推动社会发展和经济建设中发挥着至关重要的作用。但是高潜水位矿区煤炭的长期井工开采带来了一系列生态问题，制约着社会的可持续发展，最为突出的是采煤沉陷积水问题。[222,223]

内陆水体是全球碳循环的重要组成部分。研究发现，全球内陆水体 CO_2 排放量约为 2.419 Pg C/a，其中湖泊和池塘、水库、河流 CO_2 排放量分别为 0.571 Pg C/a、0.048 Pg C/a、1.8 Pg C/a[224]，且水体富营养化、重金属污染等会影响 CO_2 等温室气体的释放。[225]内陆水体是自然界重要的温室气体释放源，内陆水体 CO_2 等温室气体的释放特征吸引着众多学者的目光，目前已积累了大量此方面的研究成果，这些研究成果主要集中在湖泊、河流等方面[226,227]。但是，采煤沉陷积水区作为规模大、水质问题严重的次生湿地，其 CO_2 等温室气体的释放特征却一直被忽视。

研究发现，我国高潜水位平原矿区采煤沉陷积水率为 20%～40%，常年积水面积高达 2000 km^2。[16]沉陷水域一般为封闭或半封闭系统，水循环不畅，水体自净能力差，导致地表水系紊乱、水质恶化。[18,228]早期渔业养殖湿地、净化型湿地开发是采煤沉陷积水区生态修复的主要模式。[145,229]近年来，面对气候变化、能源转型的巨大压力，渔光互补修复模式被应用得越来越广泛。不同修复模式给采煤沉陷积水区带来的环境影响差异显著，其 CO_2 等温室气体的释放特征也不尽相同。例如，传统养殖湿地饵料的投放会加重湿地生态系统重金属污染负荷；净化型湿地来水污染水平可能超出水体自净能力，引发水体富营养化、重金属污染现象[145]；渔光互补湿地光伏板改变了光照等条件，可能改变湿地微气候[230]。经检索，本研究发现目前并没有针对不同修复模式下采煤沉陷积水区 CO_2 等温室气体的释放特征的相关报道，这一重要的温室气体释放源在区域碳循环中的重要性被低估、忽视。不同修复模式下采煤沉陷积水区 CO_2 等温室气体的释放特征亟须明确。

此外，水体温室气体的释放受水生态系统物理、化学、生物共同作用的影响。[231,232]在渔光互补湿地、净化湿地、传统渔业养殖湿地中，光伏板遮光密度、水体富营养化程度、重金属含量等特征因子差异显著，这会导致不同修复模式下积水区水生态系统理化性质及微生物群落结构明显不同，进而引起 CO_2 等温室气体的释放特征不同，但具体影响机制仍不清晰，需要进一步研究。

基于此，本研究在典型高潜水位矿区内，选取沉陷积水修复后的典型景观湿地、莲藕种植塘、渔业养殖塘、渔光互补湿地、光伏湿地等为研究区，并以未治理沉陷积水区和未沉陷河流为对照区，分析不同修复模式下采煤沉陷积水区的水体 CO_2 分压[$p(CO_2)$]和水气界面 CO_2 通量[$F(CO_2)$]特征，探究其水体和沉积物理化性质、微生物群落结构对 $p(CO_2)$ 和水气界面 $F(CO_2)$ 的影响机制。期望本研究结果可以为采煤沉陷积水区的温室气体释放及减排提供科学依据，为面向“双碳”目标的采煤沉陷积水区国土空间格局优化方式选择提供数据支撑。

7.1 样品分析与研究方法

7.1.1 样品采集和处理

2023 年 2 月，本研究团队在我国典型高潜水位矿区，选择 5 类由采煤沉陷积水区修复而成的湿地为实验组湿地，这 5 种湿地主要包括典型景观湿地（安国湿地，Anguo wetland，AW）、莲藕种植塘（Louts pond，LP）、渔业养殖塘（Fishpond，FP）、渔光互补湿地（Fishery-floating photovoltaic wetland，FFPV）、光伏湿地（Floating photovoltaic wetland，FPV），并以未治理的采煤沉陷积水区（Subsidence waterbodies，SW）和境内河流大沙河（Dasha river，DR）为对照水体，共计 7 类水体。根据各水域面积等特征，在每个水域中分别设置 3～6 个采样点进行样品采集和现场监测，共计 34 个地表水、沉积物采样点，其中微生物采样点共 17 个（AW：S1、S2、S3；LP：S7、S8、S9；FPV：S13、S14、S15、S16；FP：S19；FFPV：S22；DR：S25、S26、S27；SW：S31、S32）。采样点分布图如图 7－1 所示。

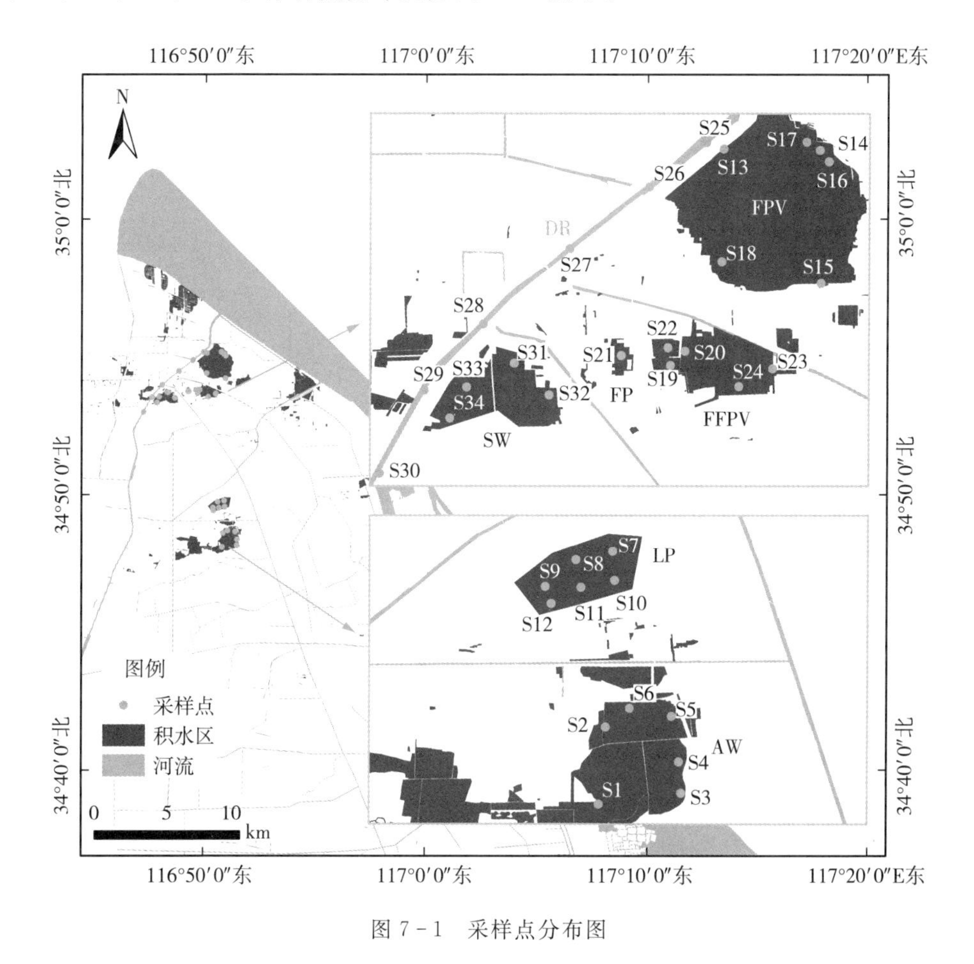

图 7－1 采样点分布图

于各采样点水面 0～20 cm 处采集 3 瓶水样。将第 1 瓶保存于 500 mL 棕色聚乙烯瓶中，用于测定水中总氮（Total nitrogen，TN）、总磷（Total phosphorus，TP）、氨态氮（Ammonium nitrogen）、有机碳（Total organic carbon，TOC）、溶解二氧化碳[$\rho(CO_2)$]等理化指标。在第 2 瓶中加入 0.1 mL 饱和 $HgCl_2$ 溶液防止分解，用于测量水体中叶绿素 a(Chl a)含量。第 3 瓶冷藏备用。同时，用抓泥器采集表层沉积物，一部分分装在 50 mL 离心管中，并迅速放至液氮罐中，用于分析微生物多样性；一部分分装入无菌密封袋中，用于有机碳（Soil Organic Carbon，SOC）、微生物量碳（Microbial Biomass Carbon，MBC）、易氧化有机碳（Readily Oxidizable Carbon，ROC）等指标的测量；一部分分装入无菌密封袋中备用。将所有采集样品于 12 h 内送达实验室，低温避光保存，并于 7 d 内测试完毕。

此外，我们使用便携式红外线 CO_2 分析仪测定了水面上方 0.5 m 处大气 CO_2 背景值[$p_{sample}(CO_2)$]，用手持气象仪（HWS1000）测定了现场温度、湿度、气压、风速等气象数据，用便携式水质监测仪测定了水中溶解氧（Dissolved Oxygen，DO）、电导率、水温（t）、pH 值等。各指标符号、单位及相应测定方法详见表 7－1 所列。

表 7－1　各指标符号、单位及相应测定方法

类别	指标	对应英文	符号	单位	测定方法
地表水	水温	Water temperature	t	℃	温度计或颠倒温度计测定法
	溶解氧	Dissolved oxygen	DO	mg/L	《水质　溶解氧的测定　电化学探头法》(HJ 506—2009)
	pH 值		pH 值		pH 计-电极法
	总磷	Total Phosphorus	TP	mg/L	钼酸铵分光光度法
	总碱度	Total ALKalinity	ALK	mg/L	酸碱指示剂滴定法
	电导率	Conductivity	σ	us	电导率测定法
	总硬度	Total hardness	TH	mg/L	EDTA 滴定法
	磷酸盐	Phosphate	PO_4-P	mg/L	钼酸铵分光光度法
	高锰酸盐指数	Permanganate index	I_{Mn}	mg/L	酸性高锰酸钾法
	硫酸根离子	Sulfate	SO_4^{2-}	mg/L	铬酸钡分光光度法
	氨态氮	Ammonium nitrogen	NH_3-N	mg/L	纳氏试剂比色法
	亚硝态氮	Nitrous nitrogen	NO_2-N	mg/L	分光光度法
	硫化物	Sulfide	S^{2-}	mg/L	亚甲基蓝分光光度法
	铁	Iron	Fe	mg/L	火焰原子吸收分光光度法
	六价铬	Chromium	Cr	mg/L	火焰原子吸收分光光度法
	化学需氧量	Chemical Oxygen Demand	COD	mg/L	重铬酸盐法
	总氮	Total nitrogen	TN	mg/L	碱性过硫酸钾消解紫外分光光度法
	总有机碳	Total organic carbon	TOC	mg/L	燃烧氧化-非分散红外吸收法
	叶绿素 a	Chlorophyl a	Chl a	ug/L	分光光度法
	溶解 CO_2	Free carbon dioxide	$\rho(CO_2)$	mg/L	酚酞指示剂滴定法

（续表）

类别	指标	对应英文	符号	单位	测定方法
沉积物	pH 值		pH 值		电位法
	氨态氮	Ammonium nitrogen	NH_3-N	mg/kg	纳氏试剂比色法
	硝态氮	Nitrate Nitrogen	NO_3-N	mg/kg	硝酸试粉法
	有效磷	Available phosphorus	AP	mg/kg	钼锑抗比色法
	速效钾	Available potassium	AK	mg/kg	四苯硼钠比浊法
	有机碳	Soil organic carbon	SOC	g/kg	重铬酸钾氧化法
	总氮	Total nitrogen	TN	g/kg	凯氏定氮法
	总磷	Total Phosphorus	TP	g/kg	碱熔-钼锑抗比色法
	易氧化有机碳	Readily oxidizable carbon	ROC	g/kg	重铬酸钾氧化法
	微生物量碳	Microbial biomass carbon	MBC	mg/kg	氯仿熏蒸-K_2SO_4 提取-碳分析仪器法
	微生物				16S rDNA
大气	二氧化碳	Carbon dioxide	CO_2	μmol/L	不分光红外线气体分析测定法

7.1.2 DNA 提取、PCR 扩增和测序分析

测定微生物多样性时，使用添加 barcode 序列的引物 CAGCCGCCGCGGTAA、GT-GCTCCCCCGCCAATTCCT、ACTCCTACGGGAGGCAGCA 和 GGACTACHVGGGT-WTCTAAT 对古菌 V4V5、细菌 V3V4 区进行扩增和高通量测序。测序于 Illumina Nova 6000 平台（广东美格基因科技有限公司）上完成。

对于获取的测序原始数据，我们首先利用 fastp（an ultra-fast all-in-one FASTQ preprocessor，version 0.14.1）和 cutadapt 软件进行数据过滤，利用 usearch-fastq_mergepairs（V10），过滤不符合的序列，获得原始的拼接序列，然后利用 fastp（version 0.14.1）去除引物对数据进行过滤、拼接和质量过滤，得到有效的拼接片段（clean tags）。对经过质量控制的有效片段用非加权组平均法进行 OTU 聚类，利用 usearch-sintax 将美格 OTU 的代表序列与 Silva 等数据库进行对比并获取物种注释信息。最后，使用 R 语言进行共有及特有物种统计、群落组成分析及物种丰度聚类分析。本研究将基因序列上传至 NCBI Sequence Read Archive 数据库（登录号：PRJNA999027、PRJNA999037）。

7.1.3 水体富营养化程度的计算

在采样过程中，我们发现不同修复模式下采煤沉陷区水体存在不同程度的水体富营养化现象。通过查询资料，我们发现水体富营养化程度影响水生态系统的碳转化、碳排放等过程，进而影响碳通量。[225] 因此，我们选取水体 TN、TP、COD、Chl a 等指标来评价水体富营养化程度，其计算公式[233] 如下。

$$TLI(\mathrm{TP})=10\times[9.436+1.624\ln(\mathrm{TP})] \tag{7-1}$$

$$TLI(\mathrm{TN})=10\times[5.453+1.694\ln(\mathrm{TN})] \tag{7-2}$$

$$TLI(\mathrm{COD})=10\times[0.109+2.661\ln(\mathrm{COD})] \tag{7-3}$$

$$TLI(\mathrm{Chl\ a})=10\times[2.500+1.086\ln(\mathrm{Chl\ a})] \tag{7-4}$$

$$TLI=a_1\times TLI(\mathrm{TP})+a_2\times TLI(\mathrm{TN})+a_3\times TLI(\mathrm{COD})+a_4\times TLI(\mathrm{Chl\ a}) \tag{7-5}$$

式中，TP、TN、COD的单位均为 $\mathrm{mg\cdot L^{-1}}$；Chl a的单位为 $\mathrm{ug\cdot L^{-1}}$。水体富营养化指数(TLI)的值为 TLI(TP)、TLI(TN)、TLI(COD)、TLI(Chl a)的加权和，参考相关文献[234,235]等提出的我国湖泊富营养化评价标准及沉陷区现状，其权重分别为0.25、0.23、0.34、0.18。水体富营养化分级标准见表7-2所列。

表7-2 水体富营养化分级标准

TLI	分级
$TLI\leqslant 30$	贫营养(Oligotropher)
$30<TLI\leqslant 50$	中营养(Mesotropher)
$50<TLI\leqslant 60$	轻度富营养(Light eutropher)
$60<TLI\leqslant 70$	中度富营养(Middle eutropher)
$TLI>70$	重度富营养(Hyper eutropher)

7.1.4 水体 CO_2 分压、水气界面 CO_2 通量的计算

水中 CO_2 分压[$p(CO_2)$]是水体 CO_2 体系的重要组成部分，其值与大气 CO_2 背景值的差值影响着水气界面 CO_2 交换速率[236]。本研究基于以下公式[237,238]测算。

$$p(\mathrm{CO_2})=\frac{\rho(\mathrm{CO_2})}{\kappa_h} \tag{7-6}$$

$$\ln\kappa_h=-58.0931+90.5069\times\frac{100}{t+272.15}+22.2941\times\ln\frac{t+272.15}{100} \tag{7-7}$$

式中，$p(CO_2)$ 表示 CO_2 分压，单位为 μatm；$\rho(CO_2)$ 表示水中 CO_2 溶解度，单位为 $\mu\mathrm{mol\cdot L^{-1}}$；$\kappa_h$ 代表 CO_2 亨利系数，单位为 $\mathrm{mol\cdot L^{-1}\cdot atm^{-1}}$；$t$ 表示水体温度，单位为℃。

利用薄边界层法计算水气界面 CO_2 通量 $F(CO_2)$，具体公式[238-240]如下。

$$F(\mathrm{CO_2})=k[\rho(\mathrm{CO_2})-p_{\mathrm{sample}}(\mathrm{CO_2})\times\kappa_h] \tag{7-8}$$

$$k=1.58\times e^{0.30\times U_{10}}\times(S_c/600)-0.5 \tag{7-9}$$

$$S_c=1911.1-118.11t+3.4527t^2-0.04132t^3 \tag{7-10}$$

式中，$F(CO_2)$表示水气界面 CO_2 通量，单位为 $mmol \cdot m^{-2} \cdot h^{-1}$，$F(CO_2)>0$ 表示水中 CO_2 向大气中释放，此时水体为碳源，$F(CO_2)<0$ 表示水体吸收大气中 CO_2，此时水体为碳汇；$p_{sample}(CO_2)$表示大气中 CO_2 背景值，单位为 ppm；k 为气体交换速率，单位为 $cm \cdot h^{-1}$；U_{10}表示采样区域上空 10 m 处不同季节多年平均风速，单位为 $m \cdot s^{-1}$；S_c 为温度矫正下 CO_2 的 Schmidt 常数。

7.1.5 统计分析

本研究利用 Matlab 分析处理数据。所有数据均采用 Shapiro-Wilk's test 检验其是否符合正态分布。本研究利用单因素方差分析（one-way ANOVA）检验不同修复方式对水体 CO_2 释放通量影响的显著性；利用相关性分析检验 CO_2 通量与水环境因子、沉积环境因子、微生物的相关关系；利用 RDA 分析水环境、沉积环境对 CO_2 通量的影响。所有作图均通过 Matlab 语言、Sigmaplot 完成。

7.2 结果

7.2.1 不同修复模式下湿地 $F(CO_2)$特征

天然湖泊、水库等湿地对大气 CO_2 而言，既可能为"源"，又可能是"汇"，但绝大多数水体表现出"源"的特征。[241−243] 在本实验中，所有水体整体表现为向大气中排放 CO_2，均为 CO_2 排放源。以平均值计，研究区不同水域水体 CO_2 分压变化范围为 1707～2568 μatm（图 7－2）。FFPV 水体 CO_2 分压［(2568±201) μatm］最高，其次为 FPV 和 FP，高于对照水体 DR 和 SW 的水体分压；LP 和 AW 水体分压最低，分别为(1839±119) μatm、(1707.13±531) μatm，低于对照水体 DR 和 SW 水体分压。

利用薄边界层法计算水体界面 CO_2 通量 $F(CO_2)$。不同修复模式下采煤沉陷积水区水体 CO_2 分压和通量比较如图 7－2 所示。不同水体 $F(CO_2)$范围为 8.00～12.04 $mmol \cdot m^{-2} \cdot h^{-1}$，由高到低顺序：FFPV>FPV>FP>SW>DR>LP>AW。

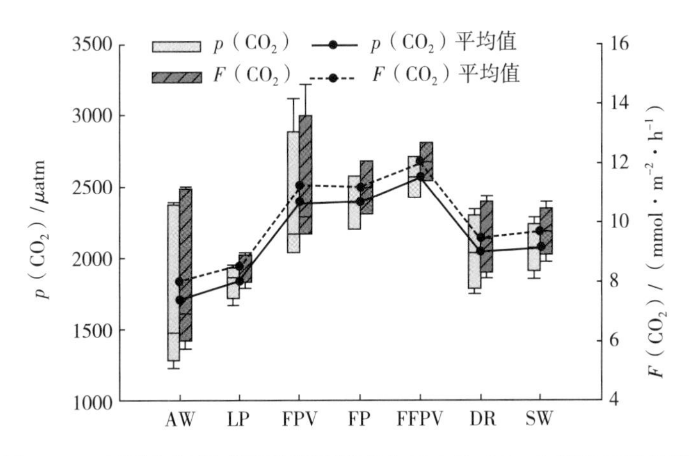

图 7－2 不同修复模式下采煤沉陷积水区水体 CO_2 分压和通量比较

7.2.2 水体和沉积物理化性质

不同积水区的水环境参数如图 7-3 所示，各理化指标呈现出不同规律。不同水体温度的平均值范围为 8.63～10.23 ℃，溶解氧的平均值范围为 8.72～9.70 mg · L^{-1}，pH 值平均值范围为 7.67～7.96。水体整体呈碱性，且不同修复模式下实验组水体和对照组水体 pH 值无显著差别。渔光互补湿地（FFPV）的 TH、电导率值、六价铬和亚硝态氮浓度最高，分别为（727.92±23.97）mg · L^{-1}、（233.13±6.45）μs、（7.59±0.37）mg · L^{-1}、（0.02±0.002）mg · L^{-1}。莲藕种植塘（LP）拥有最高的 ALK（总碱度）、I_{Mn}、S^{2-}、Fe、PO_4-P 浓度，其值分别为（407.66±168.42）mg · L^{-1}、（15.59±1.09）mg · L^{-1}、（0.03±0.04）mg · L^{-1}、（0.11±0.08）mg · L^{-1}、（0.61±0.19）mg · L^{-1}。渔业养殖塘（FP）的 TOC、COD、TN、NH_3-N 浓度最高，其值分别为（12.41 ± 0.39）mg · L^{-1}、（35.62 ± 2.35）mg · L^{-1}、（3.99 ± 0.06）mg · L^{-1}、（1.47±0.05）mg · L^{-1}。光伏湿地（FPV）水体的 Chl a、SO_4^{2-}、TP 浓度最高，其值分别为（20.64±0.90）μg · L^{-1}、（344.05±26.53）mg · L^{-1}、（0.81±0.29）mg · L^{-1}。与实验组不同修复模式下采煤沉陷区水体相比，对照水体大沙河（DR）的 S^{2-}、Cr、TN、PO_4-P 浓度最低，对照水体（SW）的 TH、ALK、TOC、COD、Fe 浓度最低。

不同积水区的 *TLI* 如图 7-3(t)所示。以平均值计，AW 和对照组 DR、SW 的水体处于中度富营养化水平（60<*TLI*≤70），其他修复方式下的采煤沉陷积水区 LP、FPV、FP、FFPV 的水体处于重度富营养化水平（*TLI*>70）。

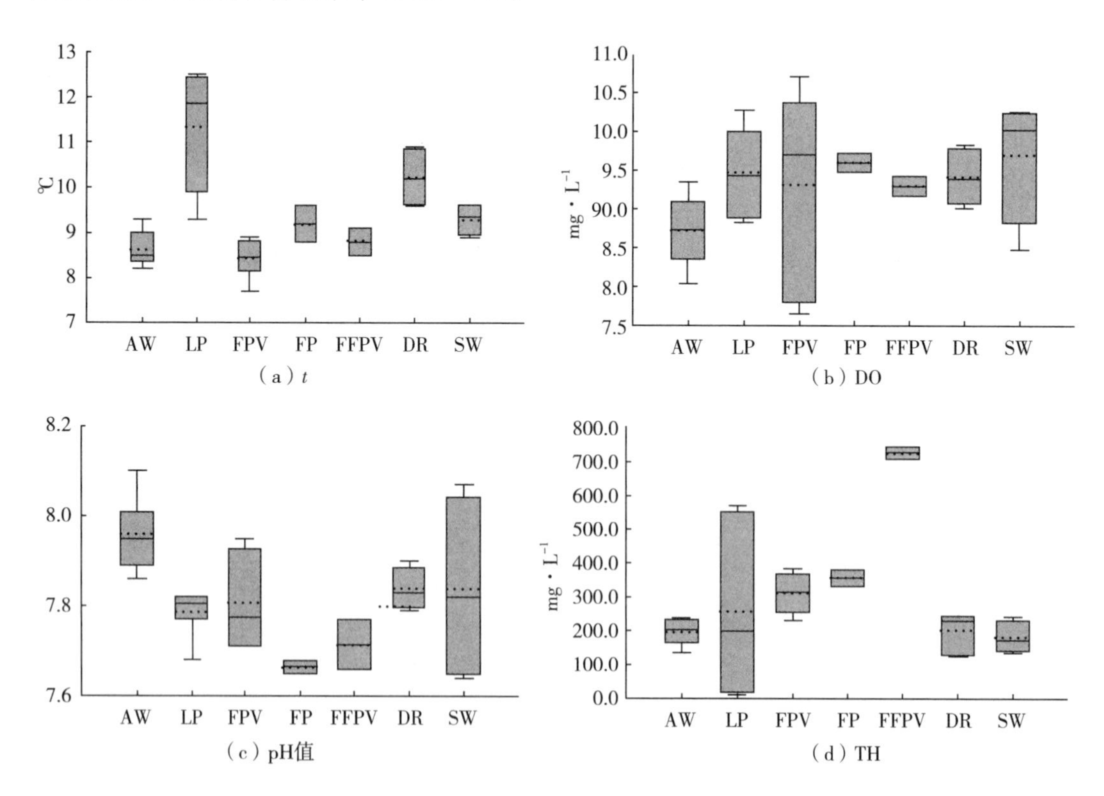

(a) *t*　　(b) DO

(c) pH值　　(d) TH

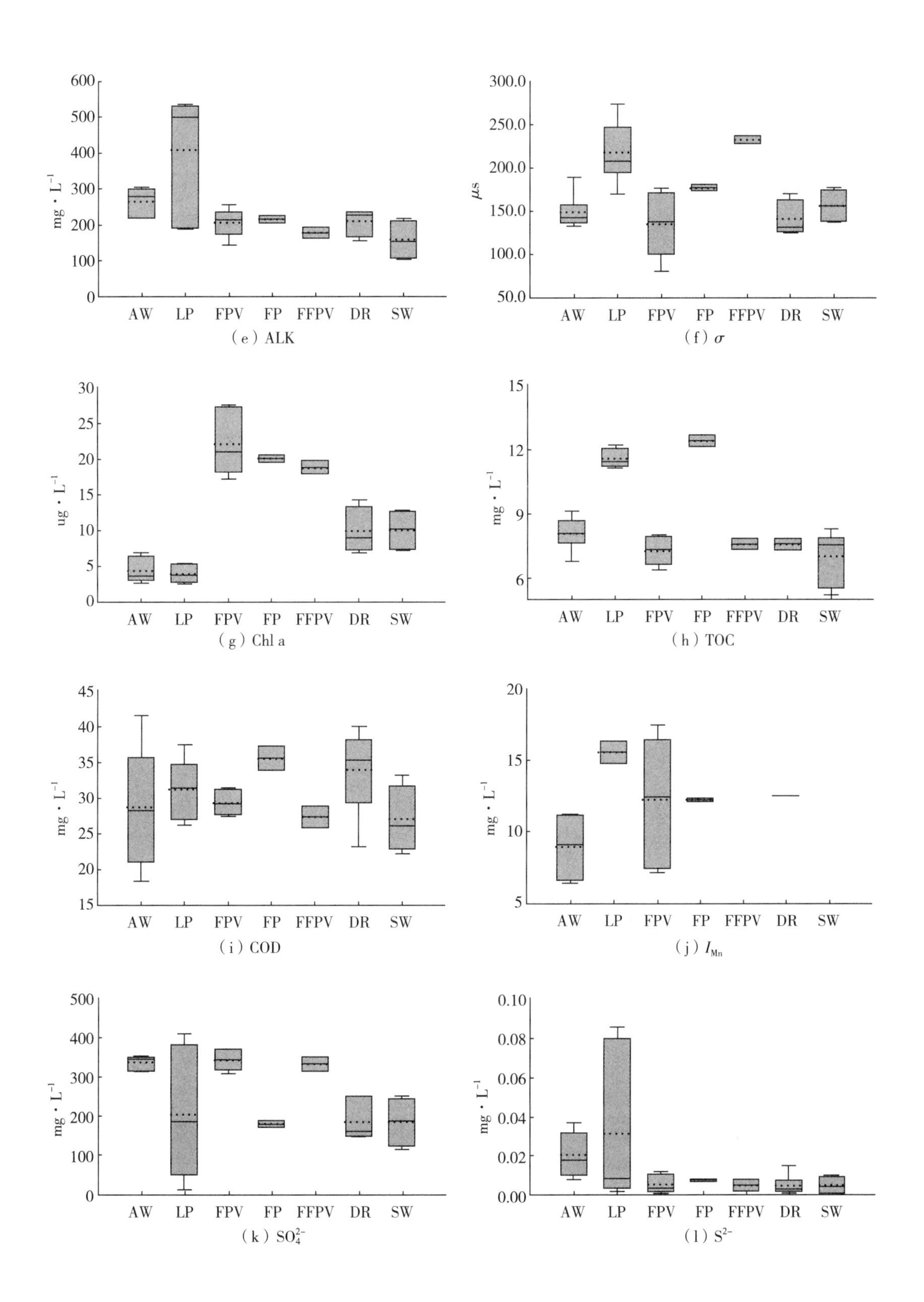

(e) ALK

(f) σ

(g) Chl a

(h) TOC

(i) COD

(j) I_{Mn}

(k) SO_4^{2-}

(l) S^{2-}

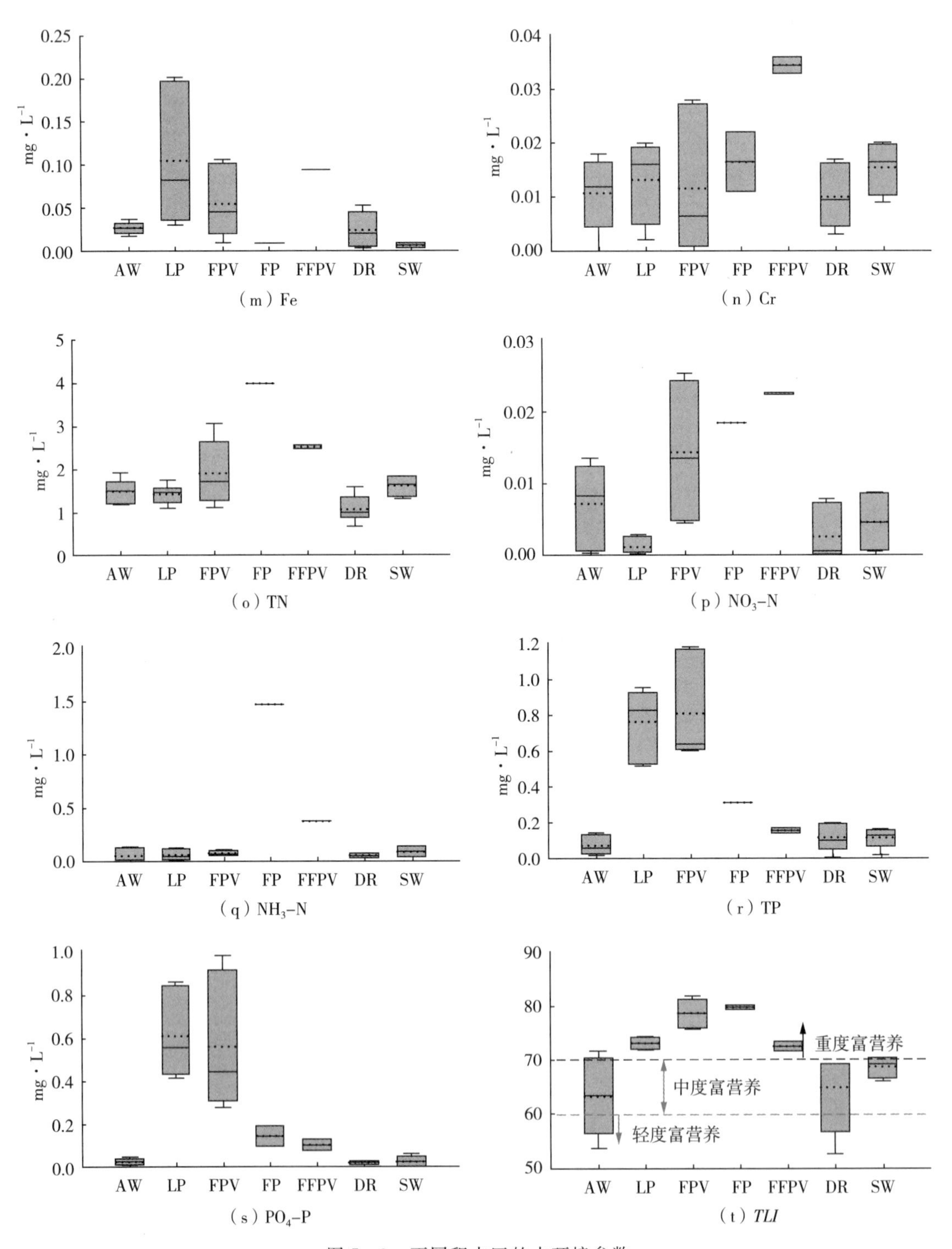

图 7-3　不同积水区的水环境参数

注：黑色实线、黑色虚线、箱体下沿、箱体上沿、上误差棒和下误差棒分别表示中位数、平均值、25%分位数、75%分位数、5%分位数、95%分位数。

不同积水区的沉积环境参数如图 7-4 所示。实验组和对照组的沉积物整体呈碱性，pH 值在 7.84～9.1，这与之前相关研究结果一致。以平均值计，在实验组中，莲藕种植塘(LP)和光伏湿地(FPV)沉积物中的 TOC、ROC、TN、TP 浓度高于安国湿地(AW)、渔业养殖塘(FP)与渔光互补湿地(FFPV)，且明显高于对照组的大沙河(DR)和未治理的采煤沉陷积水区(SW)的沉积物中浓度。渔业养殖塘(FP)沉积物中的 TOC、ROC、TN、TP、AP 均最低。渔光互补湿地(FFPV)的沉积物中 MBC 和 AK 浓度最高。实验组 5 类不同修复模式下的沉积物中 NH_3-N 浓度均高于对照组。

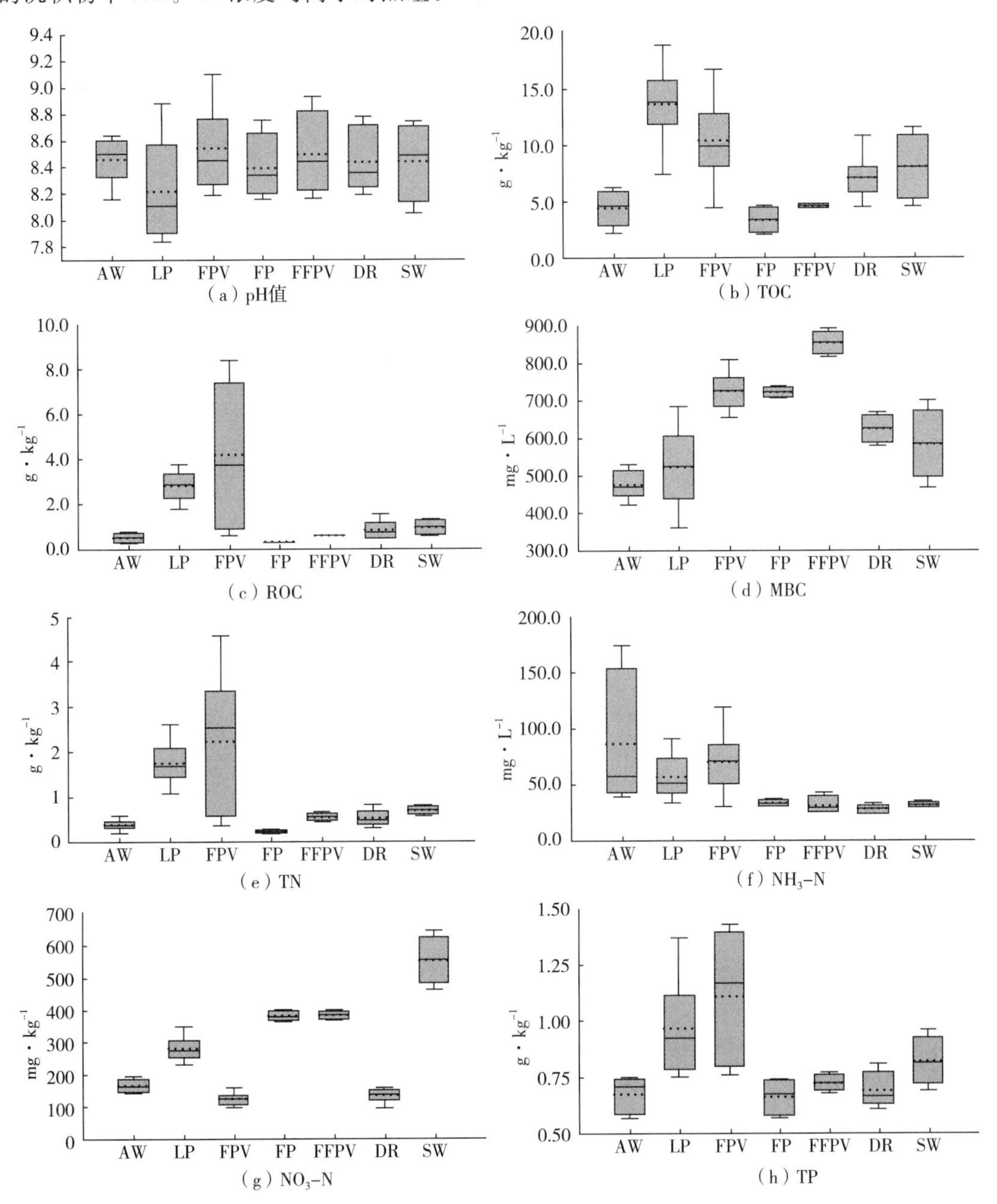

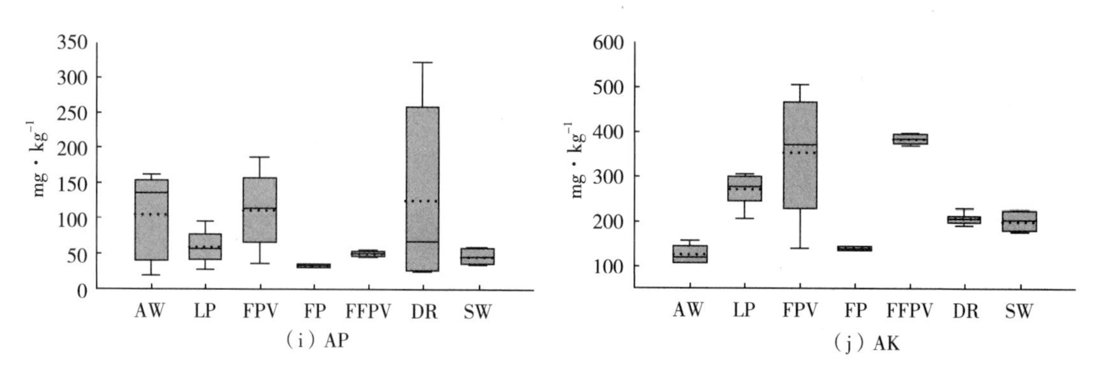

图 7-4　不同积水区的沉积环境参数

注：黑色实线、黑色虚线、箱体下沿、箱体上沿、上误差棒和下误差棒分别表示中位数、平均值、25%分位数、75%分位数、5%分位数、95%分位数。

7.2.3　采煤沉陷积水区微生物多样性和群落特征

(1)不同修复方式均提高了采煤沉陷积水区古菌和细菌数量，降低了古菌丰度，提高了细菌丰度。

本研究利用高通量测序共得到375922条古菌基因和1236879条细菌基因有效序列，其中各样本古菌基因和细菌基因序列条数分别为2997～55303和58678～87424。本研究按照97%的相似度进行聚类，17个沉积物样本共获得2654个古菌OTU和18629个细菌OTU，单个样本的古菌OTU和细菌OTU范围分别为370～1417和2595～7363。不同修复模式下沉积物物种α多样性指标如图7-5所示。本研究应用Simpson指数、Chao 1评估微生物多样性。

在实验组5种修复水域中，LP的古菌和细菌的Chao 1指数最大，表明莲藕种植塘中古菌和细菌数量较多。对比Simpson指数可以发现，LP样地沉积物中细菌Simpson指数较低，说明LP样地细菌群落丰度较高。在实验组中，就古菌而言，FFPV的古菌Chao 1指数最低、Simpson指数相对较高，表明FFPV古菌数量最低，古菌丰度相对较低；就细菌而言，FPV的细菌Chao 1指数最低、Simpson指数最高，表明FPV细菌数量和丰度均最低。

在对照组中，未治理的采煤沉陷积水区(SW)的古菌Reads、Chao 1指数均最低，Simpson指数略高于大沙河(DR)而低于其他实验组，表明SW样地拥有数量最低但丰富度相对较高的古菌群落。SW的细菌Reads、Simpson指数最高，而Chao 1指数最低，表明SW样地拥有数量最低、丰度也最低的细菌群落。

与对照组相比，实验组5种修复水域中古菌数量明显高于未治理的采煤沉陷积水区，但古菌物种丰度低于未治理的采煤沉陷积水区；对细菌而言，实验组细菌数量和丰度明显高于未治理的采煤沉陷积水区的细菌数量和丰度。与境内河流大沙河(DR)相比，古菌多样性均低于大沙河(DR)，均未恢复到沉陷前水平；而LP和FFPV中细菌多样性水平高于境内河流大沙河(DR)沉积物中的细菌多样性水平。

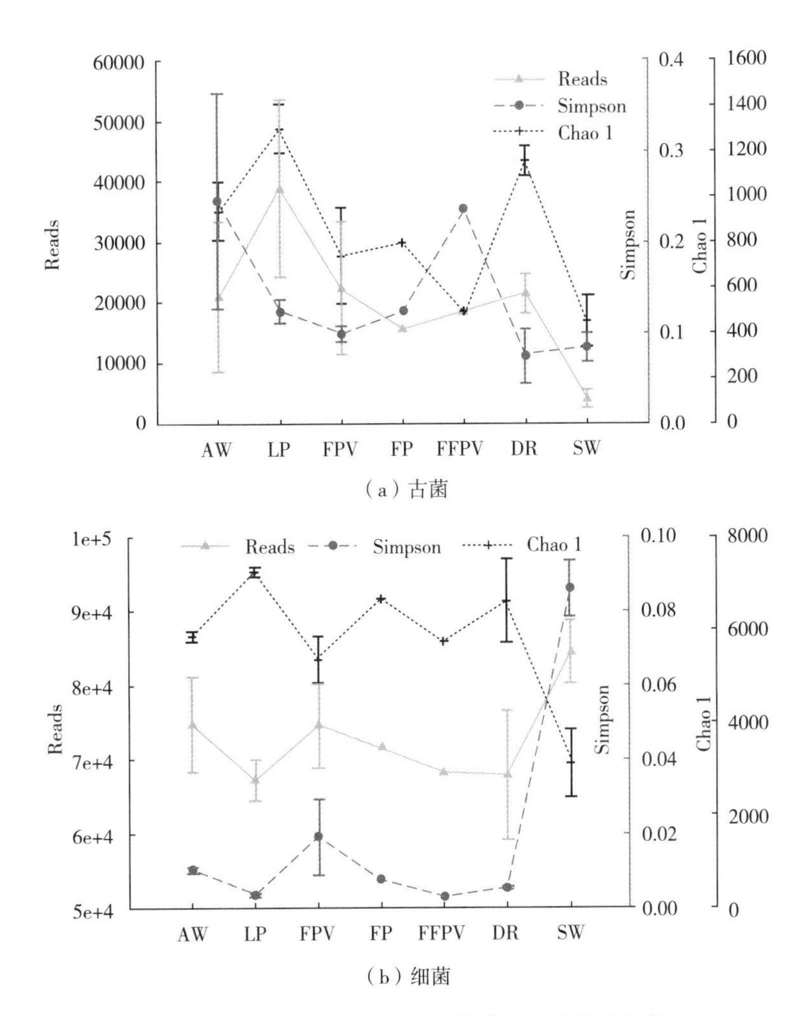

（a）古菌

（b）细菌

图 7－5　不同修复模式下沉积物物种 α 多样性指标

(2)各采样样地的微生物群落结构不同。

古菌影响湿地气候，其参与碳循环的主要方式之一为甲烷代谢。沉积物中门、纲、目、科、属分类水平上古菌的相对丰度如图 7－6 所示。测得的古菌属于 8 个门，其中在 AW、LP、FP、DR 和 SW 采样区中，泉古菌门(Crenarchaeota)为优势古菌门，相对丰度分别为 58.73%、42.62%、51.27%、40.67%和 37.27%。FPV 和 FFPV 两个采样区的优势古菌门与其他实验组和对照组不同，分别为广古菌门(Euryarchaeota，相对丰度为 35.43%)和奇古菌门(Thaumarchaeota，相对丰度为 84.47%)。在纲水平上，AW、LP、FP、DR 和 SW 采样区的优势古菌纲为深古菌纲(Bathyarchaeia)，相对丰度分别为 58.43%、42.54%、50.60%、40.55%和 36.39%。FPV 和 FFPV 两个采样区的优势古菌纲分别为热原体纲(Thermoplasmata，相对丰度为 34.44%)和亚硝化螺菌纲(Nitrososphaeria，相对丰度为 84.43%)。在目水平上，Nitrososphaerales 是采样区 LP、FP、FFPV、DR 和 SW 的优势古菌目，AW 和 FP 的优势古菌目相同，均为 Marine_Benthic_Group_D_和_DHVEG－1。在科水平上，除了 AW 采样区的优势古菌科为 Methanobacteriaceae 外，其余所有采样区的优势古菌科均为 Nitrososphaeraceae，相对丰度分别为 27.16%、14.12%、16.52%、78.09%、17.08%和 9.70%。在属水平上，甲烷杆菌属（*Methanobacterium*）、氨氧化古菌属（*Candidatus_Nitrosoarchaeum*）和甲烷甲基念珠菌（*Candidatus_Methanomethylicus*）分别是 AW、LP 和 FPV 的优势古菌属，亚硝化球菌（*Candidatus_Nitrososphaera*）是 FP、FFPV、DR 和 SW 的优势古菌属。

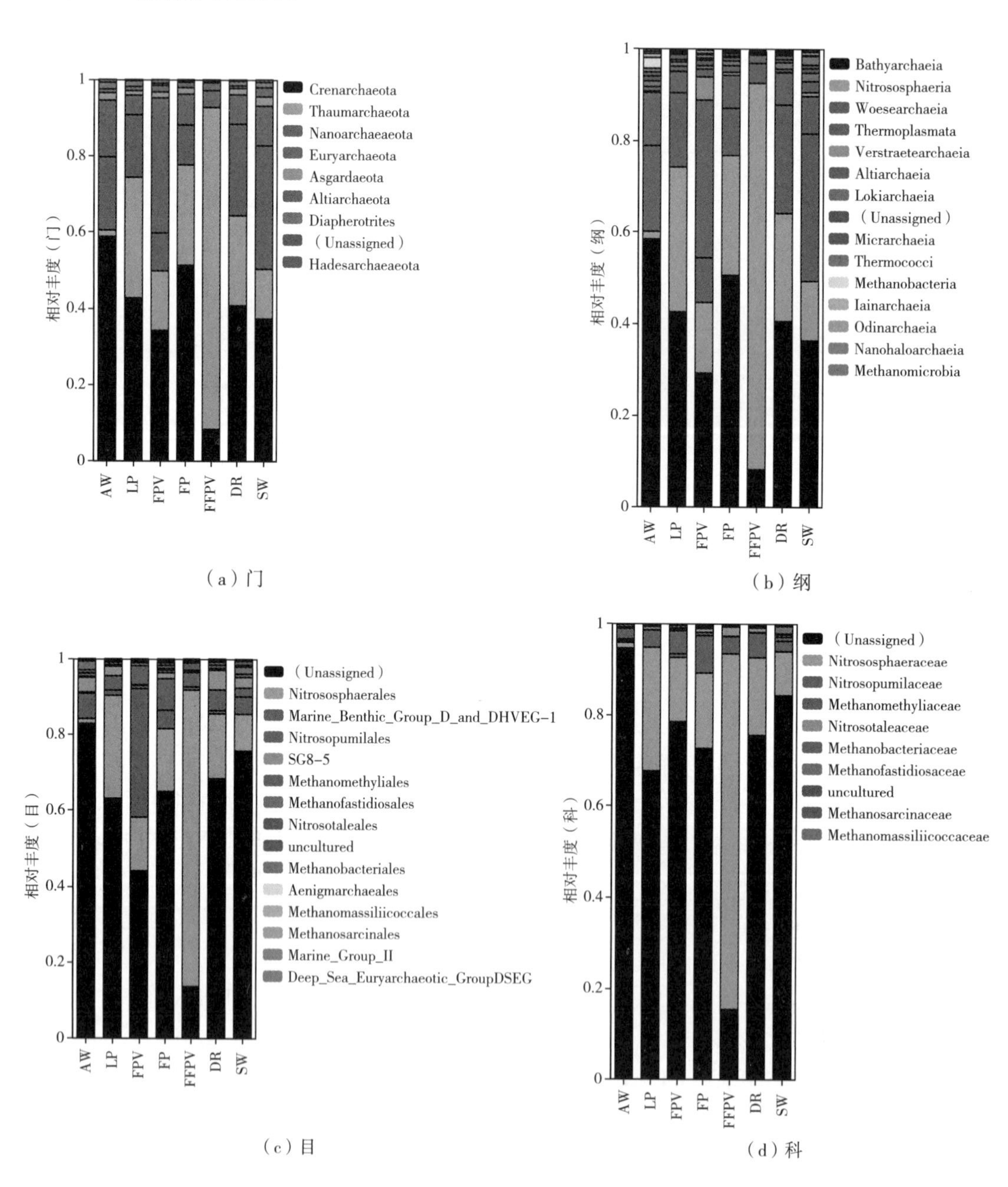

（a）门

（b）纲

（c）目

（d）科

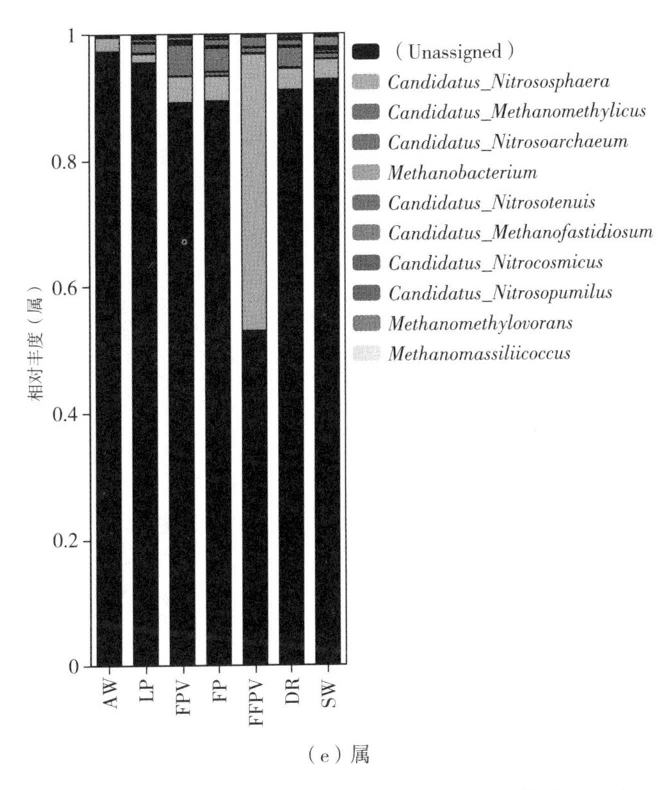

（e）属

图 7－6　沉积物中门、纲、目、科、属分类水平上古菌的相对丰度

不同修复模式下沉积物中不同分类水平的细菌群落相对丰度如图 7－7 所示。在门水平上，除未治理的采煤沉陷积水区（SW）沉积物中的优势细菌门为厚壁菌门（Firmicutes）外，其余采样区沉积物中的优势细菌门均为变形菌门（Proteobacteria），相对丰度介于 30.56%～48.86%。厚壁菌门（Firmicutes）和变形菌门（Proteobacteria）均可在厌氧或者好氧条件下生存，属于不产氧的光合细菌。[243]在纲水平上，所有实验组沉积物中的优势细菌纲均为 γ－变形菌纲（Gammaproteobacteria），相对丰度分别为 23.48%、22.37%、32.29%、27.11%和 27.31%。对照组大沙河（DR）和未治理的采煤沉陷积水区（SW）沉积物中的优势细菌纲均为梭菌（Clostridia），相对丰度分别为 21.98%和 32.81%。在目水平上，所有实验组沉积物的优势细菌目均为 β－变形菌（Betaproteobacteriales），相对丰度介于 15.68%～24.27%。对照组大沙河（DR）和未治理的采煤沉陷积水区（SW）沉积物中的优势细菌目均为梭菌目（Clostridiales）。在科水平上，不同修复模式下沉积物的优势细菌科略有不同，厌氧绳菌科（Anaerolineaceae）为 AW、LP 和 FPV 的优势细菌科，FP 和 FFPV 的优势细菌科分别为黄杆菌科（Flavobacteriaceae）和伯克氏菌科（Burkholderiaceae）。对照组大沙河（DR）和未治理的采煤沉陷积水区（SW）沉积物中的优势细菌科均为毛螺菌科（Lachnospiraceae）。在属水平上，硫杆菌属（*Thiobacillus*）为 AW、LP 和 FPV 的优势细菌属，黄杆菌属（*Flavobacterium*）为 FP 和 FFPV 的优势细菌属，对照组大沙河和未治理的采煤沉陷积水区沉积物中的优势细菌属均为毛螺菌属 NK4A136 组（*Lachnospiraceae*_NK4A136_group）。

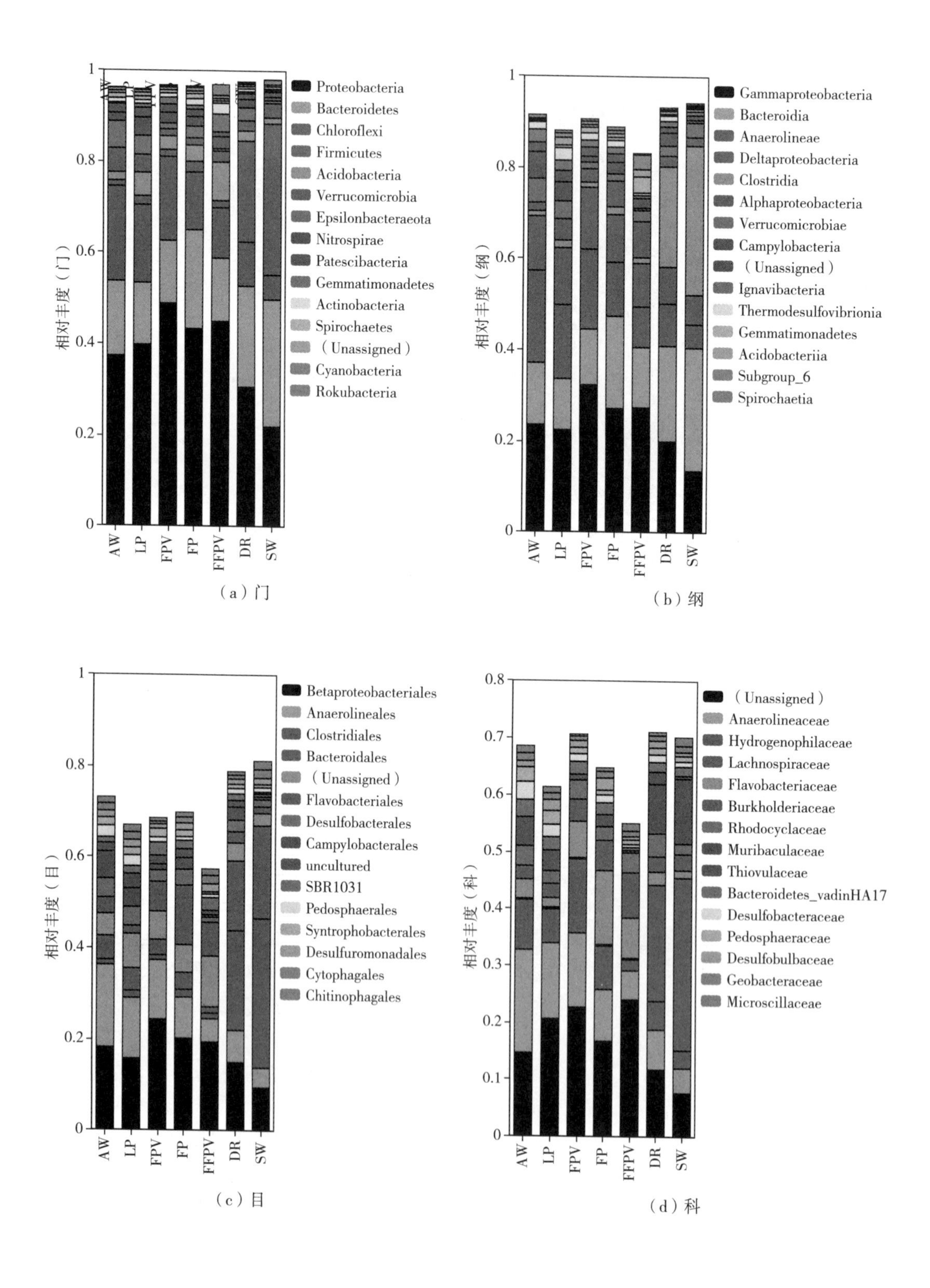
相对丰度（门）
AW
LP
FPV
FP
FFPV
DR
SW
Proteobacteria
Bacteroidetes
Chloroflexi
Firmicutes
Acidobacteria
Verrucomicrobia
Epsilonbacteraeota
Nitrospirae
Patescibacteria
Gemmatimonadetes
Actinobacteria
Spirochaetes
（Unassigned）
Cyanobacteria
Rokubacteria
相对丰度（纲）
Gammaproteobacteria
Bacteroidia
Anaerolineae
Deltaproteobacteria
Clostridia
Alphaproteobacteria
Verrucomicrobiae
Campylobacteria
（Unassigned）
Ignavibacteria
Thermodesulfovibrionia
Gemmatimonadetes
Acidobacteriia
Subgroup_6
Spirochaetia
相对丰度（目）
Betaproteobacteriales
Anaerolineales
Clostridiales
Bacteroidales
（Unassigned）
Flavobacteriales
Desulfobacterales
Campylobacterales
uncultured
SBR1031
Pedosphaerales
Syntrophobacterales
Desulfuromonadales
Cytophagales
Chitinophagales
相对丰度（科）
（Unassigned）
Anaerolineaceae
Hydrogenophilaceae
Lachnospiraceae
Flavobacteriaceae
Burkholderiaceae
Rhodocyclaceae
Muribaculaceae
Thiovulaceae
Bacteroidetes_vadinHA17
Desulfobacteraceae
Pedosphaeraceae
Desulfobulbaceae
Geobacteraceae
Microscillaceae

（a）门

（b）纲

（c）目

（d）科

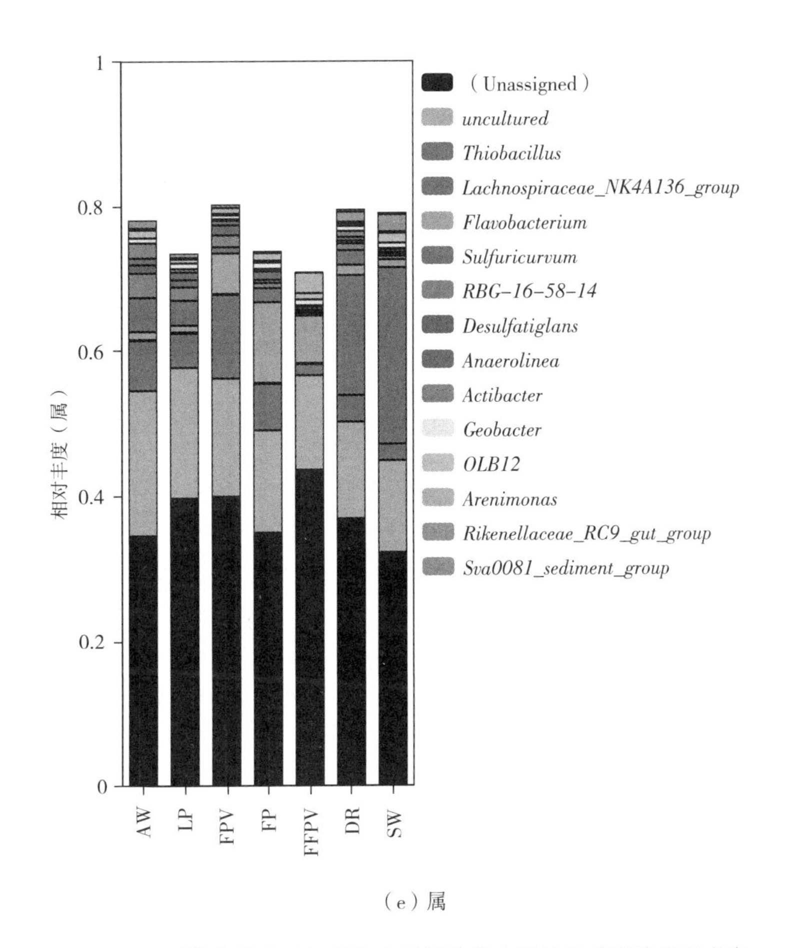

(e) 属

图 7-7　不同修复模式下沉积物中不同分类水平的细菌群落相对丰度

7.2.4　水体富营养化促进水气界面 $F(CO_2)$ 的升高

一般来说，CO_2 的释放受到多种驱动因素的共同影响。单一的水文气象因子或化学变量并不能充分地解释湿地的 CO_2 排放特征。采煤沉陷湿地因其特殊性，其 CO_2 排放的影响因子更加复杂。我们采用 Pearson 相关系数法分析不同水体 $F(CO_2)$ 与水环境因子的相关性与差异性。$F(CO_2)$ 与水环境因子的 Pearson 相关性如图 7-8(a)所示。由图 7-8(a)可知，不同修复模式下采煤沉陷湿地 $F(CO_2)$ 与环境因子的相关性存在差异。光伏湿地(FPV)的 $F(CO_2)$ 与水体中 TP、PO_4-P、TN、NO_2-N 呈显著正相关关系($p<0.05$)，与电导率 σ 呈显著正相关关系($p<0.1$)，与 COD、S^{2-} 呈显著负相关关系($p<0.05$)，与水体 DO 呈显著负相关关系($p<0.1$)。在渔业养殖塘(FP)中，$F(CO_2)$ 与水体 PO_4-P、TOC、S^{2-}、NO_2-N 呈显著正相关关系($p<0.05$)，与水体 DO、Fe、Chl a 呈显著负相关关系($p<0.05$)，与水体电导率 σ、pH 值、NH_3-N 呈显著负相关关系($p<0.1$)。在安国湿地(AW)中，$F(CO_2)$ 与水体 TP 呈显著正相关关系($p<0.05$)。在莲藕种植塘(LP)中，$F(CO_2)$ 与水体电导率 σ 呈显著正相关关系($p<0.1$)，与水体 TN、Cr、Chl a 呈显著负相关

关系($p<0.1$)。在对照水体大沙河(DR)中,$F(CO_2)$与水体 PO_4-P 呈显著正相关关系($p<0.05$),与水体温度呈显著正相关关系($p<0.1$),$F(CO_2)$与水体 pH 值呈显著负相关关系($p<0.1$)。在对照水体 SW 中,$F(CO_2)$与水体 SO_4^{2-}、COD 呈显著负相关关系($p<0.05$)。

总体来说,除 FP 外,其他湿地的 $F(CO_2)$与水体温度正相关。水体温度升高,不仅会影响气体分子速度,降低其在水中的溶解度,还会提高微生物酶活性,使有机质加速分解,使得水体 CO_2 分压升高,加速水体中 CO_2 向大气的扩散。除 LP 和 SW 外,其他实验组和对照组水体的水气界面 $F(CO_2)$与水体 pH 值呈负相关关系,这与赵登忠等[244]、赵梦等[245]的研究结果相似。pH 值通过影响水中碳酸盐体系(CO_2、CO_3^{2-}、HCO_3^-)的动态平衡影响水气界面 $F(CO_2)$。[246,247]当 pH 值>8 时,水中游离的 CO_2 容易转化为 CO_3^{2-} 和 HCO_3^-,导致水体中 CO_2 浓度降低,这不利于水体中的 CO_2 进入大气中;当 pH 值介于 7~8 时,水体中 CO_3^{2-} 和 HCO_3^- 转化为 CO_2,水体中 CO_2 浓度过高,会形成饱和状态,促使水体中的 CO_2 向大气扩散。[225,248]除安国湿地(AW)和莲藕种植塘(LP)外,其余水体 $F(CO_2)$与水体 DO 呈负相关关系。本研究区水体流速缓慢,为浮游植物的生长创造了有利条件,该地区大部分的水体溶解氧饱和度都超过了 6 $mg \cdot L^{-1}$,这使浮游植物表现出较高的光合作用效率,浮游植物大量吸收水体中溶解 CO_2,影响水体 CO_2 向大气释放。

特别值得注意的是,除渔光互补湿地(FFPV)外,其他水体的水气界面 $F(CO_2)$与水体 TP、PO_4-P 呈正相关关系。除 LP 外,其他水体的水气界面 $F(CO_2)$与水体 TN、NO_2-N 呈正相关关系。研究发现,不同修复模式下,水体的 TP、TN 浓度分别介于 0.014~1.183 $mg \cdot L^{-1}$、0.68~4.15 $mg \cdot L^{-1}$,接近或者高于国际公认的富营养化阈值标准(TN=0.2 $mg \cdot L^{-1}$,TP=0.02 $mg \cdot L^{-1}$)。氮、磷等营养元素加剧水体富营养化,给浮游植物加速繁殖提供了有利条件,促使其向水体中释放更多有机碳,进而增加微生物呼吸和分解作用强度,增加水体中 CO_2 浓度,加快水体中 CO_2 向大气释放的速度。

总体来看,不同修复模式下,水气界面 $F(CO_2)$除了受水体温度(t)、pH 值、DO 影响较大外,还受水体中氮、磷浓度的影响。为了解氮、磷等富营养化指标对 $F(CO_2)$的综合影响,我们分析了水气界面 $F(CO_2)$与富营养化水平之间的关系。$F(CO_2)$与水体 TLI 线性分析如图 7-8(b)所示。水气界面 $F(CO_2)$与 TLI 的线性拟合优度为 0.4773,基于 Pearson 相关性分析得出水气界面 $F(CO_2)$与 TLI 的相关系数为 0.69。结果表明,水气界面 $F(CO_2)$受 TLI 影响较大。

不同修复方式下 $F(CO_2)$与沉积环境因子的 Pearson 相关性如图 7-8(c)所示。在 FPV 中,$F(CO_2)$与沉积物中 TN 和 ROC 浓度呈显著负相关关系($p<0.05$),相关系数分别为 0.75 和 0.81。在 FFPV 中,$F(CO_2)$与沉积物中 NO_3-N 呈显著负相关关系($p<0.05$),与沉积物 TN 在 0.1 水平上呈显著负相关关系,与沉积物 ROC 在 0.1 水平上呈显著正相关关系。LP 水域 $F(CO_2)$与沉积物 NH_3-N、ROC 呈显著负相关关系($p<0.05$),相关系数分别为 0.91、0.92;与沉积物 AP、NO_3-N 呈显著正相关关系($p<0.1$);与沉积物 MBC 在 0.1 水平上呈显著负相关关系,相关系数为 0.72。

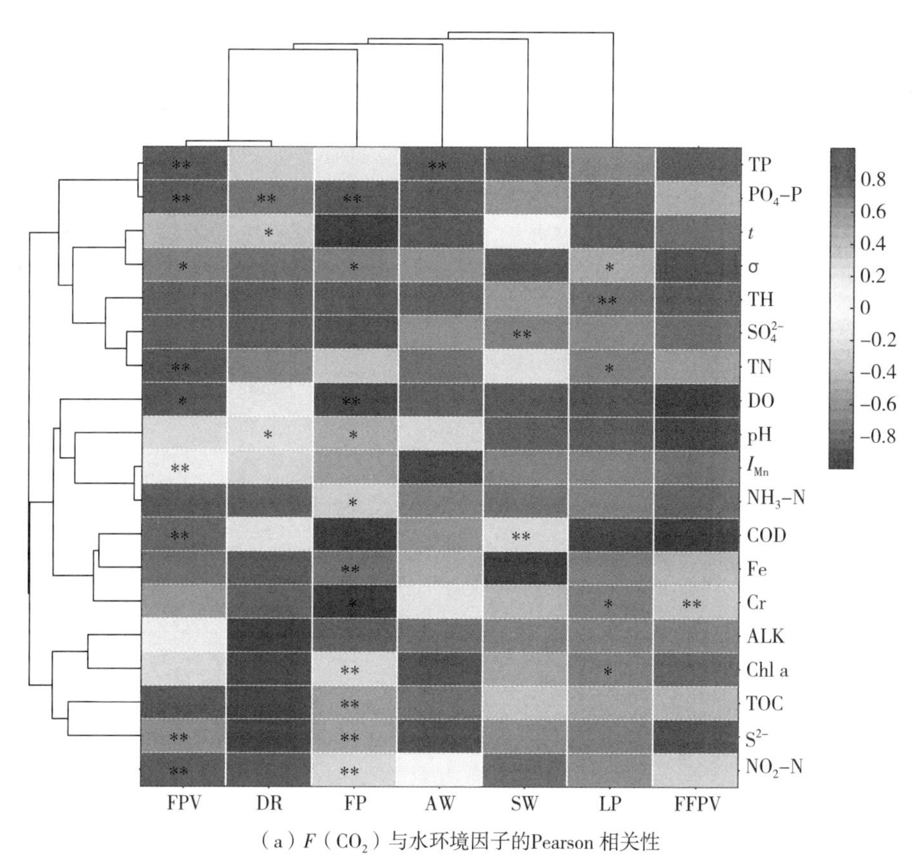

（a）F（CO_2）与水环境因子的Pearson 相关性

注：“**”表示相关性在0.05水平上显著，“*”表示相关性在0.1水平上显著。

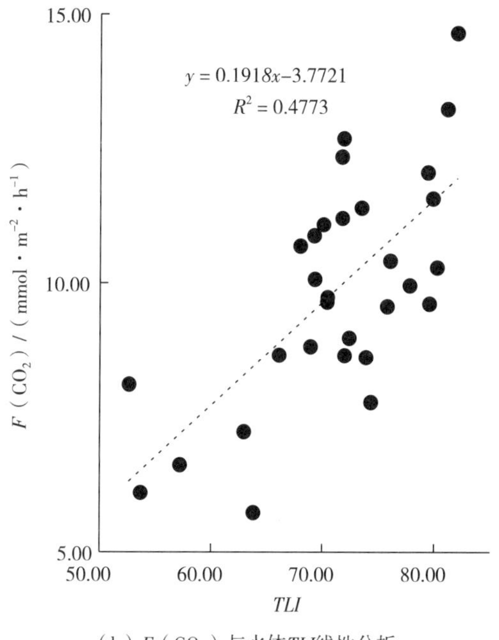

（b）F（CO_2）与水体TLI线性分析

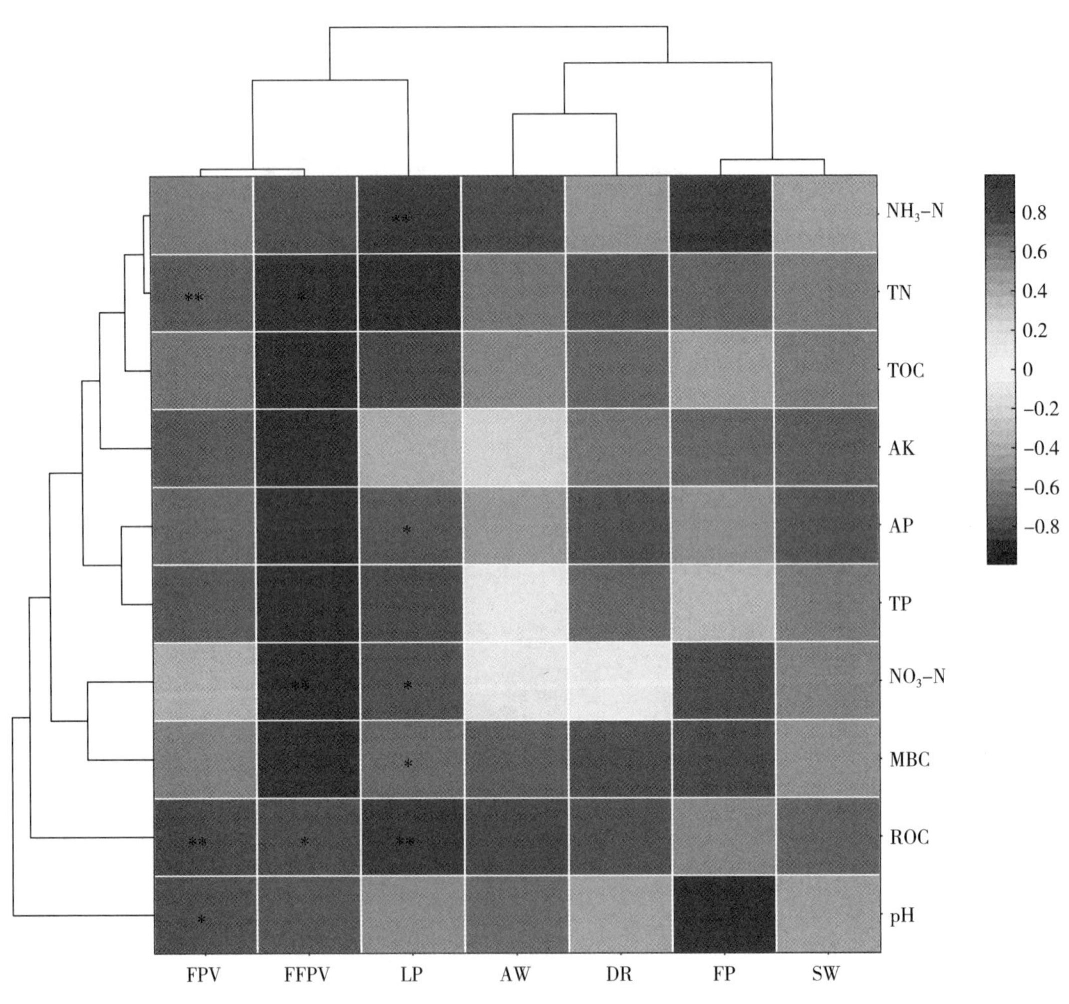

（c）不同修复方式下$F(CO_2)$与沉积环境因子的Pearson 相关性

注："**"表示相关性在0.05水平上显著，"*"表示相关性在0.1水平上显著。

图 7-8 $p(CO_2)$、$F(CO_2)$与水环境因子、沉积环境因子的统计分析

7.2.5 水气界面 $F(CO_2)$与微生物特征的关系

各采样点水气界面 $F(CO_2)$与古菌、细菌 Chao 1 指数的关系如图 7-9(a)所示。有趣的是，$F(CO_2)$与沉积物中的古菌、细菌 Chao 1 指数呈现相反的变化规律，即 Chao 1 指数升高，$F(CO_2)$下降，Chao 1 指数下降，$F(CO_2)$升高。

此外，我们分析了 $F(CO_2)$与沉积物中古菌、细菌的 RDA 相关性[图 7-9(b)～7-9(f)]。结果表明，在门水平上，古菌 Thaumarchaeota、Euryarchaeota 和细菌 Proteobacteria、Acidobacteria、Actinobacteria、Gemmatimonadetes 与 $F(CO_2)$呈正相关关系。在纲水平上，$F(CO_2)$受古菌 Verstraetearchaeia、Thermococci、Nitrososphaeria 和细菌 Gammaproteobacteria、Alphaproteobacteria 影响较大。在目水平上，古菌 Nitrososphaerales、Methanomethyliales 和细菌

Betaproteobacteriales 促进了水气界面 CO_2 的释放。在属水平上，$F(CO_2)$受古菌 *Candidatus_Methanomethylicus* 和细菌 *Flavobacterium* 影响较大。

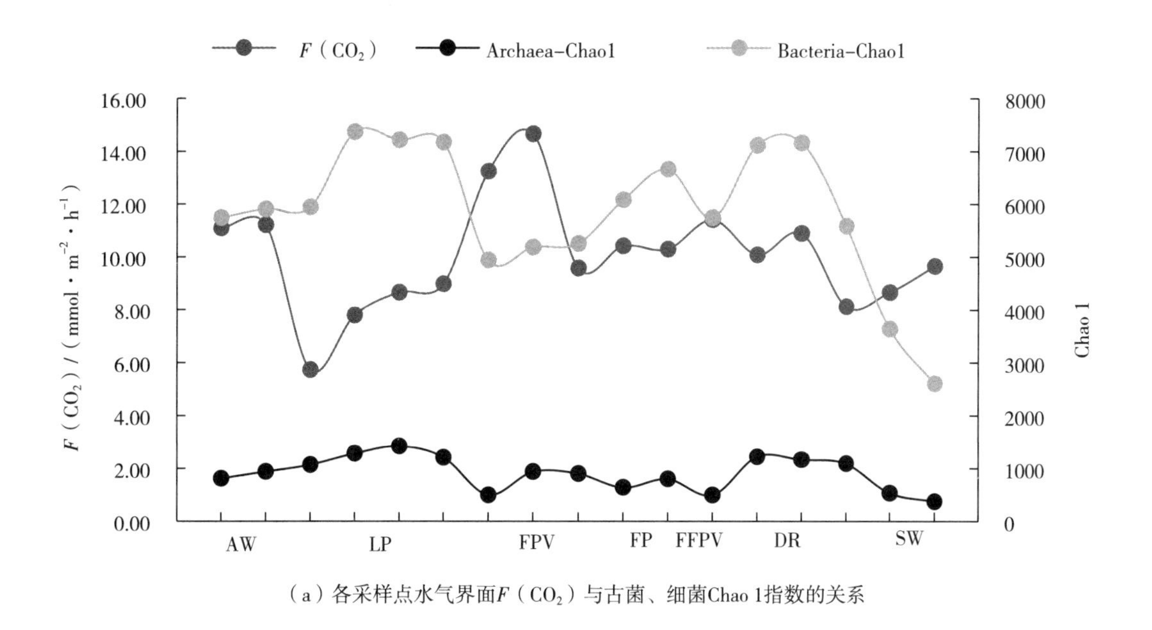

（a）各采样点水气界面F（CO_2）与古菌、细菌Chao 1指数的关系

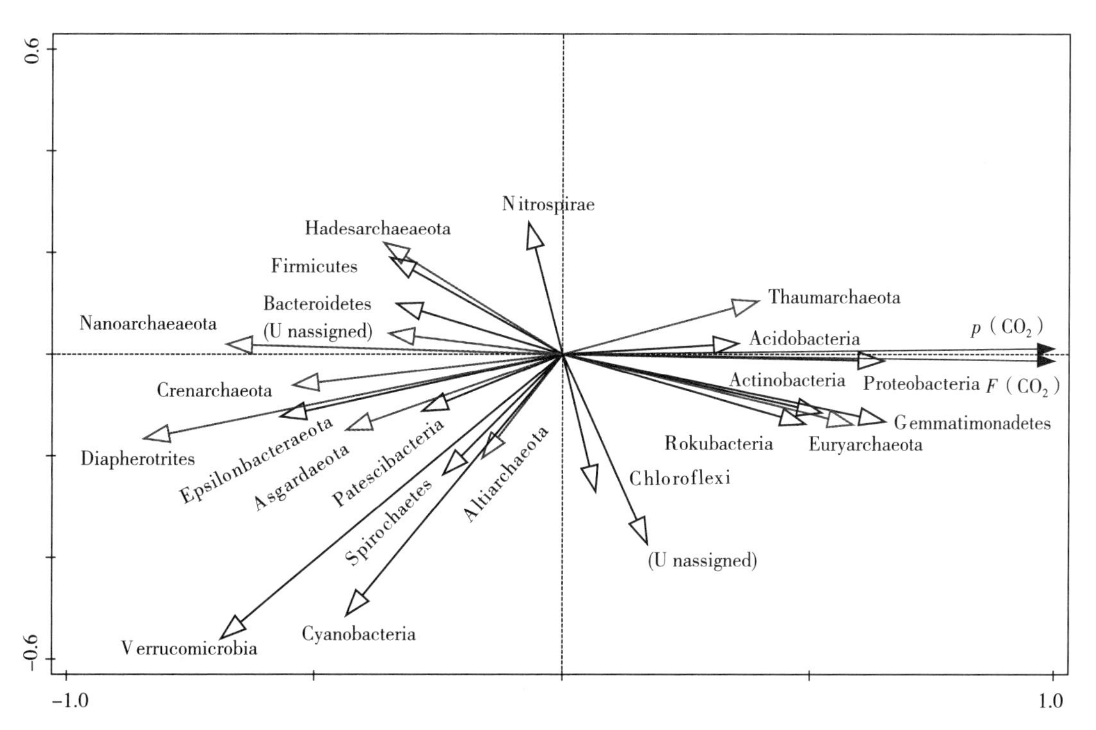

（b）F（CO_2）与沉积物中古菌、细菌的RDA相关性（门水平）

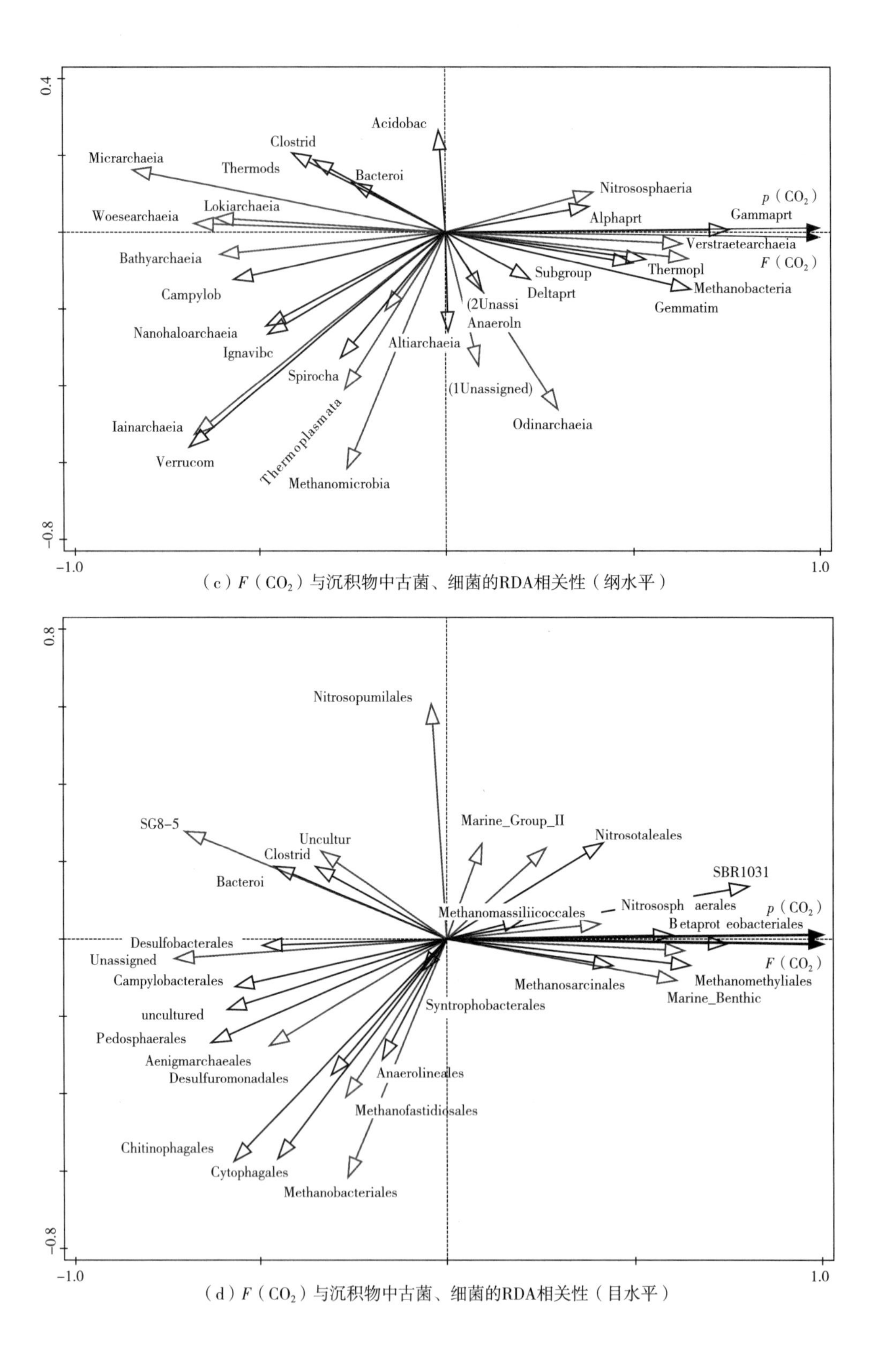

（c）F（CO_2）与沉积物中古菌、细菌的RDA相关性（纲水平）

（d）F（CO_2）与沉积物中古菌、细菌的RDA相关性（目水平）

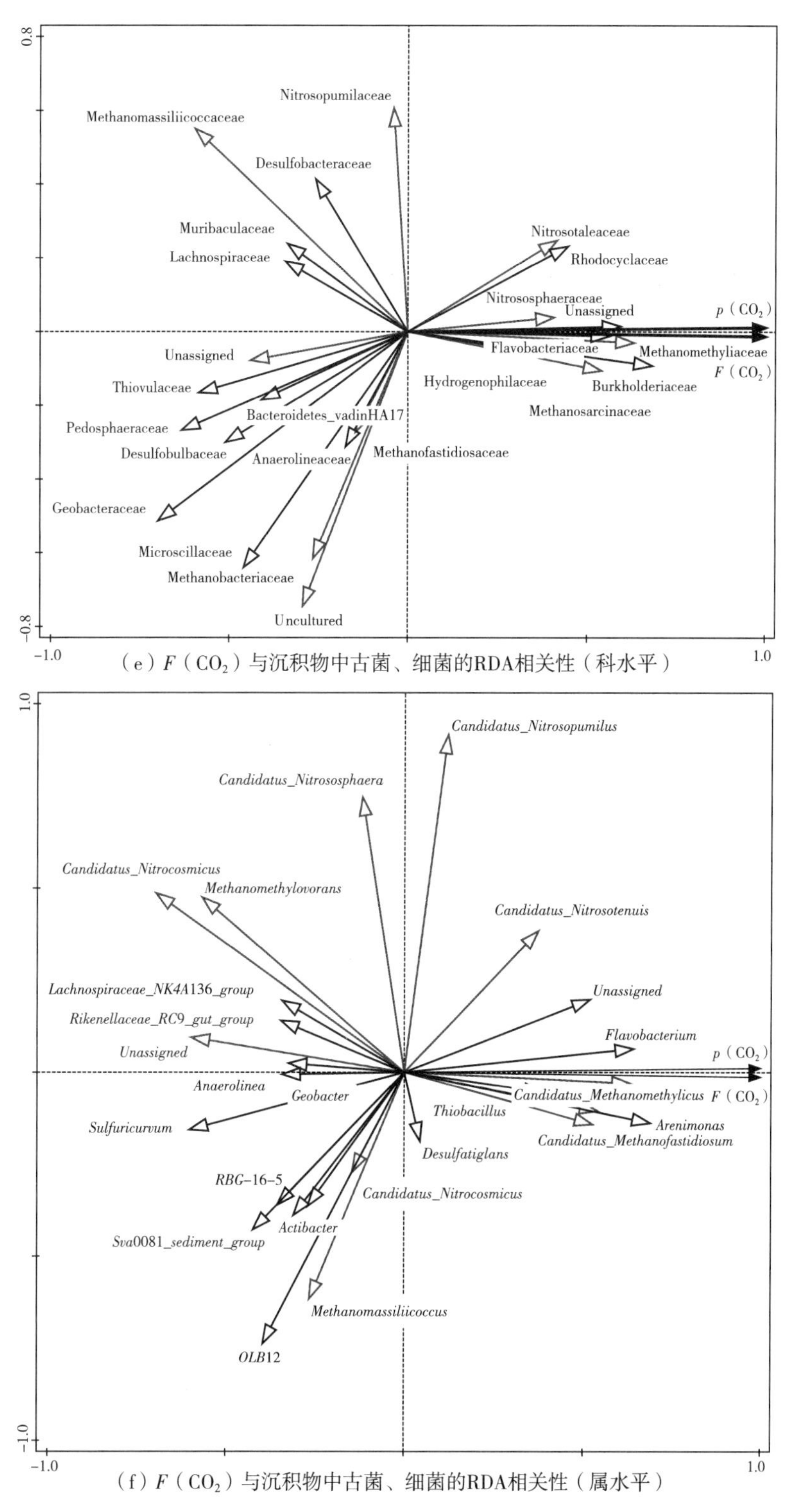

（e）F（CO_2）与沉积物中古菌、细菌的RDA相关性（科水平）

（f）F（CO_2）与沉积物中古菌、细菌的RDA相关性（属水平）

图 7－9　各采样点水气界面 $F(CO_2)$与微生物多样性关系

7.3 讨论

本研究分析了不同修复模式下5类采煤沉陷湿地水气界面 $F(CO_2)$ 的释放特征，并以未治理的采煤沉陷积水区(SW)和境内河流大沙河(DR)为对照水体，还研究了影响其通量释放特征的水环境因子、沉积环境因子和微生物因子。经检索发现，这是第一个有关不同修复模式下采煤沉陷湿地 $F(CO_2)$ 的释放特征及其影响因素的研究。研究发现，水气界面 $F(CO_2)$ 呈现出以下规律：渔光互补湿地(FFPV)＞光伏湿地(FPV)＞渔业养殖湿地(FP)＞未治理的采煤沉陷积水区(SW)＞大沙河(DR)＞莲藕种植塘(LP)＞安国湿地(AW)。

引起渔光互补湿地(FFPV)和光伏湿地(FPV)的水气界面 $F(CO_2)$ 较高的原因主要包括渔光互补湿地(FFPV)和光伏湿地(FPV)的水体富营养化程度高、微生物群落结构被改变等。首先，研究结果表明，渔光互补湿地(FFPV)和光伏湿地(FPV)的水体处于重度富营养化水平。水中N、P等元素含量升高，这可提高水体中浮游生物数量，使浮游生物呼吸作用产生的 CO_2 增多，导致水中 CO_2 浓度上升，水气界面 $F(CO_2)$ 较高。[225,249,250]其次，在本研究中，渔光互补湿地(FFPV)和光伏湿地(FPV)的光伏板降低了水面的光照强度，改变了微生物群落结构[251]。在FPV和FFPV中的优势古菌门与其他实验组和对照组不同，分别为广古菌门(Euryarchaeota，相对丰度为35.43%)和奇古菌门(Thaumarchaeota)，优势古菌纲分别为热原体纲(Thermoplasmata，相对丰度为34.44%)和亚硝化螺菌纲(Nitrososphaeria，相对丰度为84.43%)。在细菌界，不同修复模式下沉积物中的优势细菌门、优势细菌纲、优势细菌目均相同。在科水平上，FP和FFPV的优势细菌科分别为黄杆菌科(Flavobacteriaceae)和伯克氏菌科(Burkholderiaceae)，与其他采样区不同。此外，渔光互补湿地(FFPV)和光伏湿地(FPV)的光伏板影响了水面光照强度，降低了水生植被的光合作用，进而降低了水生植被对 CO_2 的吸收效率，使水体中 CO_2 浓度升高。在这些因素的共同作用下，渔光互补湿地(FFPV)和光伏湿地(FPV)的水气界面 $F(CO_2)$ 较高。

渔业养殖塘(FP)的水气界面 $F(CO_2)$ 高于对照水体未治理的采煤沉陷积水区(SW)和大沙河(DR)的水气界面 $F(CO_2)$，这主要与渔业养殖塘(FP)富营养化程度较高有关。段登选等[252]、谷得明等[253]的研究表明，渔业养殖塘(FP)存在渔业养殖饲料富含氮、磷营养物质且饲料利用率低等问题，这些问题导致渔业养殖塘氮、磷等营养盐过剩，从而导致水体富营养化严重，这一结果与本研究结果一致。

莲藕种植塘(LP)和安国湿地(AW)水气界面 $F(CO_2)$ 低于对照水体未治理的采煤沉陷积水区(SW)和大沙河(DR)的水气界面 $F(CO_2)$。分析原因可知，莲藕种植塘(LP)虽然水体富营养化程度高于对照水体，但是其水生植物密度高(即莲藕种植密度高)，光合作用吸收的 CO_2 量不容忽略，这导致莲藕种植塘(LP)水气界面 $F(CO_2)$ 相对较低。安国湿地(AW)水体富营养化程度较低，对水体 CO_2 的产生和释放的促进作用相对较低。且在采样过程中我们发现，安国湿地(AW)中有大量芦苇等挺水植物及苦草等沉水植物，这些植物的光合作用较强，它们可以吸收水体中 CO_2，降低安国湿地(AW)水气界面 $F(CO_2)$。

7.4 本章小结

本章首次研究了不同修复模式下采煤沉陷积水区水气界面 $F(CO_2)$ 的特征，以及影响水气界面 $F(CO_2)$ 的相关水体环境要素、沉积环境要素及微生物因子，为面向"双碳"目标的采煤沉陷积水区修复模式的选择提供了数据支撑。结果表明，渔光互补湿地（FFPV）和光伏湿地（FPV）的水气界面 $F(CO_2)$ 较高，主要受水体富营养化程度较高、光伏板减弱了植被光合作用、微生物群落结构改变等因素的共同影响。渔业养殖塘（FP）的水气界面 $F(CO_2)$ 较高，主要与渔业养殖塘（FP）富营养化程度较高有关。在莲藕种植塘（LP）中，虽然其水体富营养化程度高，但莲藕种植密度高，光合作用吸收了大量水体中 CO_2，导致其水气界面 $F(CO_2)$ 低于对照水体未治理的采煤沉陷积水区（SW）和大沙河（DR）的水气界面 $F(CO_2)$。在五类修复湿地中，安国湿地（AW）水气界面 $F(CO_2)$ 最低，一方面是由于安国湿地（AW）水体富营养化程度较低，对水体中 CO_2 产生和释放的促进作用相对较低；另一方面是由于安国湿地（AW）中有大量芦苇等挺水植物及苦草等沉水植物，这些植物有较强的光合作用，可以吸收水体中 CO_2。

8. 高潜水位采煤沉陷区重金属健康风险评估

8.1 重金属对人体产生毒性的机制及健康危害

重金属对人体健康具有潜在的危害效应。由于其毒性、持久性，重金属对人体健康的危害是目前环境健康等领域研究的重点之一。重金属对人体产生毒性的机制主要可以归纳为以下几个方面：第一，重金属会诱发人体内活性氧数量的增加，破坏氧化还原稳定性，导致DNA损伤和脂质过氧化，使蛋白结构发生不可逆的变化；[254]第二，重金属可能会导致肿瘤细胞异常增殖，增加人体患癌概率；[255]第三，总金属过多摄入会诱导细胞死亡；[256]第四，重金属还可能与人体内遗传物质结合，导致核酸结构发生变化，造成基因突变。

在健康表征上，重金属会诱发多种疾病。例如，Cd在人体内累积会引发体内稳态紊乱甚至诱发疾病，其典型病症为痛痛病，表现为骨质疏松、关节疼痛等。此外，Cd污染还会诱发糖尿病、动脉高血压、慢性支气管炎甚至癌症。[257]重金属As随着血液流经肝、肾等器官，极易与巯基结合导致胃肠道功能紊乱，以及中枢神经系统和心血管系统的疾病。Pb的摄入会对儿童智力发育产生非常不利的影响和诱发心血管疾病[258]，Cr可诱发神经并发症和肝病等。[259]

近年来人们对重金属的健康风险评价进行了大量研究。段凯祥[260]调查了兰州市农田表层土壤中和农作物中As、Cd、Cr、Hg和Pb的浓度，研究结果表明兰州市表层土壤中重金属非致癌风险程度为As＞Cr＞Pb＞Hg＞Cd，致癌风险程度为Cr＞As＞Pb＞Cd，不同暴露途径的健康风险为经口摄入＞皮肤接触＞呼吸摄入。黄华斌[261]建立了基于PMF-SBET-HRA模型的健康风险评价方法，全面评估了九龙江流域农田土壤中重金属的非致癌风险和致癌风险。结果表明九龙江流域农田土壤中非致癌风险主要由As贡献，而致癌风险主要由Cd贡献。重金属健康风险源主要为农业源和工业源，主要暴露途径为“经口摄入”这一途径。Gui H等[262]分析了吉林省通化市某工厂附近土壤中Cr、Hg、As、Pb、Cd等重金属的健康风险，结果表明研究区土壤中Cr、Hg、As、Pb、Cd对成人和儿童均存在致癌风险。

8.2 重金属健康风险评估

重金属对人体的健康风险主要分为致癌健康风险和非致癌健康风险。重金属健康风险评估模型中应用最广的是美国EPA推荐的健康风险评估模型。其在环境中的暴露途径包括经口摄入、皮肤接触和呼吸摄入等。

重金属对人体的健康危害大小取决于元素种类、暴露时间、接触途径、暴露个体年龄等。

我们基于美国风险评估信息系统(Risk Assessment Information System,RAIS)提出的方法,评估儿童和成人的健康风险。平均每日摄入量(Average Daily Intake,ADI,单位为 $mg \cdot kg^{-1} \cdot d^{-1}$)通过以下公式来计算:

$$ADI=\frac{C \times EF \times ED \times IngR \times RBA}{AT \times BW} \times 10-6 \tag{8-1}$$

式(8-1)中的重金属健康风险评估参数见表 8-1 所列。用以下公式计算儿童和成人的重金属危害熵值(Hazard Quotient,HQ)和多因子危害指数(Hazard Index,HI)。

$$HQ_i=\frac{ADI_i}{RfD_i} \tag{8-2}$$

$$HI=\sum_{i=1}^{n} HQ_i \tag{8-3}$$

安全水平为1,如果 HQ 和 HI 值大于1,表示重金属可能对健康造成不利影响;如果 HQ 和 HI 值小于1,表示重金属对人类产生非致癌影响的风险极小。

表 8-1 式(8-1)中的重金属健康风险评估参数

参数	单位	指标意义	数值
C	$mg \cdot kg^{-1}$	含量	—
EF	$d \cdot 年^{-1}$	年均暴露天数	365[263]
ED	a	暴露年份	儿童和成人分别按 6 a 和 26 a 计[264]
$IngR$	$mg \cdot d^{-1}$	摄入量	儿童和成人分别按 200 $mg \cdot d^{-1}$ 和 100 $mg \cdot d^{-1}$ 计[265]
RBA	—	相对生物利用度	As 按 0.6 计,其余重金属按 1.0 计[266,267]
AT	d	天数	$AT=ED \times 365$[263]
BW	kg	平均体重	儿童和成人分别按 15 kg 和 70 kg 计
RfD_i	$mg \cdot kg^{-1} \cdot d^{-1}$	重金属 i 的参考剂量	根据美国 EPA 风险信息系统可确定:Cd、Cr、Cu、Zn、Pb 和 As 的参考计量分别为 0.0003、1.5、0.04、0.3、0.00014 和 0.001[268];Hg 的参考计量为 0.00016[266]
n	—	重金属种类	—

8.3 沛县土壤重金属健康风险评估

假设人体通过污染土壤摄入重金属,表 8-2 为土壤中重金属元素健康风险评估结果,加粗表示其值大于 1。儿童和成人的沛县土壤中重金属健康风险评价分布情况如图

8－1、图 8－2 所示。我们可以看出，7 种重金属对当地儿童的非致癌健康风险高于成人。对成人而言，研究区内所有重金属的 *HQ* 值在安全水平以下，表明该环境对成人没有严重的非致癌健康风险。然而，沛县土壤中 Pb 针对儿童的 *HQ* 高于安全水平，表明其可能对当地儿童构成非致癌风险，这一结论支持了相关研究中的类似发现[42]。若人们长期暴露于 Pb 超标的环境中，则人们可能患神经、循环、内分泌和骨骼方面的疾病，以及免疫系统受到损伤。[269,270]

表 8－2　土壤中重金属元素健康风险评估结果

指标	儿童			成年人		
	最小值	最大值	平均值	最小值	最大值	平均值
Cd－*HQ*	3.75 E 03	1.36 E−02	6.68 E 03	4.02 E−04	1.46 E 03	7.15 E−04
Pb－*HQ*	**1.32 E+00**	**3.57 E+00**	**1.92 E+00**	1.42 E−01	3.83 E−01	2.06 E−01
Cr－*HQ*	4.67 E−04	8.78 E−04	5.76 E−04	5.00 E−05	9.41 E−05	6.17 E−05
Cu－*HQ*	4.57 E 03	1.37 E−02	7.45 E 03	4.90 E−04	1.47 E 03	7.98 E−04
Zn－*HQ*	1.82 E 03	4.86 E 03	2.86 E 03	1.95 E−04	5.21 E−04	3.07 E−04
Hg－*HQ*	1.04 E 03	1.68 E−02	2.66 E 03	1.11 E−04	1.80 E 03	2.84 E−04
As－*HQ*	8.08 E−02	2.68 E−01	1.34 E−01	5.19 E 03	1.73 E−02	8.61 E 03
HI	**1.45 E+00**	**3.71 E+00**	**2.08 E+00**	1.51 E−01	3.92 E−01	2.17 E−01

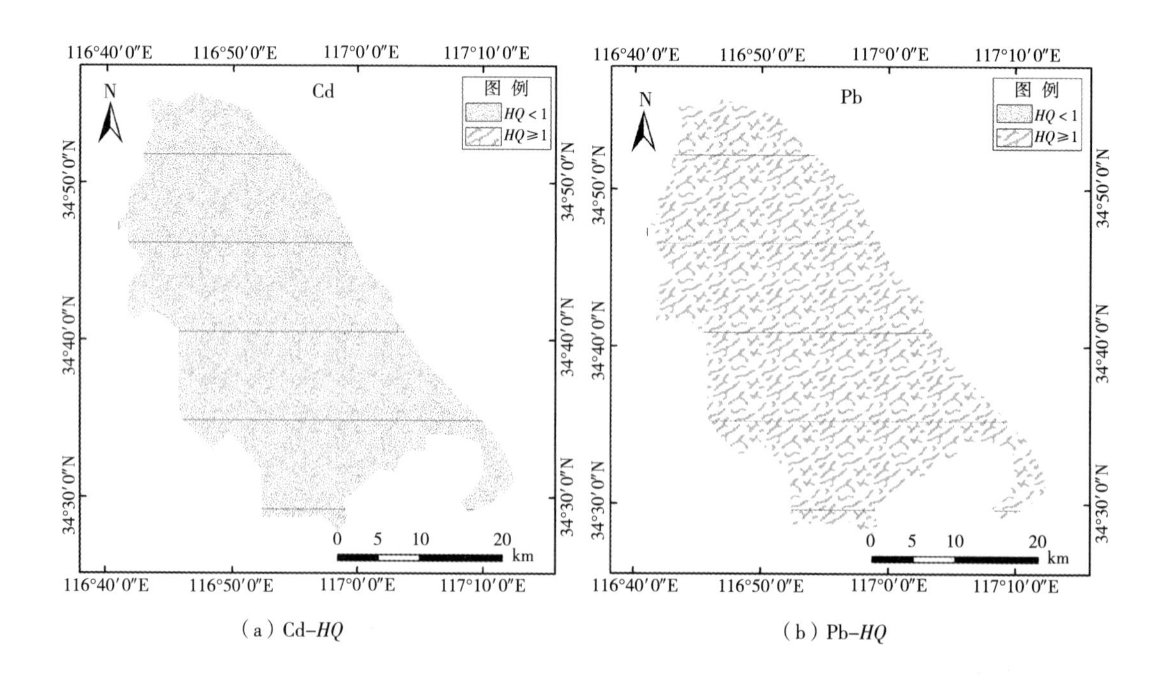

（a）Cd-*HQ*　　（b）Pb-*HQ*

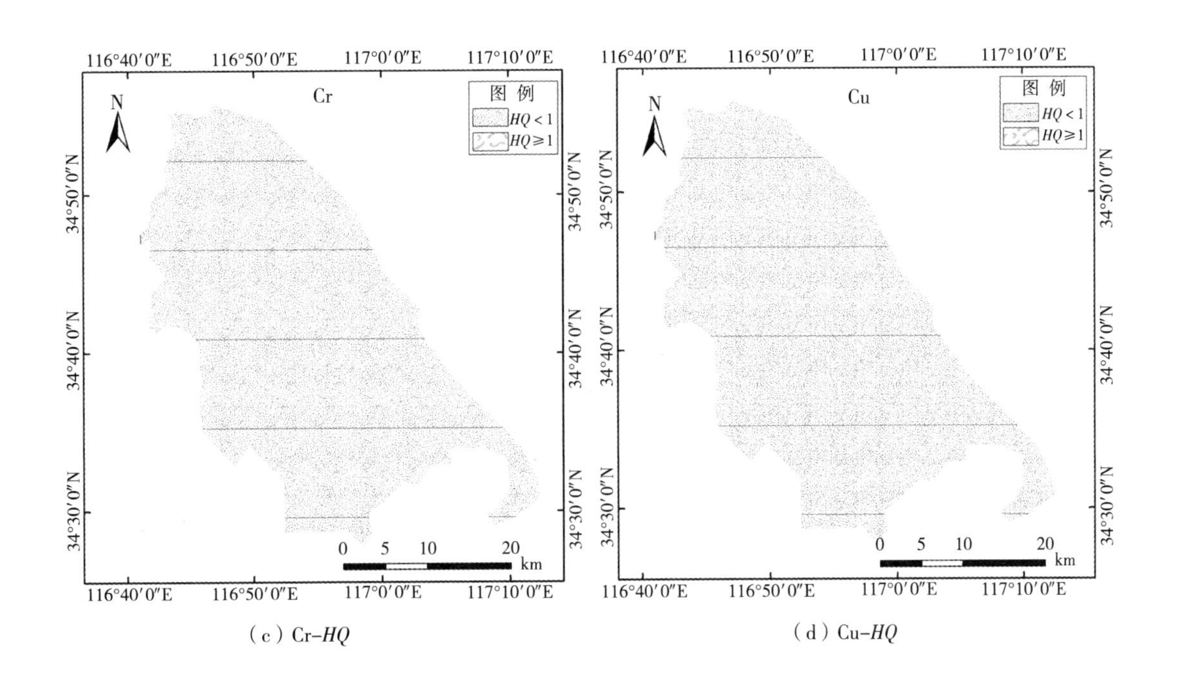

（c）Cr-*HQ*　　　（d）Cu-*HQ*

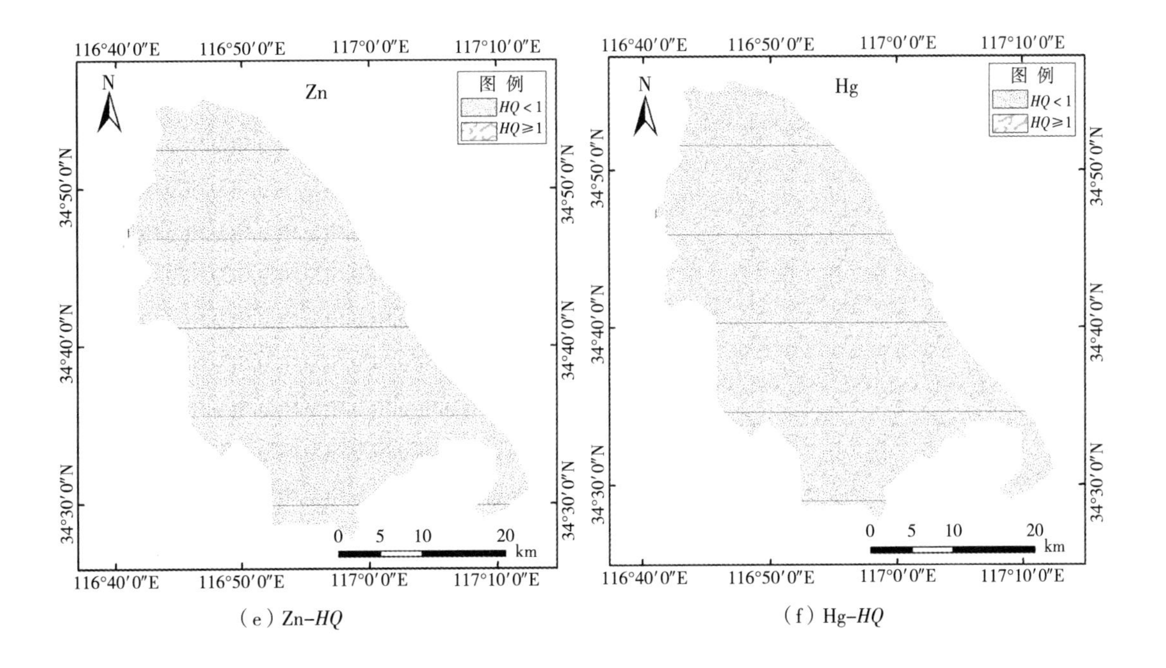

（e）Zn-*HQ*　　　（f）Hg-*HQ*

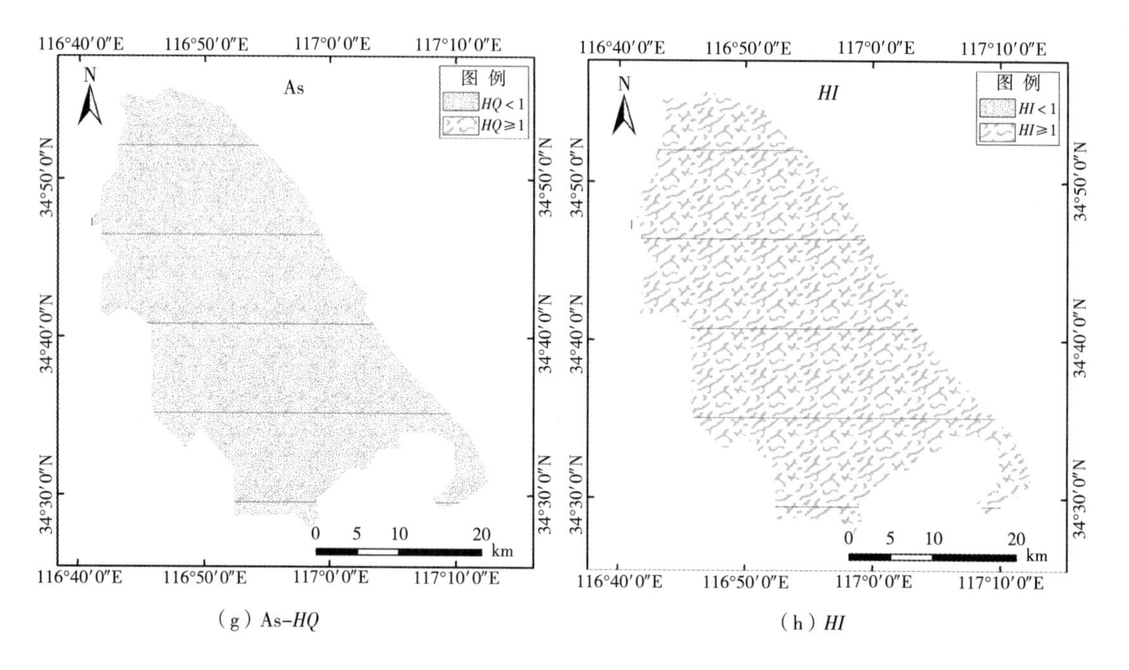

(g) As-*HQ*　　(h) *HI*

图 8-1　儿童的沛县土壤中重金属健康风险评价分布情况

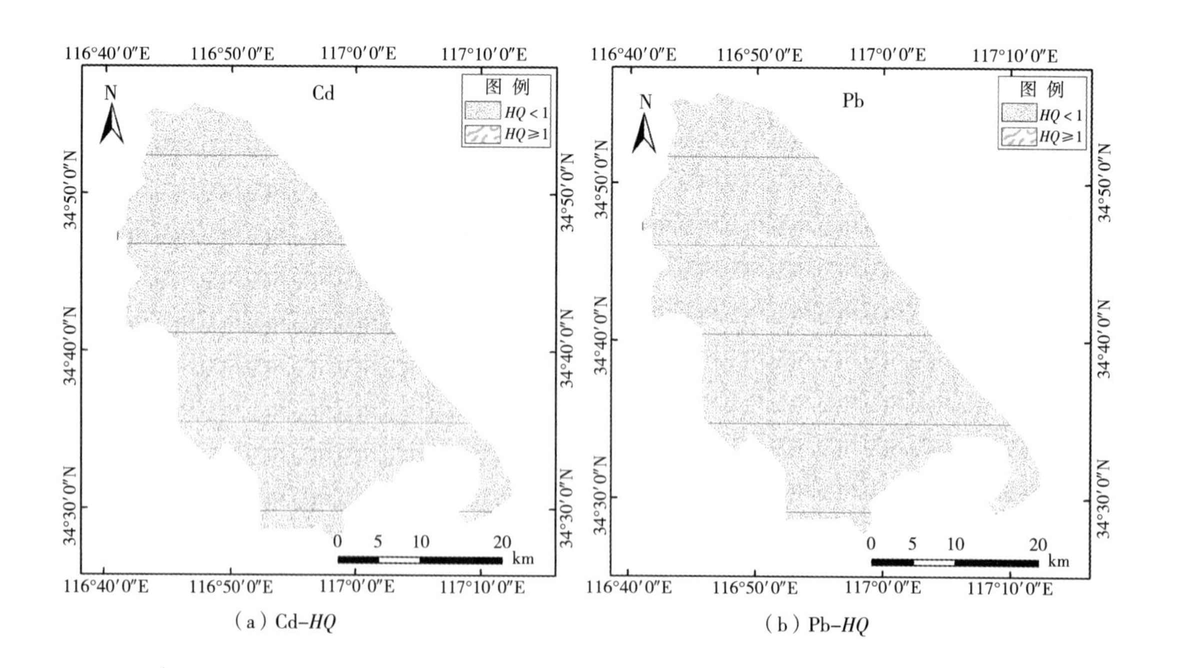

(a) Cd-*HQ*　　(b) Pb-*HQ*

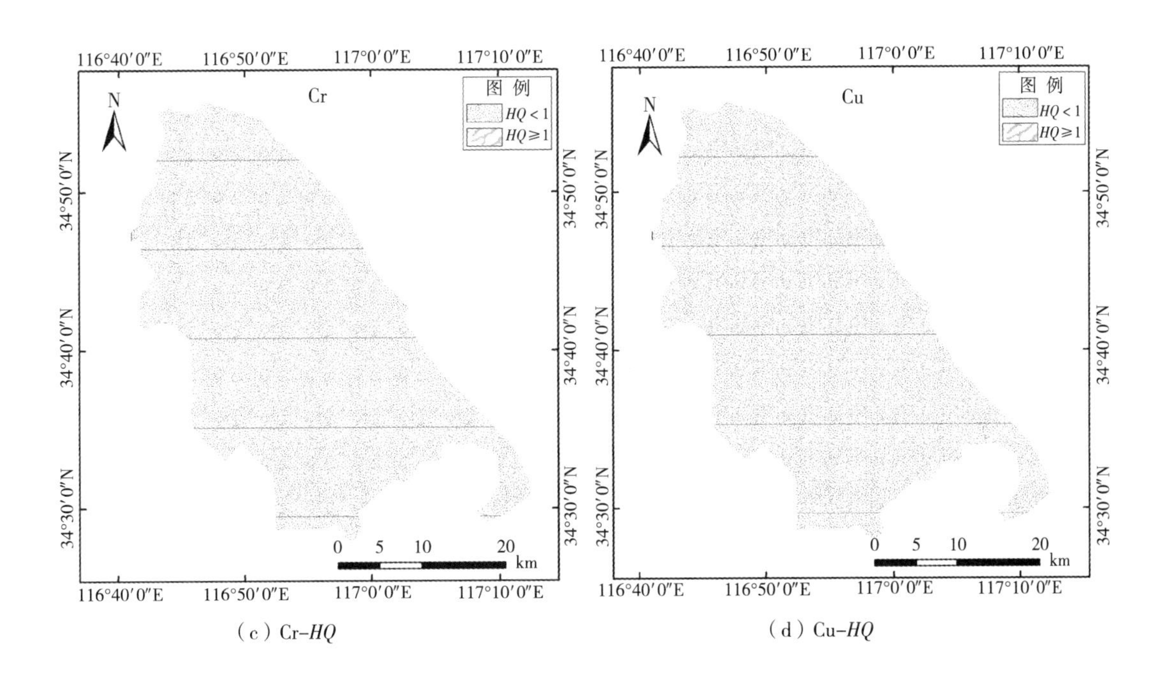

（c）Cr-*HQ*　　（d）Cu-*HQ*

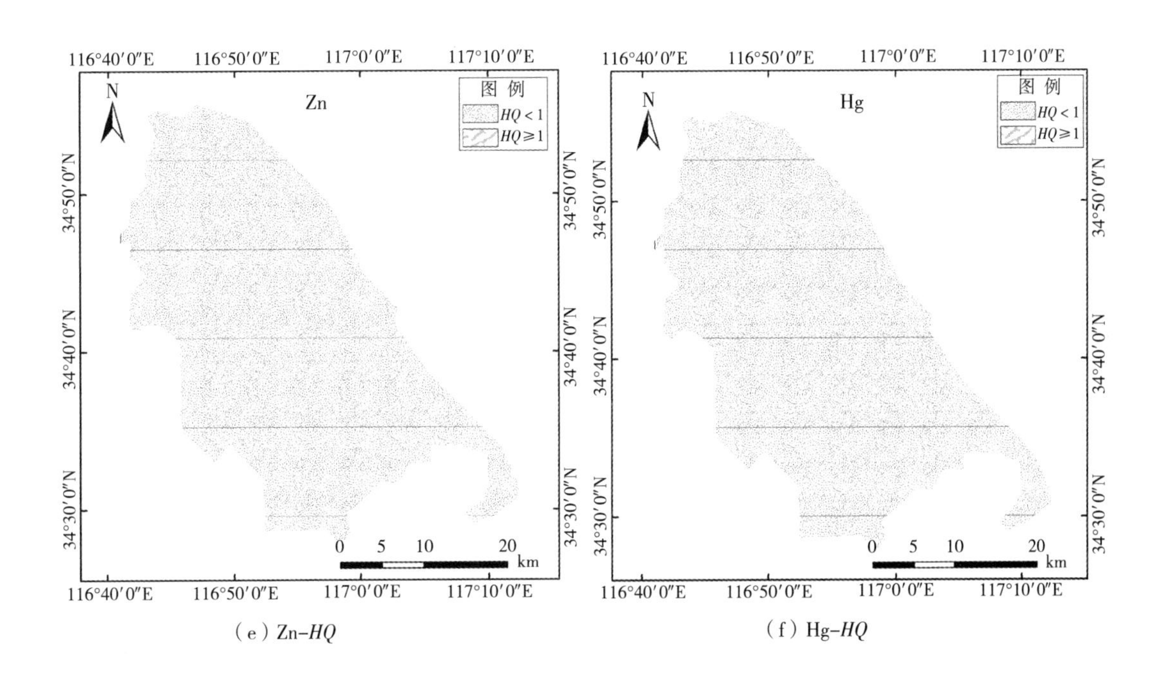

（e）Zn-*HQ*　　（f）Hg-*HQ*

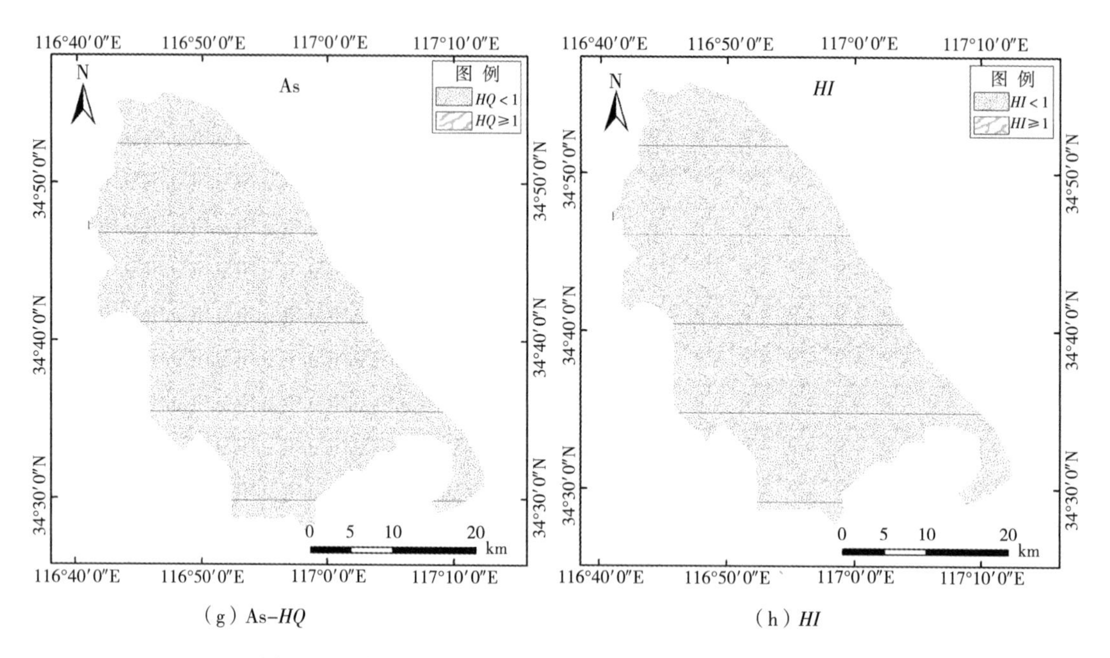

（g）As-*HQ*　　（h）*HI*

图 8-2　成人的沛县土壤中重金属健康风险评价分布情况

8.4　不同复垦模式下土壤重金属健康风险评估

为对比沉陷非积水区不同复垦模式下的土壤重金属健康风险，本节以沛县典型煤矸石充填复垦区(coal gangue filling reclamation，CG)、混推平整复垦区(land leveling reclamation，LL)、湖泥充填复垦区(lake sediment filling reclamation，LS)为研究对象，评估了土壤重金属健康风险。沛县采煤沉陷区不同复垦模式下土壤重金属儿童和成人健康风险评估结果见表 8-3、表 8-4 所列，其中大于 1 的 *HQ* 值用粗体标出。在煤矸石充填复垦区，儿童和成人土壤重金属 *HQ* 值依次为 Pb＞As＞Cd＞Cu＞Hg＞Zn＞Cr；在湖泥充填复垦区和混推平整复垦区，土壤重金属 *HQ* 值依次为 Pb＞As＞Cu＞Cd＞Zn＞Hg＞Cr。研究表明，除 Pb 外，其他重金属对儿童没有非致癌风险。三类复垦区土壤重金属 *HI* 值低于成人的危险阈值，表明研究区土壤重金属对成人均没有非致癌健康风险。与成人相比，整个研究区域内土壤重金属健康风险相对较高，*HI* 值大于 1，这意味着儿童面临非致癌健康风险，儿童健康风险不容忽视。

表 8-3　沛县采煤沉陷区不同复垦模式下土壤重金属儿童健康风险评估结果

儿童	最小值	最大值	中值	平均值
CG				
Cu-*HQ*	5.25E−03	7.11E−03	6.64E−03	6.33E−03
Zn-*HQ*	3.00E−03	3.94E−03	3.63E−03	3.53E−03

（续表）

儿童	最小值	最大值	中值	平均值
Cr - *HQ*	4.28E−04	4.93E−04	4.69E−04	4.63E−04
Cd - *HQ*	1.45E−02	2.25E−02	1.86E−02	1.85E−02
Hg - *HQ*	3.33E−03	6.22E−03	5.59E−03	5.05E−03
As - *HQ*	5.32E−02	6.00E−02	5.37E−02	5.56E−02
Pb - *HQ*	**1.37E+00**	**3.66E+00**	**2.99E+00**	**2.67E+00**
HI	**1.45E+00**	**3.75E+00**	**3.08E+00**	**2.76E+00**
LS				
Cu - *HQ*	4.80E−03	1.46E−02	1.09E−02	1.00E−02
Zn - *HQ*	2.67E−03	4.79E−03	4.23E−03	3.97E−03
Cr - *HQ*	3.49E−04	8.56E−04	6.25E−04	6.22E−04
Cd - *HQ*	4.35E−04	6.98E−03	4.52E−03	4.16E−03
Hg - *HQ*	3.98E−04	2.50E−03	1.69E−03	1.63E−03
As - *HQ*	4.76E−02	1.76E−01	1.18E−01	1.16E−01
Pb - *HQ*	7.39E−01	**2.78E+00**	**1.61E+00**	**1.60E+00**
HI	8.06E−01	**2.93E+00**	**1.74E+00**	**1.74E+00**
LL				
Cu - *HQ*	4.78E−03	8.98E−03	6.00E−03	6.14E−03
Zn - *HQ*	2.05E−03	5.54E−03	2.95E−03	3.20E−03
Cr - *HQ*	4.02E−04	5.89E−04	4.32E−04	4.54E−04
Cd - *HQ*	1.31E−03	1.84E−02	2.86E−03	5.41E−03
Hg - *HQ*	4.85E−04	7.49E−03	7.72E−04	1.70E−03
As - *HQ*	4.12E−02	6.97E−02	6.04E−02	5.76E−02
Pb - *HQ*	8.39E−01	**2.23E+00**	**1.26E+00**	**1.35E+00**
HI	9.20E−01	**2.33E+00**	**1.32E+00**	**1.43E+00**

表 8-4　沛县采煤沉陷区不同复垦模式下土壤重金属成人健康风险评估结果

成人	最小值	最大值	中值	平均值
CG				
Cu - *HQ*	5.62E−04	7.62E−04	7.11E−04	6.78E−04
Zn - *HQ*	3.22E−04	4.22E−04	3.89E−04	3.78E−04
Cr - *HQ*	4.58E−05	5.28E−05	5.02E−05	4.96E−05

（续表）

成人	最小值	最大值	中值	平均值
Cd - *HQ*	1.55E−03	2.41E−03	1.99E−03	1.98E−03
Hg - *HQ*	3.57E−04	6.66E−04	5.99E−04	5.41E−04
As - *HQ*	5.70E−03	6.43E−03	5.75E−03	5.96E−03
Pb - *HQ*	1.46E−01	3.92E−01	3.20E−01	2.86E−01
HI	1.55E−01	4.02E−01	3.30E−01	2.96E−01
LS				
Cu - *HQ*	5.14E−04	1.57E−03	1.17E−03	1.07E−03
Zn - *HQ*	2.86E−04	5.14E−04	4.53E−04	4.26E−04
Cr - *HQ*	3.74E−05	9.17E−05	6.69E−05	6.66E−05
Cd - *HQ*	4.66E−05	7.48E−04	4.84E−04	4.46E−04
Hg - *HQ*	4.26E−05	2.68E−04	1.81E−04	1.74E−04
As - *HQ*	5.10E−03	1.89E−02	1.27E−02	1.25E−02
Pb - *HQ*	7.92E−02	2.98E−01	1.73E−01	1.72E−01
HI	8.64E−02	3.14E−01	1.87E−01	1.86E−01
LL				
Cu - *HQ*	5.12E−04	9.63E−04	6.43E−04	6.58E−04
Zn - *HQ*	2.20E−04	5.94E−04	3.16E−04	3.43E−04
Cr - *HQ*	4.31E−05	6.31E−05	4.63E−05	4.86E−05
Cd - *HQ*	1.41E−04	1.97E−03	3.06E−04	5.80E−04
Hg - *HQ*	5.20E−05	8.02E−04	8.27E−05	1.82E−04
As - *HQ*	4.41E−03	7.46E−03	6.48E−03	6.17E−03
Pb - *HQ*	8.99E−02	2.39E−01	1.35E−01	1.45E−01
HI	9.85E−02	2.50E−01	1.41E−01	1.53E−01

8.5 不同修复模式下积水区重金属健康风险评估

不同修复模式下沛县采煤沉陷积水区沉积物的重金属健康风险评估结果详见表 8 - 5 所列。与沛县、不同复垦模式下的采煤沉陷区土壤重金属健康风险评估结果类似，关于儿童的不同修复模式下积水区重金属 Pb 的 *HQ* 值高于阈值 1，表明重金属 Pb 对儿童存在一定的非致癌健康风险。除重金属 Pb 外，其余重金属对儿童的 *HQ* 值均低于阈值 1，表明其对儿童不存在非致癌健康风险。所有样地中的重金属对成人来说，*HQ* 值均低于阈值 1，表明其对成人不存在非致癌健康风险。

表 8-5 不同修复模式下沛县采煤沉陷积水区沉积物的重金属健康风险评估结果

儿童	Cu-*HQ*	Zn-*HQ*	Cr-*HQ*	Cd-*HQ*	Hg-*HQ*	As-*HQ*	Pb-*HQ*	*HI*
A1	6.62E-03	3.16E-03	6.31E-04	5.54E-05	1.75E-03	1.13E-01	**2.96E+00**	3.08E+00
A2	4.36E-03	2.67E-03	5.91E-04	3.41E-05	1.32E-03	1.03E-01	**1.71E+00**	1.82E+00
A3	6.36E-03	3.00E-03	7.19E-04	8.10E-05	1.89E-03	1.05E-01	**1.72E+00**	1.83E+00
A4	5.92E-03	2.38E-03	6.10E-04	6.78E-05	1.43E-03	7.71E-02	**1.36E+00**	1.44E+00
A5	6.19E-03	2.94E-03	4.28E-04	2.56E-04	8.91E-04	6.69E-02	**2.37E+00**	2.45E+00
A6	6.58E-03	3.24E-03	4.68E-04	1.96E-04	8.56E-04	6.67E-02	**2.72E+00**	2.80E+00
A7	4.37E-03	3.22E-03	3.64E-04	1.33E-04	6.99E-04	5.41E-02	**1.32E+00**	1.39E+00
A8	9.54E-03	3.27E-03	4.81E-04	2.66E-04	1.19E-03	5.91E-02	**1.36E+00**	1.43E+00
A9	4.01E-03	2.53E-03	4.25E-04	1.43E-04	8.51E-04	5.52E-02	**2.35E+00**	2.41E+00
B	1.45E-02	5.24E-03	3.36E-04	4.99E-04	4.73E-04	4.62E-02	**1.41E+00**	1.47E+00
C	5.83E-03	3.21E-03	3.86E-04	1.75E-04	5.48E-04	4.75E-02	**1.62E+00**	1.67E+00
D	9.25E-03	4.04E-03	5.16E-04	2.39E-04	6.22E-03	6.83E-02	**2.44E+00**	2.53E+00
成人	Cu-*HQ*	Zn-*HQ*	Cr-*HQ*	Cd-*HQ*	Hg-*HQ*	As-*HQ*	Pb-*HQ*	*HI*
A1	7.10E-04	3.39E-04	6.76E-05	5.94E-06	1.87E-04	1.21E-02	3.17E-01	3.30E-01
A2	4.67E-04	2.87E-04	6.33E-05	3.65E-06	1.41E-04	1.10E-02	1.83E-01	1.95E-01
A3	6.82E-04	3.21E-04	7.70E-05	8.68E-06	2.02E-04	1.13E-02	1.84E-01	1.97E-01
A4	6.34E-04	2.55E-04	6.53E-05	7.26E-06	1.53E-04	8.26E-03	1.45E-01	1.55E-01
A5	6.63E-04	3.15E-04	4.59E-05	2.74E-05	9.55E-05	7.17E-03	2.54E-01	2.63E-01
A6	7.05E-04	3.47E-04	5.01E-05	2.10E-05	9.17E-05	7.14E-03	2.92E-01	3.00E-01
A7	4.68E-04	3.45E-04	3.90E-05	1.42E-05	7.49E-05	5.79E-03	1.42E-01	1.49E-01
A8	1.02E-03	3.51E-04	5.16E-05	2.85E-05	1.27E-04	6.34E-03	1.46E-01	1.54E-01
A9	4.29E-04	2.71E-04	4.56E-05	1.53E-05	9.12E-05	5.92E-03	2.51E-01	2.58E-01
B	1.55E-03	5.62E-04	3.60E-05	5.34E-05	5.07E-05	4.95E-03	1.51E-01	1.58E-01
C	6.25E-04	3.44E-04	4.13E-05	1.87E-05	5.88E-05	5.09E-03	1.73E-01	1.79E-01
D	9.91E-04	4.33E-04	5.53E-05	2.56E-05	6.67E-04	7.32E-03	2.61E-01	2.71E-01

8.6 本章小结

本章全面分析了沛县典型采煤沉陷复垦区(煤矸石充填复垦区、湖泥充填复垦区、混推平整复垦区)、典型采煤沉陷积水区(安国湿地、渔业养殖塘、渔光互补湿地)重金属的健康风险，具体结论如下。

（1）沛县土壤中Cd、Pb、Cr、Cu、Zn、Hg、As对当地儿童的非致癌健康风险高于成人。沛县土壤中Pb针对儿童的*HQ*值高于安全水平，表明其可能对当地儿童构成非致癌风险；对成人而言，7种重金属的*HQ*值在安全水平以下，表明该环境对成年人没有严重的非致癌健康风险。

（2）在沛县典型煤矸石充填复垦区、湖泥充填复垦区、混推平整复垦区，土壤重金属Pb、As的*HQ*值均比其他重金属高。成人*HI*值小于1，儿童*HI*值大于1，这意味着研究区土壤中重金属对成人均没有非致癌健康风险，而儿童面临非致癌健康风险。

（3）在安国湿地、渔业养殖塘、渔光互补湿地沉积物中，Cd、Pb、Cr、Cu、Zn、Hg、As对儿童的健康风险高于成人，成人不存在非致癌健康风险，儿童存在非致癌健康风险，尤其是沉积物中Pb对儿童的非致癌健康风险不可忽略。

9. 高潜水位采煤沉陷区复垦适宜性评价

高潜水位采煤沉陷非积水区土地资源可进行混推平整、湖泥充填和煤矸石充填复垦再利用，沉陷积水资源可采用湿地、渔业养殖和渔光互补等方式进行开发再利用。对采煤沉陷区进行开发再利用时，我们应考虑多种因素并进行适宜性评价。开展土地复垦适宜性评价时，我们应按照因地制宜、经济可行、综合利用、农业优先的原则，合理确定复垦土地的用途。我们通过对采煤沉陷区复垦方式的适宜性评价，可指导未来沉陷区高效、科学地进行开发再利用，这对土地利用结构的优化和社会、经济和自然生态的协调发展具有重要意义。

传统沉陷区复垦适宜性评价多采用极限条件法、模糊综合评价法等，对沉陷区进行利用类型的适宜性评价，未顾及未来采煤沉陷影响，且未同时对复垦方式和用地类型进行适宜性评价。针对上述问题，本章提出一种顾及预沉陷影响的复垦方式和用地类型适宜性评价方法。首先，本章依据沛县 8 个矿区采煤工作面的布置情况和生产数据，对 2020 年沛县地表采煤沉陷情况进行调查，利用概率积分法预测 2030 年采煤地表沉陷情况，并利用遥感影像中的长时间序列影像识别积水沉陷区。其次，本章分别针对沉陷非积水区和积水区建立复垦方式和用地类型的适宜性评价体系。最后，本章取适宜性得分最高的复垦方式和用地类型作为最优的开发再利用方式，为沉陷区复垦方案设计、土地利用规划等提供理论和技术支撑。

9.1 沉陷区复垦方式和用地类型适宜性评价模型

传统的复垦适宜性评价方法多未顾及未来采煤沉陷影响，且未同时对复垦方式和用地类型进行适宜性评价，导致评价结果存在一定的局限性。针对上述问题，本章提出一种顾及未来沉陷影响的复垦方式和用地类型适宜性评价方法。

基于本研究关于沉陷区不同复垦方式的结论，针对沛县复垦相关政策和实际情况，在遵循主导因素、不可替代性、关联性等原则的前提下，本章选择具有代表性的因素作为沉陷区复垦适宜性评价指标，分别对沉陷非积水区和积水区进行复垦方式和用地类型适宜性评价。首先，本章分别针对沉陷非积水区和积水区选取适宜性评价指标，结合现有研究，采取专家打分法，构建评价指标体系。其次，本章利用极限条件法，建立适宜性评价模型，具体见式(9－1)和式(9－2)。

$$s_i = \sum_{j=1}^{m} x_j \tag{9-1}$$

$$l = \max\{w_1 s_1, w_2 s_2, \cdots, w_i s_i, \cdots, w_n s_n\} \tag{9-2}$$

式中，s_i 表示第 i 种复垦方式的适宜性得分；x_j 表示地块针对第 j 个适宜性指标的得分；l 表示通过对所有复垦方式的适宜性得分取最大值而得到最优复垦方式；w_i 表示通过复垦成本、生态效益、政治因素等确定的第 i 种复垦方式所对应的权重。

结合沛县土地利用规划和沉陷区复垦规划，参考程琳琳等[271]、姜佳迪[272]等相关学者关于复垦适宜性评价方面的研究，本章得到沛县采煤沉陷非积水区复垦方式权重(表 9－1)。前文研究表明，混推平整对于沉陷区复垦来说不但成本低，而且相对于湖泥充填和煤矸石充填，其复垦效果更好。同时，结合复垦政策，将混推平整为耕地的方式权重设置为“1”，并对其他复垦方式权重根据相应的复垦成本和效果进行设置。对于沉陷积水区，本章将湿地、渔业养殖和渔光互补 3 种复垦方式的权重分别设置为“1”“1”和“0.9”，并进行复垦适宜性评价。

表 9－1　沛县采煤沉陷非积水区复垦方式权重

权重	混推平整			湖泥充填			煤矸石充填		
	耕地	林地	光伏用地	耕地	林地	光伏用地	耕地	林地	光伏用地
w	1	0.95	0.9	0.95	0.90	0.86	0.9	0.86	0.81

9.2　沉陷非积水区复垦适宜性评价

针对沉陷非积水区，本章选取重金属风险程度、非积水区与未来沉陷区之间的距离、有机质含量、地表损毁程度、非积水区与湖泊之间的距离、非积水区与主要道路之间的距离指标，构建适宜性评价体系。对沉陷非积水区可采用混推平整、湖泥充填和煤矸石充填 3 种复垦方式，用地类型包括耕地、林地和光伏用地。本章通过参考现有复垦适宜性评价相关文献，确定具体评价指标的等级标准，沉陷非积水区复垦方式评价指标和分级标准见表 9－2 所列。其中，沉降小于 1.5 m 为轻度损毁，沉降大于 1.5 m、小于 3 m 为中度损毁，沉降大于 3 m 为重度损毁。

表 9－2　沉陷非积水区复垦方式评价指标和分级标准

限制因素及分组指标		混推平整			湖泥充填			煤矸石充填		
		耕地	林地	光伏用地	耕地	林地	光伏用地	耕地	林地	光伏用地
重金属风险程度	低	3	3	3	2	3	3	2	3	3
	中	2	3	3	1	2	3	1	2	3
	高	−1	2	3	−1	2	3	−1	1	3
非积水区与未来沉陷区之间的距离/km	<1	−1	−1	−1	−1	−1	−1	−1	−1	−1
	1～5	2	3	2	2	3	2	2	3	2
	>5	3	3	3	3	3	3	3	3	3
有机质含量/%	>2	3	3	3	3	3	3	3	3	3
	1～2	2	2	3	2	2	3	2	2	3
	<1	1	1	3	1	1	3	1	1	3

（续表）

限制因素及分组指标		混推平整			湖泥充填			煤矸石充填		
		耕地	林地	光伏用地	耕地	林地	光伏用地	耕地	林地	光伏用地
微生物多样性指数	高	3	3	3	3	3	3	3	3	3
	中	2	3	3	2	3	3	2	3	3
	低	1	2	3	1	2	3	1	2	3
地表损毁程度	轻度	3	3	3	3	3	3	3	3	3
	中度	2	2	2	2	2	2	2	3	2
	重度	−1	−1	−1	1	2	2	1	1	1
非积水区与湖泊之间的距离/km	<1	3	3	3	3	3	3	3	3	3
	1～5	3	3	3	2	2	2	3	3	3
	>5	2	2	3	−1	−1	−1	2	2	3
非积水区与主要道路之间的距离/km	<1	3	3	3	3	3	3	3	3	3
	1～5	2	2	3	2	2	3	2	2	3
	>5	1	1	2	1	1	2	1	1	2

注：适宜性分为四等，“3”表示适宜，“2”表示较适宜，“1”表示一般适宜，“−1”表示不适宜。

沛县沉陷非积水区复垦方式适宜性评价指标数据如图9-1所示。图9-1(a)为重金属风险程度分布图，图9-1(b)表示非积水区与未来沉陷区之间的距离，图9-1(c)为有机质含量，图9-1(d)为地表损毁程度，图9-1(e)为非积水区与湖泊之间的距离，图9-1(f)为非积水区与主要道路之间的距离。因未采集所有矿区内的微生物多样性数据，故此次研究未采用该指标。

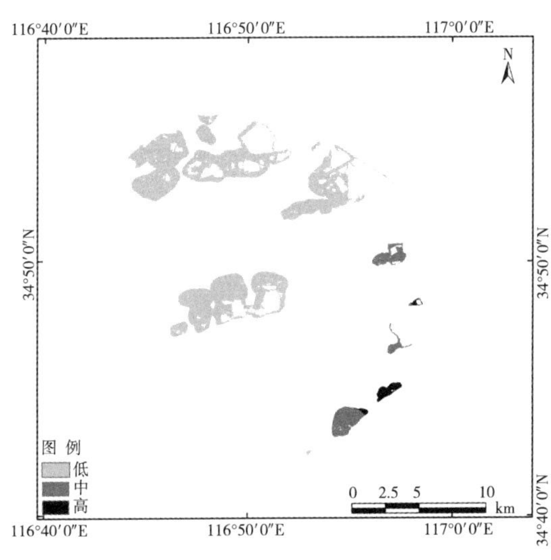

（a）重金属风险程度分布图

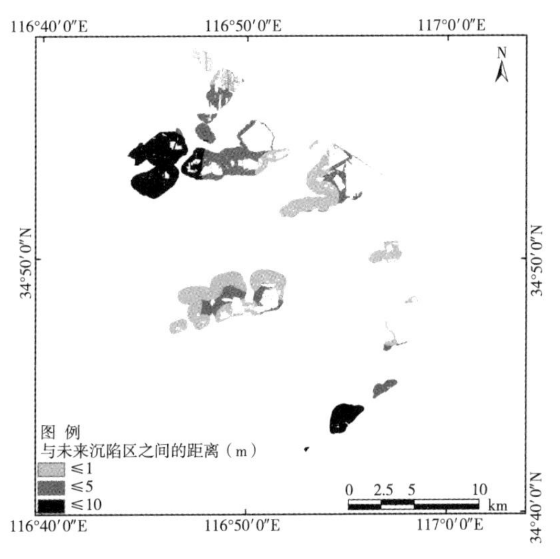

（b）非积水区与未来沉陷区之间的距离

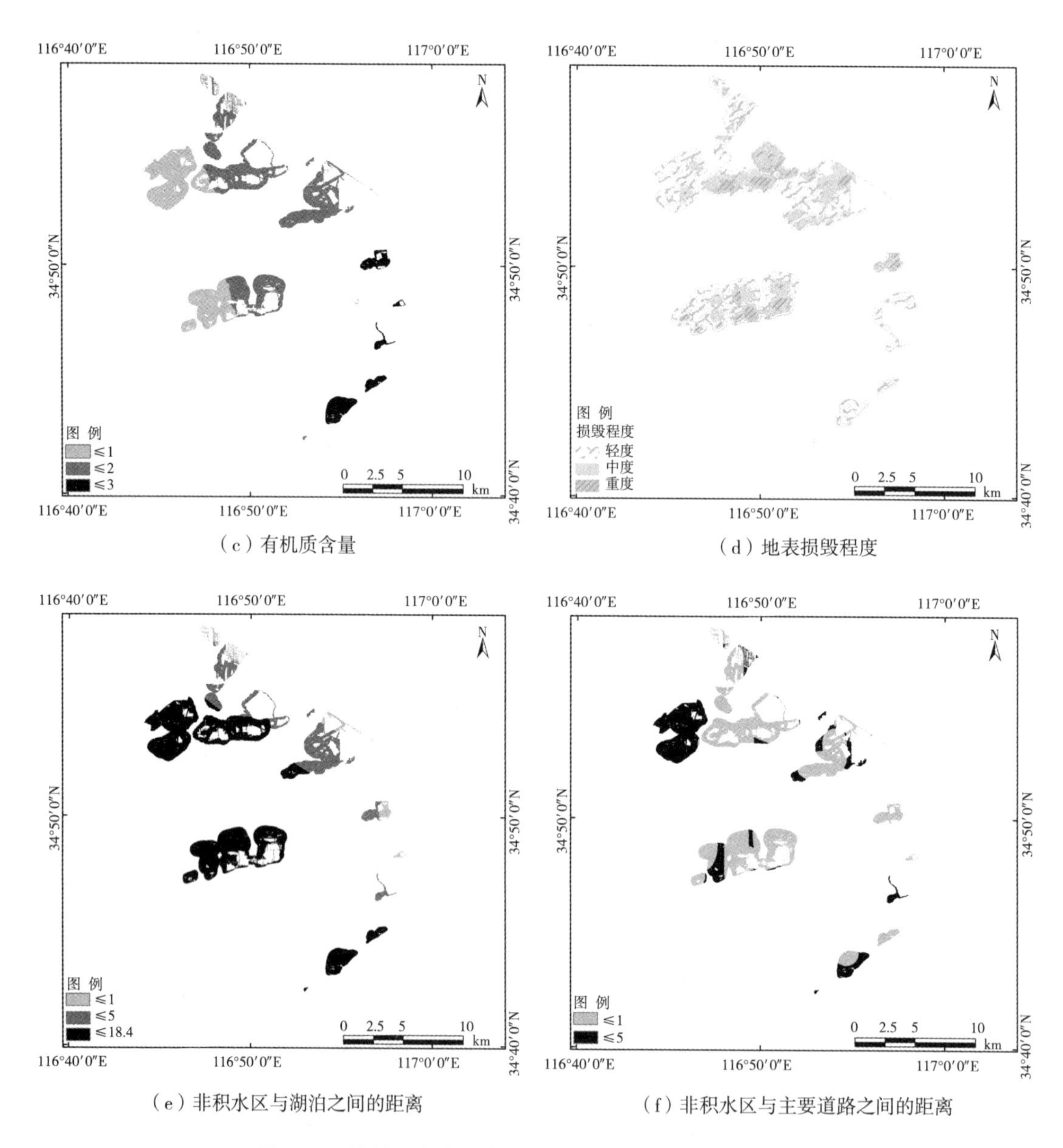

（c）有机质含量

（d）地表损毁程度

（e）非积水区与湖泊之间的距离

（f）非积水区与主要道路之间的距离

图 9-1　沛县沉陷非积水区复垦方式适宜性评价指标数据

本研究利用 ArcGIS 的空间分析功能，通过邻域分析、重分类、地图代数、栅格计算等，进行沉陷非积水区复垦方式和用地类型适宜性评价，最终取适宜性得分最高的复垦方式作为最优复垦方式。沛县沉陷非积水区复垦方式适宜性评价结果如图 9-2 所示。从图 9-2 中可以看出，大部分沉陷非积水区均适宜利用混推平整复垦方式复垦为耕地，与实际情况相符。位于沛城矿区的部分沉陷区，适宜利用混推平整复垦方式复垦为林地，张双楼矿区部分沉陷区适宜利用混推平整复垦方式复垦为光伏用地。位于微山湖沿岸的部分沉陷区，适宜利用湖泥充填复垦方式复垦为林地，原因是这部分地区距离微山湖较近，湖泥的获取和运输较为方便。最终，适宜混推平整为耕地、林地和光伏用地的沉陷非积水区面积分别为5583.92 ha、192.40 ha和467.28 ha，适宜用湖泥充填复垦为林地的沉陷非积水区面积为558.12 ha，适宜用煤矸石充填复垦为光伏用地的沉陷非积水区面积为42.84 ha。

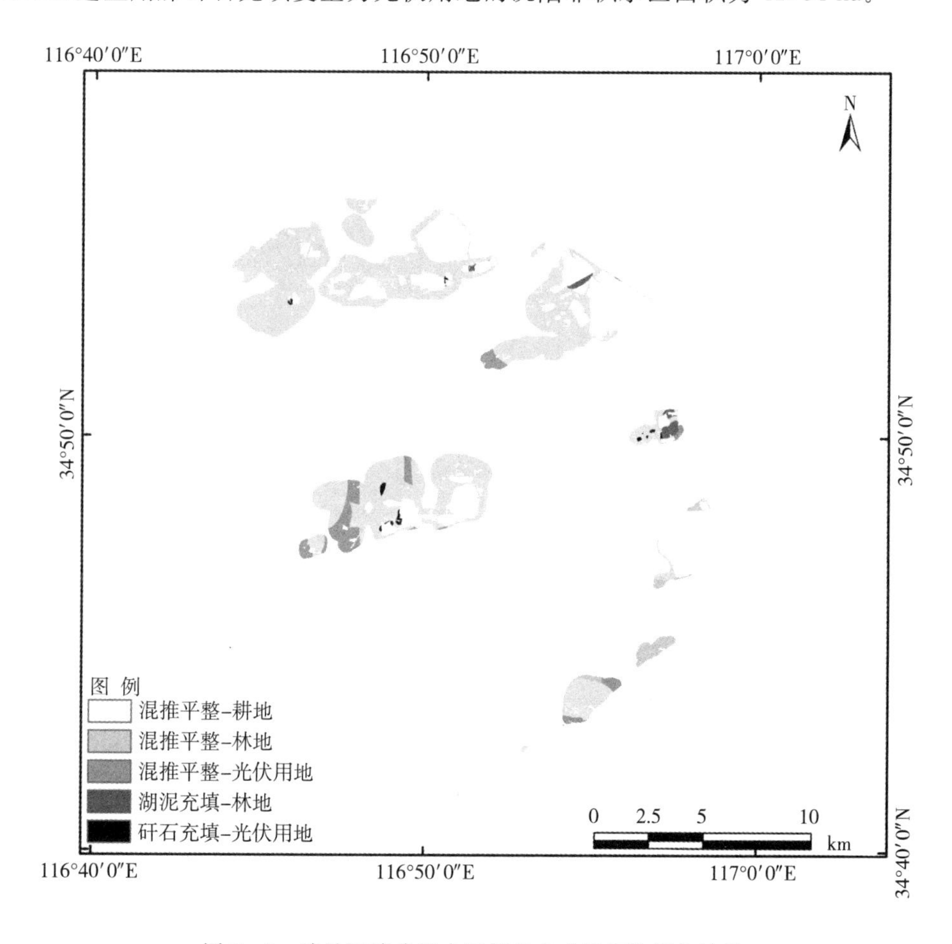

图 9-2　沛县沉陷非积水区复垦方式适宜性评价结果

9.3　沉陷积水区复垦适宜性评价

针对沛县采煤沉陷积水区，本章选取重金属风险程度、积水区与未来沉陷区之间的距离、积水深度、水域面积、交通条件5个指标作为适宜性评价指标。沉陷积水区可采用湿地、渔业养殖和渔光互补3种开发再利用方式。沉陷积水区开发利用方式评价指标和等级标准见表9-3所列。

沉陷积水区复垦适宜性评价指标分级情况如图9-3所示。图9-3(a)为重金属风险程度分布图，图9-3(b)为积水区与未来沉陷区之间的距离，图9-3(c)为积水深度，图9-3(d)为积水区面积，图9-3(e)为交通条件。

表 9-3　沉陷积水区开发利用方式评价指标和等级标准

限制因素及分组指标	等级	湿地评价	渔业养殖评价	渔光互补评价
重金属风险程度	低	3	3	3
	中	2	2	2
	高	1	−1	−1
与未来沉陷区之间的距离/km	<1	−1	−1	−1
	1～5	3	3	2
	>5	3	3	3
积水深度/m	≤1.5	2	1	1
	1.5～3	3	3	3
	>3	3	3	−1
水域面积/ha	<20	−1	3	3
	20～50	1	2	2
	>50	3	1	1
交通条件/km	<1	3	3	3
	1～5	2	2	2
	>5	−1	1	1

注：适宜性分为四等，“3”表示适宜，“2”表示较适宜，“1”表示一般适宜，“−1”表示不适宜。

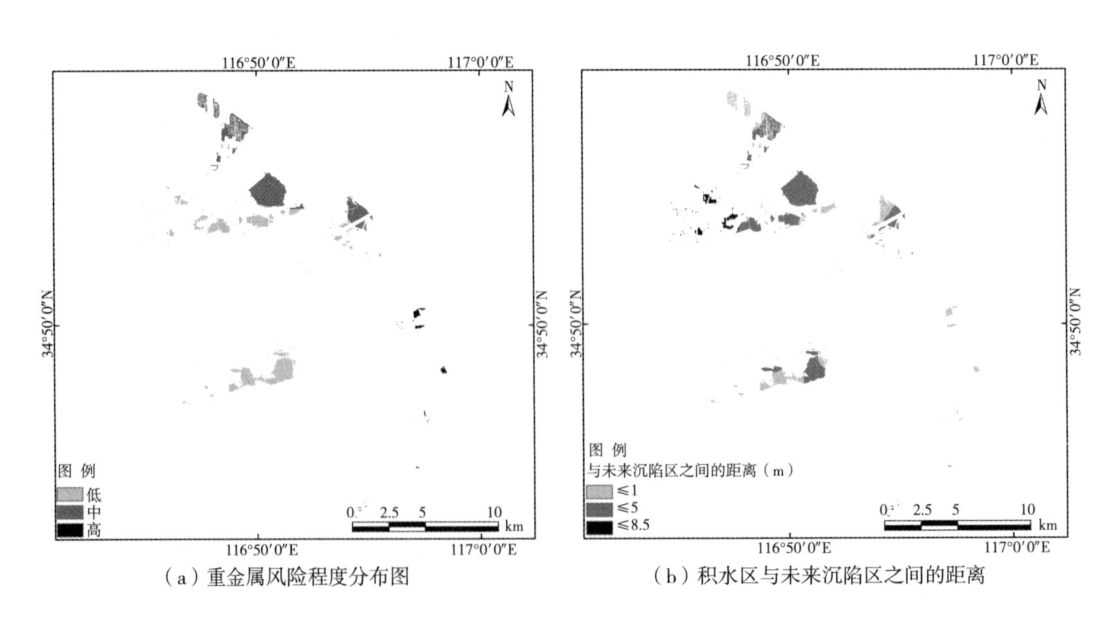

（a）重金属风险程度分布图　　（b）积水区与未来沉陷区之间的距离

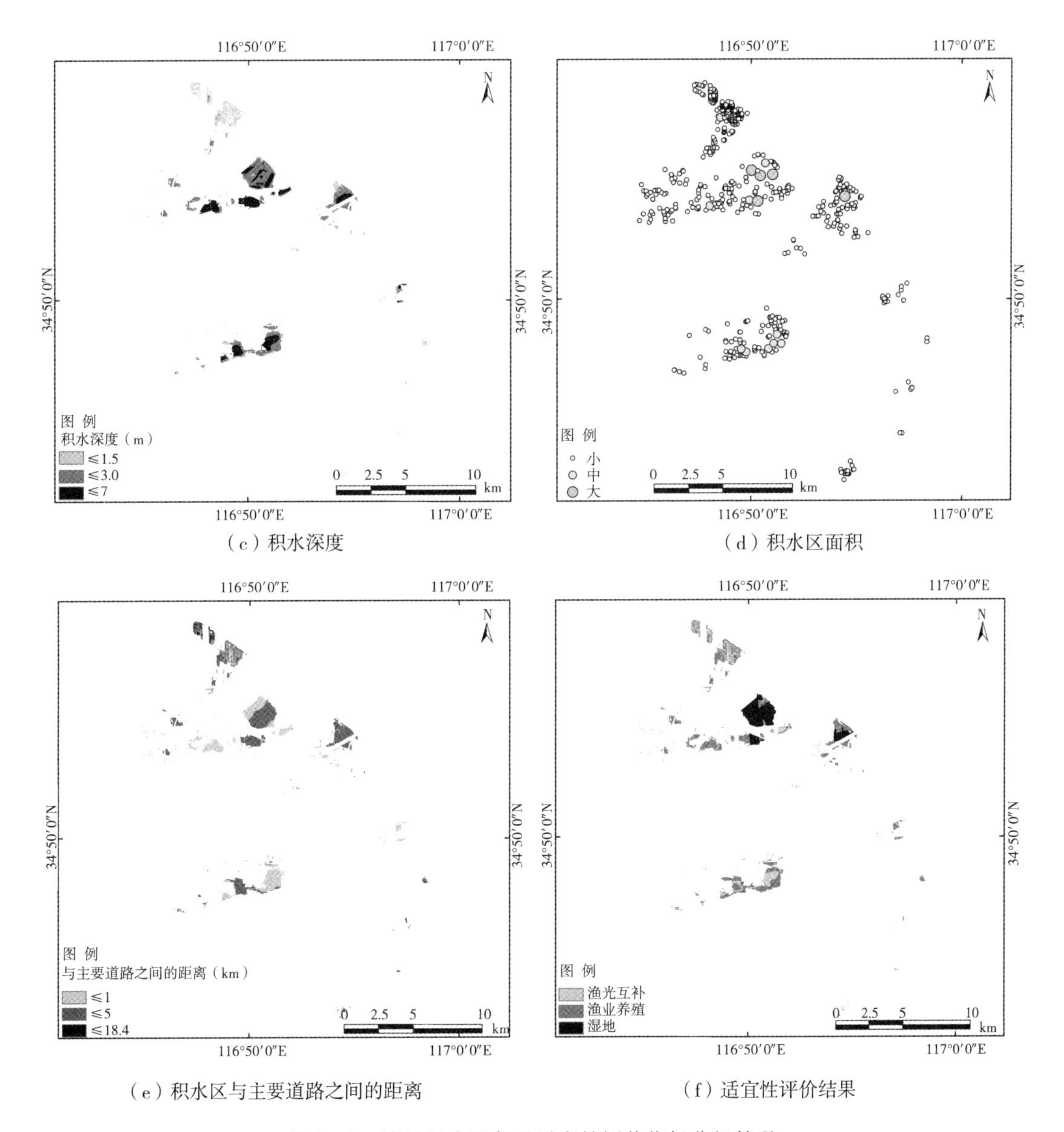

图 9－3　沛县积水区复垦适宜性评价指标分级情况

本章利用 ArcGIS 的空间分析功能，通过邻域分析、重分类、地图代数、栅格计算等，进行沉陷积水区复垦适宜性评价，取适宜性得分最高的复垦方式作为最优的复垦方式，得到各沉陷积水区关于湿地、渔业养殖和渔光互补三类开发再利用方式的适宜性评价结果[图 9－3(f)]。从图 9－3(f)中可以看出，大部分沉陷积水区适宜以渔业养殖的形式进行再利用，适宜复垦为湿地的积水区主要位于龙东矿区和姚桥矿区。目前沛县政府已计划将龙东矿区的积水区开发为龙湖湿地，这也验证了评价结果的可靠性。适宜进行渔光互补开发的区域主要位于张双楼矿区。最终，适宜开发再利用为湿地的积水区面积为 467.88 ha，适宜以渔业养殖和渔光互补形式开发再利用的积水区面积分别为 1084.92 ha 和 176.20 ha。

9.4 本章小结

针对传统复垦适宜性评价方法多未顾及未来采煤沉陷影响，且未同时对复垦方式和用地类型进行适宜性评价的现状，本章提出一种顾及未来沉陷影响的沉陷区复垦方式和用地类型的适宜性评价方法，实现了沉陷非积水区和积水区的开发再利用方式适宜性评价，具体结论如下。

(1)大部分沉陷非积水区均适宜利用混推平整方式复垦为耕地，适宜混推平整为耕地、林地和光伏用地的沉陷非积水区面积分别为 5583.92 ha、192.40 ha 和 467.28 ha，适宜用湖泥充填为林地的沉陷非积水区面积为 558.12 ha，适宜用煤矸石充填为光伏用地的沉陷非积水区面积为 42.84 ha。

(2)适宜开发为湿地的沉陷积水区主要位于龙东矿区和姚桥矿区，面积为 467.88 ha，适宜以渔业养殖和渔光互补形式开发再利用的积水区面积分别为 1084.92 ha 和 176.20 ha。

10. 结论

我国高潜水位矿区煤炭产量占全国煤炭总产量的1/5，为社会发展和经济腾飞做出了巨大贡献，但是煤炭开采带来的环境问题也不容忽视。据估计，煤炭开采最终造成的沉陷面积将达到31813.33 km^2，而且高潜水位矿区地下水位比较高，易产生大量沉陷积水区。煤炭开采带来各种生态环境问题，破坏耕地结构，带来土壤重金属污染等，这使得矿区复垦迫在眉睫。有调查表明，目前我国的矿区复垦率达不到20%，这说明矿区土地复垦还有很长的路要走，还有很多工作要做。基于此，本研究以我国东部高潜水位典型矿业地区沛县为研究对象。第一，本研究分析了沛县土壤重金属含量数据，揭示了沛县土壤重金属分布特征，为后续研究提供了数据支撑；第二，系统分析了非积水复垦区的重金属时空分布特征，探讨了复垦方式、复垦年限、复垦土地利用类型对土壤重金属的不同影响；第三，研究了采煤沉陷积水区不同资源再利用方式下的沉积物、水体、植被中的重金属分布特征；第四，探索了采煤沉陷混推平整复垦区土壤重金属对微生物的影响规律；第五，分析了不同复垦模式下采煤沉陷积水区水气界面 CO_2 释放情况及其影响因素；第六，分析了沛县典型采煤沉陷复垦区、典型采煤沉陷积水区中重金属带来的健康风险；第七，基于上述研究结果，提出了一种顾及未来沉陷影响的沉陷区复垦方式和用地类型的适宜性评价新方法，为沛县乃至全国复垦规划提供数据支撑和参考依据。

本书主要结论如下。

(1)除土壤中 Cu、As 外，其余重金属均低于农用地标准，但 Hg、Cd 和 Cu 含量分别超出江苏省土壤元素地球化学基准值的 1.38 倍、0.86 倍和 38%。沛县土壤中 Pb、Cr、Cu、Zn、As 处于无污染水平，而 Cd、Hg 处于无污染到中度污染水平。在重金属来源方面，结合肯德尔 Tau-b 相关性分析、HCA、PCA 和地统计学分析方法可知，土壤中 Cr、Zn、Cu、Pb、Cd 和 As 有相同的污染来源，污染来源主要包括研究区商业活动、煤矿开采活动、水运和农业活动等。Hg 的超标极有可能是人类采矿活动造成的。研究沉陷区不同治理模式下土壤重金属时空分布规律，可为沉陷区的治理提供数据支撑，是响应政府号召的切实之举，对采煤沉陷区治理工程的推进有重要意义。

(2)利用概率积分法预测 2030 年采煤地表沉陷情况，基于长时间序列水体指数趋势分割和形态学方法提取沉陷积水区。顾及未来沉降影响、微生物多样性、重金属含量等情况，构建预沉陷适宜性评价模型，进行沉陷非积水和积水区复垦方式和用地类型适宜性评价。结果表明，到 2020 年底，沛县矿区地表沉陷面积总计达到 8573.56 ha，其中积水面积为 1729.00 ha。

(3)在沉陷非积水复垦区，煤矸石充填、混推平整和湖泥充填 3 类复垦土壤基础理化性质和重金属在剖面上无统一规律。在随复垦年际变化方面，混推平整复垦区各复垦年份重金属含量与对照农田差异不大，受复垦扰动最小。在湖泥充填复垦区，复垦年份越长，土壤重金属含量越低，但仍然高于对照农田。在重金属来源方面，混推平整复垦区土壤中 Zn、Cu、As 有相似的来源，其来源主要为化肥、农药的使用等；Cd、Cr、Hg、Pb 有相似的自然或人为来源，其来源包含煤矿开采活动、大气沉降、农药的使用等。湖泥充填复垦区土壤中除 Hg 外，其余重金属均有相似来源，主要为充填湖泥本身带来的重金属输入。Hg 的主要来源有可能是人类采矿活动。煤矸石充填复垦区 Cd 和 Cu 来源相似。总体上来说，在 3 类复垦区中，混推平整复垦区的 7 种土壤重金属总含量、超标率、污染程度均最低。湖泥充填复垦区土壤重金属的污染程度次之，煤矸石充填复垦区土壤重金属的污染程度相对较高。在未来的沉陷区复垦工作中，混推平整技术值得推广应用，湖泥资源丰富地区也可考虑湖泥充填技术。

(4)在沉陷积水区，安国湿地、渔业养殖塘、渔光互补湿地的沉积物、上覆水中重金属均处于无污染水平，优于对照水体。在重金属来源方面，Cu、Zn、Cd 主要来源于渔业养殖(包括饵料的长期投放)，As、Cr、Hg、Pb 来源主要包括大气沉降、煤矿开采作用等。在开发利用效果方面，安国湿地作为净化型湿地，对沛县开发区、龙固开发区的 5 万 t 自来水有很好的净化效果。渔业养殖能带来一定的经济效益，虽然会由于饵料、药物等的投放等原因加重系统中的 Cu、Zn 含量，但是未来选择 Cu、Zn 含量较低的饵料、药物即可。渔光互补模式充分利用了沉陷区积水资源和土地资源，具有较高的生态效益和经济效益。总体来说，净化型湿地、渔业养殖和渔光互补三类沉陷积水区开发利用模式均能带来一定的生态、社会、经济效益。未来在开发再利用沉陷积水区资源时，我们可以根据现实情况考虑这几种模式。

(5)在典型混推平整复垦区，各复垦年限的土壤微生物多样性指数明显低于对照农田，微生物群落结构也与对照农田存在相当大的差异。在门级别，所有样地中的变形菌门(Proteobacteria)均最丰富；在纲级别，γ-变形菌纲(Gammaprotobacteria)是复垦土壤 R07、R08、R12、R16 和 R17 中的优势纲，奇古菌纲(Thaumarchaeota)是 CK1 和 R13 中的优势纲；在目级别，CK1、R07 和 R13 中亚硝基球菌目(Nitrososphaerales)最丰富，R16 和 R17 中芽孢杆菌目(Bacillales)丰度最高；在科级别，亚硝基球菌科(Nitrososphaeraceae)是 CK1、R07、R08 和 R13 的优势科，而 R16 和 R17 的优势科是微杆菌科(Exiguobacteraceae)；在属水平上，R07、R08、R12、R13 和 CK1 的优势属为亚硝化念珠菌属(*Candidatus Nitrososphaera*)，而 R16 和 R17 的优势属为不动杆菌属(*Acinetobacter*)和柠檬酸杆菌属(*Citrobacter*)。统计分析表明，SOC、AP 等对微生物多样性有很大影响，Cd、Pb 和 Cr 与硝化螺旋菌门(Nitrospirae)、浮霉菌门(Planctomycetes)和酸杆菌门(Acidobacteria)的相对丰度呈负相关关系，Zn 与硝化螺旋菌门(Nitrospirae)、酸杆菌门(Acidobacteria)等相对丰度呈正相关关系。土壤微生物多样性和群落结构受到了混推平整复垦活动的明显扰动。不同复垦时期的土壤微生物群落组成和多样性差异很大，这进一步说明土壤微生物群落可以作为衡量沉陷复垦区土壤恢复程度的一个重要指标。

(6)在 5 种不同修复模式的采煤沉陷积水区中，渔光互补湿地和光伏湿地的水气界面 $F(CO_2)$ 较高，主要受水体富营养化程度较高、光伏板减弱了植被光合作用、微生物群落结构改变等因素的共同影响。渔业养殖塘的水气界面 $F(CO_2)$ 较高主要与渔业养殖塘富营养化程度较高有关。在莲藕种植塘中，虽然其水体富营养化程度高，但莲藕种植密度高，莲藕利用光合作用吸收了大量水体中的 CO_2，导致其水气界面 $F(CO_2)$ 低于对照水体未治理的采煤沉陷积水区和大沙河的水气界面 $F(CO_2)$。在 5 种修复模式中，安国湿地水气界面 $F(CO_2)$ 最低，一方面是由于安国湿地水体富营养化程度较低，对水体 CO_2 的产生和释放的促进作用相对较低；另一方面是由于安国湿地有大量芦苇等挺水植物及苦草等沉水植物，有较强的光合作用，吸收了水体中的 CO_2。

(7)在健康风险评价方面，土壤 Pb 是所有重金属中唯一对儿童构成非致癌健康风险的元素，但其水平还不足以对研究区域内的成人构成风险。本研究综合考虑重金属空间分布特征、超标情况、健康风险评估结果和沉陷情况发现，沛县沉陷非积水区和积水区存在重金属污染风险。在沛县典型煤矸石充填复垦区、湖泥充填复垦区、混推平整复垦区，土壤重金属 Pb、As 的 *HQ* 值均比其他重金属高。成人 *HI* 值小于 1，儿童 *HI* 值大于 1，这意味着研究区土壤重金属对成人均没有非致癌健康风险，而儿童面临非致癌健康风险。在安国湿地、渔业养殖塘、渔光互补湿地，沉积物中 Cd、Pb、Cr、Cu、Zn、Hg、As 对儿童的健康风险高于成人，成人不存在非致癌健康风险，儿童存在非致癌健康风险。

(8)本研究提出一种顾及未来沉陷影响的沉陷区复垦方式和用地类型的适宜性评价方法。结果表明：适宜混推平整为耕地、林地和光伏用地的沉陷非积水区面积分别为 5583.92 ha、192.40 ha 和 467.28 ha，适宜用湖泥充填为林地的沉陷非积水区面积为 558.12 ha，适宜用煤矸石充填为光伏用地的沉陷非积水区面积为 42.84 ha；适宜开发为湿地的积水区面积为 467.88 ha，适宜以渔业养殖和渔光互补形式开发再利用的积水区面积分别为 1084.92 ha 和 176.20 ha。

参考文献

[1] Chiu Y,Huang K,Chang T,et al. Efficiency assessment of coal mine use and land restoration:Considering climate change and income differences[J]. Resources Policy,2021,73:102130.

[2] Zhao Y,Lyu X,Xiao W,et al. Evaluation of the soil profile quality of subsided land in a coal mining area backfilled with river sediment based on monitoring wheat growth biomass with UAV systems[J]. Environmental Monitoring and Assessment,2021,193(9):576.

[3] Kong B,Li Z H,Yang Y L,et al. A review on the mechanism,risk evaluation,and prevention of coal spontaneous combustion in China[J]. Environmental Science and Pollution Research,2017,24(30):23453－23470.

[4] 杨光华. 高潜水位采煤塌陷耕地报损因子确定及报损率测算研究[D]. 北京:中国矿业大学(北京),2014.

[5] 谢和平,刘虹,吴刚. 煤炭对国民经济发展贡献的定量分析[J]. 中国能源,2012,34(4):5－9.

[6] 付艳华,胡振琪,肖武,等. 高潜水位煤矿区采煤沉陷湿地及其生态治理[J]. 湿地科学,2016,14(5):671－676.

[7] Bian Z,Dong J,Lei S,et al. The impact of disposal and treatment of coal mining wastes on environment and farmland[J]. Environmental Geology,2009,58(3):625－634.

[8] Fang H,Gui H,Li J,et al. Risks assessment associated with different sources of metals in abandoned soil of Zhuxianzhuang coal mine,Huaibei coalfield(Anhui,China)[J]. Bulletin of Environmental Contamination and Toxicology,2021,106(2):370－376.

[9] 孙立颖,张世文,董祥林. 采矿扰动下芦岭矿土地利用景观格局分析与预测[J]. 安徽理工大学学报(自然科学版),2021,41(5):8－15.

[10] 汤淏. 基于平原高潜水位采煤塌陷区的生态环境景观恢复研究[D]. 南京:南京大学,2011.

[11] 潘莹,韩瑞,张银,等. 基于SWAT-FLUS的采煤沉陷区水文过程情景模拟[J]. 环境工程,2022,40(6):272－279.

[12] Fan T G,Yan J P,Wang S,et al. The environment and the utilization the status of the subsidence area in the Xu Zhou,Yan Zhou and Huainan and Huaibei region of China[J]. AGH Journal of Mining and Geoengineering,2012,36(3):127－133.

[13] 冯启言,王华,李向东,等. 华东地区矿井水的水质特征与资源化技术[J]. 中国矿业大学学报,2004(2):69－72.

[14] 王皓,董书宁,尚宏波,等. 国内外矿井水处理及资源化利用研究进展[J]. 煤田地质与勘探,2023,51(1):222-236.

[15] Zhao J,Jiang N,Yin L,et al. The effects of mining subsidence and drainage improvements on a waterlogged area[J]. Bulletin of Engineering Geology and the Environment,2019,78(5):3815-3831.

[16] 李学良,孙光,闫建成,等. 典型高潜水位矿区采煤塌陷地损毁特征及复垦模式分析[J]. 煤炭技术,2021,40(7):1-4.

[17] Zhang B,Lu C,Wang J,et al. Using storage of coal-mining subsidence area for minimizing flood[J]. Journal of Hydrology,2019,572:571-581.

[18] Yi Q,Wang X,Wang T,et al. Eutrophication and nutrient limitation in the aquatic zones around Huainan coal mine subsidence areas,Anhui,China[J]. Water Science and Technology,2014,70(5):878-887.

[19] Fu Y,Li F,Guo S,et al. Cadmium concentration and its typical input and output fluxes in agricultural soil downstream of a heavy metal sewage irrigation area[J]. Journal of Hazardous Materials,2021,412:125203.

[20] 孔令健. 临涣矿采煤沉陷区地下水与地表水水环境特征研究[D]. 合肥:安徽大学,2017.

[21] 范廷玉,谷得明,严家平,等. 采煤沉陷积水区地表水与浅层地下水的氮、磷动态及相关性[J]. 环境化学,2015,34(6):1158-1167.

[22] 王菲,吴泉源,吕建树,等. 山东省典型金矿区土壤重金属空间特征分析与环境风险评估[J]. 环境科学,2016,37(8):3144-3150.

[23] 李芳,李新举. 鲁西南煤矿区农田耕层重金属分布特征及污染评价[J]. 煤炭学报,2018,43(7):1990-1998.

[24] 范廷玉,钟建,王顺,等. 高潜水位矿区地表拉张裂隙区土壤特征研究[J]. 安徽理工大学学报(自然科学版),2021,41(3):15-21.

[25] 徐蕾,肖昕,马玉,等. 徐州农田土壤重金属空间分布及来源分析[J]. 生态与农村环境学报,2019,35(11):1453-1459.

[26] Tan M,Zhao H,Li G,et al. Assessment of potentially toxic pollutants and urban livability in a typical resource-based city,China[J]. Environmental Science and Pollution Research,2020,27(15):18640-18649.

[27] 杨龙,王香春,秦飞,等. 高潜水位采煤沉陷区生态修复技术体系研究[J]. 环境科学与管理,2021,46(6):160-164.

[28] Wu X,Hu Z,Chugh Y P,et al. Dynamic subsidence simulation and topsoil removal strategy in high groundwater table and underground coal mining area:a case study in Shandong Province[J]. International Journal of Surface Mining Reclamation and Environment,2014,28(4):250-263.

[29] Hu Z,Xiao W. Optimization of concurrent mining and reclamation plans for

single coal seam:a case study in northern Anhui,China[J]. Environmental Earth Sciences, 2013,68(5):1247－1254.

[30] 闵祥宇,李新举. 高潜水位矿区不同复垦方式下土壤热导率及其影响因素[J]. 水土保持学报,2017,31(3):176－181.

[31] Lamas G A, Navas-Acien A, Mark D B, et al. Heavy metals, cardiovascular disease,and the unexpected benefits of chelation therapy[J]. Journal of the American College of Cardiology,2016,67(20):2411－2418.

[32] Liao X Y,Chen T B,Xie H,et al. Soil As contamination and its risk assessment in areas near the industrial districts of Chenzhou City,Southern China[J]. Environment International,2005,31(6):791－798.

[33] Rai P K,Lee S S,Zhang M,et al. Heavy metals in food crops:Health risks,fate, mechanisms,and management[J]. Environment International,2019,125:365－385.

[34] Zukowska J,Biziuk M. Methodological evaluation of method for dietary heavy metal intake[J]. Journal of Food Science,2008,73(2):21－29.

[35] 李海霞,胡振琪,李宁,等. 淮南某废弃矿区污染场的土壤重金属污染风险评价[J]. 煤炭学报,2008,33(4):423－426.

[36] Souza J,Abrahão W,Mello J,et al. Geochemistry and spatial variability of metal (loid)concentrations in soils of the state of Minas Gerais,Brazil[J]. Science of the Total Environment,2015,505:338－349.

[37] Ding Q, Cheng G, Wang Y, et al. Effects of natural factors on the spatial distribution of heavy metals in soils surrounding mining regions[J]. Science of the Total Environment,2016,578:577－585.

[38] 王莹,董霁红. 徐州矿区充填复垦地重金属污染的潜在生态风险评价[J]. 煤炭学报,2009,34(5):650－655.

[39] 董霁红,卞正富,王贺封. 矿山充填复垦场地重金属含量对比研究[J]. 中国矿业大学学报,2007,36(4):531－536.

[40] Sharma S,Nagpal A K,Kaur I. Heavy metal contamination in soil,food crops and associated health risks for residents of Ropar wetland, Punjab, India and its environs [J]. Food Chemistry,2018,255:15－22.

[41] Tepanosyan G, Sahakyan L, Belyaeva O, et al. Continuous impact of mining activities on soil heavy metals levels and human health[J]. Science of the Total Environment,2018,639:900－909.

[42] Singh M,Thind P S,John S. Health risk assessment of the workers exposed to the heavy metals in e-waste recycling sites of Chandigarh and Ludhiana, Punjab, India [J]. Chemosphere,2018,203:426－433.

[43] Liu X, Wang Y, Yan S. Interferometric SAR time series analysis for ground subsidence of the abandoned mining area in north Peixian using sentinel-1A TOPS data

[J]. Journal of the Indian Society of Remote Sensing,2018,46(3):451 - 461.

[44] 李括,彭敏,赵传冬,等. 全国土地质量地球化学调查二十年[J]. 地学前缘,2019,26(6):128 - 158.

[45] 武春林,王瑞廷,丁坤,等. 中国土壤质量地球化学调查与评价的研究现状和进展[J]. 西北地质,2018,51(3):240 - 252.

[46] Zhang P,Qin C,Hong X,et al. Risk assessment and source analysis of soil heavy metal pollution from lower reaches of Yellow River irrigation in China[J]. Science of the Total Environment,2018,633:1136 - 1147.

[47] Sun L, Guo D, Liu K, et al. Levels, sources, and spatial distribution of heavy metals in soils from a typical coal industrial city of Tangshan,China[J]. Catena,2019,175:101 - 109.

[48] Jiang Y,Chao S,Liu J,et al. Source apportionment and health risk assessment of heavy metals in soil for a township in Jiangsu Province,China[J]. Chemosphere,2017,168:1658 - 1668.

[49] Liu H,Zhang Y,Zhou X,et al. Source identification and spatial distribution of heavy metals in tobacco-growing soils in Shandong province of China with multivariate and geostatistical analysis [J]. Environmental Science and Pollution Research, 2017, 24(6):5964 - 5975.

[50] Yang Y, Christakos G, Guo M, et al. Space-time quantitative source apportionment of soil heavy metal concentration increments[J]. Environmental Pollution, 2017,223:560 - 566.

[51] Tavares M,Sousa A,Abreu M. Ordinary kriging and indicator kriging in the cartography of trace elements contamination in São Domingos mining site(Alentejo,Portugal)[J]. Journal of Geochemical Exploration,2008,98(1 - 2):43 - 56.

[52] Cao S Z,Duan X L,Zhao X G,et al. Health risks from the exposure of children to As,Se,Pb and other heavy metals near the largest coking plant in China[J]. Science of the Total Environment,2014,472:1001 - 1009.

[53] Long Z,Huang Y,Zhang W,et al. Effect of different industrial activities on soil heavy metal pollution,ecological risk,and health risk[J]. Environmental Monitoring and Assessment,2021,193(1):20.

[54] Engstrom D R,Fitzgerald W F,Cooke C A,et al. Atmospheric Hg emissions from preindustrial gold and silver extraction in the Americas:A reevaluation from lake-sediment archives[J]. Environmental Science and Technology,2014,48(12):6533 - 6543.

[55] Tang Q,Liu G J,Zhou C C,et al. Distribution of environmentally sensitive elements in residential soils near a coal-fired power plant:Potential risks to ecology and children's health[J]. Chemosphere,2013,93(10):2473 - 2479.

[56] Cao Y L,Wang X,Yin C Q,et al. Inland vessels emission inventory and the

emission characteristics of the Beijing-Hangzhou grand canal in Jiangsu province [J]. Process Safety and Environmental Protection,2018,113:498-506.

[57] Cai L M,Xu Z C,Bao P,et al. Multivariate and geostatistical analyses of the spatial distribution and source of arsenic and heavy metals in the agricultural soils in Shunde,Southeast China[J]. Journal of Geochemical Exploration,2015,148:189-195.

[58] Peng H,Chen Y L,Weng L P,et al. Comparisons of heavy metal input inventory in agricultural soils in North and South China: A review [J]. Science of the Total Environment,2019,660:776-786.

[59] Wang N, Wang A, Kong L, et al. Calculation and application of Sb toxicity coefficient for potential ecological risk assessment[J]. Science of the Total Environment, 2017,610-611:167-174.

[60] 范拴喜,甘卓亭,李美娟,等. 土壤重金属污染评价方法进展[J]. 中国农学通报,2010,26(17):310-315.

[61] Wei B, Yang L. A review of heavy metal contaminations in urban soils, urban road dusts and agricultural soils from China [J]. Microchemical Journal, 2010, 94(2):99-107.

[62] 廖启林,刘聪,许艳,等. 江苏省土壤元素地球化学基准值[J]. 中国地质,2011,38(5):1363-1378.

[63] Argyraki A,Kelepertzis E,Botsou F,et al. Environmental availability of trace elements(Pb,Cd,Zn,Cu)in soil from urban,suburban,rural and mining areas of Attica, Hellas[J]. Journal of Geochemical Exploration,2018,187:201-213.

[64] Yang X Y, Zhao H, Ho P. Mining-induced displacement and resettlement in China:A study covering 27 villages in 6 provinces[J]. Resources Policy,2017,53:408-418.

[65] 范珊珊,刘继远,谭晓东,等. 北京市水溶肥料重金属元素分析与评价[J]. 生态环境学报,2021,30(2):430-437.

[66] Zhu S, Dong Z, Yang B, et al. Spatial distribution, source identification, and potential ecological risk assessment of heavy metal in surface sediments from river-reservoir system in the Feiyun river basin, China [J]. International Journal of Environmental Research and Public Health,2022,19(22):14944.

[67] 蒋玉莲,余京,王锐,等. 渝东南典型地质高背景区土壤重金属来源解析及污染评价[J]. 环境科学,2023,44(7):4017-4026.

[68] Muller G. Index of geoaccumulation in sediments of the Rhine River [J]. Geojournal,1969,2:108-118.

[69] Liao Q L,Liu C,Xu Y,et al. Geochemical baseline values of elements in soil of Jiangsu Province[J]. Geology in China,2011,38(5):1363-1378.

[70] He J,Yang Y,Christakos G,et al. Assessment of soil heavy metal pollution using stochastic site indicators[J]. Geoderma,2019,337:359-367.

[71] Müller G. Sedimente als Kriterien der Wassergüte: Die Schwermetallbelastung der Sedimente des Neckars und seiner Nebenflüsse[J]. Umschau, 1981, 81(15): 455 - 459.

[72] Lacan F, Francois R, Ji Y, et al. Cadmium isotopic composition in the ocean [J]. Geochimica et Cosmochimica Acta, 2006, 70(20): 5104 - 5118.

[73] Shotyk W, Rausch N, Nieminen T M, et al. Isotopic composition of Pb in peat and porewaters from three contrasting ombrotrophic bogs in Finland: Evidence of chemical diagenesis in response to acidification[J]. Environmental Science and Technology, 2016, 50 (18): 9943 - 9951.

[74] Wang P, Li Z, Liu J, et al. Apportionment of sources of heavy metals to agricultural soils using isotope fingerprints and multivariate statistical analyses [J]. Environmental Pollution, 2019, 249: 208 - 216.

[75] Chow T J, Earl J L. Lead isotopes in North American coals[J]. Science, 1972, 176 (4034): 510 - 511.

[76] 李瑞平，郝英华，李光德，等．泰安市农田土壤重金属污染特征及来源解析[J]．农业环境科学学报，2011，30(10): 2012 - 2017.

[77] 王雄军，赖健清，鲁艳红，等．基于因子分析法研究太原市土壤重金属污染的主要来源[J]．生态环境，2008，17(2): 671 - 676.

[78] Hu Y, Liu X, Bai J, et al. Assessing heavy metal pollution in the surface soils of a region that had undergone three decades of intense industrialization and urbanization [J]. Environmental Science and Pollution Research, 2013, 20(9): 6150 - 6159.

[79] Fernández S, Cotos-Yáñez T, Roca-Pardiñas J, et al. Geographically weighted principal components analysis to assess diffuse pollution sources of soil heavy metal: application to rough mountain areas in Northwest Spain [J]. Geoderma, 2018, 311: 120 - 129.

[80] Paatero P, Tapper U. Positive matrix factorization: A non - negative factor model with optimal utilization of error estimates of data values[J]. Environmetrics, 1994, 5 (2): 111 - 126.

[81] Paatero P, Hopke P K, Hoppenstock J, et al. Advanced factor analysis of spatial distributions of PM2.5 in the eastern United States [J]. Environmental Science and Technology, 2003, 37(11): 2460 - 2476.

[82] Lee E, Chan C K, Paatero P. Application of positive matrix factorization in source apportionment of particulate pollutants in Hong Kong [J]. Atmospheric Environment, 1999, 33(19): 3201 - 3212.

[83] Hou D, O'connor D, Nathanail P, et al. Integrated GIS and multivariate statistical analysis for regional scale assessment of heavy metal soil contamination: A critical review [J]. Environmental Pollution, 2017, 231: 1188 - 1200.

[84] Lee C S, Li X, Shi W, et al. Metal contamination in urban, suburban, and country

park soils of Hong Kong:a study based on GIS and multivariate statistics[J]. Science of the Total Environment,2006,356(1-3):45-61.

[85] Wang S,Cai L,Wen H,et al. Spatial distribution and source apportionment of heavy metals in soil from a typical county-level city of Guangdong Province,China [J]. Science of the Total Environment,2019,655:92-101.

[86] Liu C,Frazier P,Kumar L. Comparative assessment of the measures of thematic classification accuracy[J]. Remote Sensing of Environment,2007,107(4):606-616.

[87] Khan S,Cao Q,Zheng Y,et al. Health risks of heavy metals in contaminated soils and food crops irrigated with wastewater in Beijing,China[J]. Environmental Pollution, 2008,152(3):686-692.

[88] Wang Z Q, Hong C, Xing Y, et al. Spatial distribution and sources of heavy metals in natural pasture soil around copper-molybdenum mine in Northeast China [J]. Ecotoxicology and Environmental Safety,2018,154:329-336.

[89] 朱晓峻,郭广礼,方齐. 概率积分法预计参数反演方法研究进展[J]. 金属矿山,2015(4):173-177.

[90] Huang C,Chen Y,Zhang S,et al. Detecting,extracting,and monitoring surface water from space using optical sensors:a review[J]. Reviews of Geophysics,2018,56(2):333-360.

[91] Shew A M,Ghosh A. Identifying dry-season rice-planting patterns in Bangladesh using the landsat archive[J]. Remote Sensing,2019,11(10):1235.

[92] Pekel J F,Cottam A,Gorelick N,et al. High-resolution mapping of global surface water and its long-term changes[J]. Nature,2016,540(7633):418-422.

[93] Zou Z,Dong J,Menarguez M A,et al. Continued decrease of open surface water body area in Oklahoma during 1984—2015[J]. Science of the Total Environment,2017, 595:451-460.

[94] Cao R,Yang C,Shen M,et al. A simple method to improve the quality of NDVI time-series data by integrating spatiotemporal information with the Savitzky-Golay filter [J]. Remote Sensing of Environment,2018,217:244-257.

[95] Qu J F, Tan M, Hou Y L, et al. Effects of the stability of reclaimed soil aggregates on organic carbon in coal mining subsidence areas[J]. Applied Engineering in Agriculture,2018,34(5):843-854.

[96] 师学义,杨玉敏,孟繁华. 五阳矿区采煤塌陷地混推和剥离复垦比较研究[J]. 煤炭学报,2003,28(4):385-388.

[97] 邹朝阳,时洪超,孙国庆. 湖泥充填技术在采煤塌陷区复垦中的应用[J]. 中国煤炭,2009,35(12):105-106,122.

[98] 董霁红,于敏,赵银娣,等. 矿区复垦土壤重金属含量分布与光谱特征研究——以徐州市柳新矿区为例[J]. 中国矿业大学学报,2012,41(5):827-832.

[99] 董霁红．矿区充填复垦土壤重金属分布规律及主要农作物污染评价[J]．中国矿业大学学报,2010,39(2):307-308.

[100] 卢永强,陈浮,马静,等．复垦矿区重金属对土壤微生物群落的影响[J]．环境科学与技术,2020,43(3):21-29.

[101] 亢晨宇．不同复垦年限煤矸山土壤重金属有效态含量及其影响因素[D]．临汾:山西师范大学,2018.

[102] 方凤满,焦华富,江培龙．徐州煤矿混推复垦区土壤重金属分布特征及潜在风险评价[J]．环境化学,2015,34(10):1809-1815.

[103] Kamunda C,Mathuthu M,Madhuku M. Health risk assessment of heavy metals in soils from Witwatersrand Gold Mining Basin,South Africa[J]. International Journal of Environmental Research and Public Health,2016,13(7):663.

[104] López J M, Llamas J F, García E D M, et al. Multivariate analysis of contamination in the mining district of Linares(Jaén,Spain)[J]. Applied Geochemistry,2008,23(8):2324-2336.

[105] Candeias C,Melo R,Avila P F,et al. Heavy metal pollution in mine-soil-plant system in S. Francisco de Assis- Panasqueira mine(Portugal)[J]. Applied Geochemistry,2014,44(3):12-26.

[106] Ussiri D,Lai R. Method for determining coal carbon in the reclaimed minesoils contaminated with coal[J]. Soil Science Society of America Journal,2008,72(1):231-237.

[107] Shrestha R K,Lal R. Changes in physical and chemical properties of soil after surface mining and reclamation[J]. Geoderma,2011,161(3-4):168-176.

[108] 周茂荣,王喜君．光伏电站工程对土壤与植被的影响——以甘肃河西走廊荒漠戈壁区为例[J]．中国水土保持科学,2019,17(2):132-138.

[109] 赵世伟．黄土高原子午岭植被恢复下土壤有机碳—结构—水分环境演变特征[D]．杨凌:西北农林科技大学,2012.

[110] Giles C D,Brown L K,Adu M O,et al. Response-based selection of barley cultivars and legume species for complementarity: Root morphology and exudation in relation to nutrient source[J]. Plant Science,2017,255:12-28.

[111] 孟婷婷,张露．耕作方式对黄土高原土壤有效磷和速效钾的影响[J]．西部大开发(土地开发工程研究),2019,4(3):19-22.

[112] Siddiqui A U,Jain M K,Masto R E. Distribution of some potentially toxic elements in the soils of the Jharia Coalfield: A probabilistic approach for source identification and risk assessment[J]. Land Degradation and Development,2022,33(2):333-345.

[113] Halecki W,Lopez-Hernandez N A,Kozminska A,et al. A circular economy approach to restoring soil substrate ameliorated by sewage sludge with amendments[J]. International Journal of Environmental Research and Public Health,2022,19(9):5296.

[114] Khalil A, Taha Y, Benzaazoua M, et al. Applied methodological approach for the assessment of soil contamination by trace elements around abandoned coal mines-a case study of the Jerada coal mine, Morocco[J]. Minerals, 2023, 13(2): 181.

[115] Hossain M N, Paul S K, Hasan M M. Environmental impacts of coal mine and thermal power plant to the surroundings of Barapukuria, Dinajpur, Bangladesh [J]. Environmental Monitoring and Assessment, 2015, 187(4): 202.

[116] Turhan S, Garad A M K, Hancerliogullari A, et al. Ecological assessment of heavy metals in soil around a coal-fired thermal power plant in Turkey[J]. Environmental Earth Sciences, 2020, 79(6): 134.

[117] Zachary D, Jordan G, Voelgyesi P, et al. Urban geochemical mapping for spatial risk assessment of multisource potentially toxic elements- A case study in the city of Ajka, Hungary[J]. Journal of Geochemical Exploration, 2015, 158: 186 - 200.

[118] Yu J, Liu J, Wang J, et al. Spatial-temporal variation of heavy metal elements content in covering soil of reclamation area in fushun coal mine[J]. Chinese Geographical Science, 2002, 12(3): 268 - 272.

[119] Su Y, Guo B, Lei Y, et al. An indirect inversion scheme for retrieving toxic metal concentrations using ground-based spectral data in a reclamation coal mine, China [J]. Water, 2022, 14(18): 2784.

[120] Tang Q, Li L, Zhang S, et al. Characterization of heavy metals in coal gangue-reclaimed soils from a coal mining area [J]. Journal of Geochemical Exploration, 2018, 186: 1 - 11.

[121] Wang C, Duan D, Huang D, et al. Lightweight ceramsite made of recycled waste coal gangue & municipal sludge: Particular heavy metals, physical performance and human health[J]. Journal of Cleaner Production, 2022, 376: 134309.

[122] Wang P, Hu Z, Yost R S, et al. Assessment of chemical properties of reclaimed subsidence land by the integrated technology using Yellow River sediment in Jining, China [J]. Environmental Earth Sciences, 2016, 75(12): 1046.

[123] Han R, Guo X, Guan J, et al. Activation mechanism of coal gangue and its impact on the properties of geopolymers: A review[J]. Polymers, 2022, 14(18): 3861.

[124] Nicholson F A, Smith S R, Alloway B J, et al. Quantifying heavy metal inputs to agricultural soils in England and Wales[J]. Water and Environment Journal, 2006, 20(2): 87 - 95.

[125] Williams C, David D. The effects of superphosphate on cadmium content of soils and plants[J]. Australian Journal of Soil Research, 1973, 11(1): 43 - 56.

[126] 赵述华，罗飞，郗秀平，等. 深圳市土壤砷的背景含量及其影响因素研究[J]. 中国环境科学，2020，40(7)：3061 - 3069.

[127] 曹会聪，王金达，张学林. 东北地区污染黑土中重金属与有机质的关联作用[J].

环境科学研究,2007(1):36-41.

[128] Schramel O, Michalke B, Kettrup A. Study of the copper distribution in contaminated soils of hop fields by single and sequential extraction procedures[J]. Science of the Total Environment,2000,263(1-3):11-22.

[129] 廖自基. 微量元素的环境化学及生物效应[M]. 北京:中国环境科学出版社,1992.

[130] 杨兰琴,胡明,王培京,等. 北京市中坝河底泥污染特征及生态风险评价[J]. 环境科学学报,2021,41(1):181-189.

[131] Yuan X,Zhang L,Li J,et al. Sediment properties and heavy metal pollution assessment in the river,estuary and lake environments of a fluvial plain,China[J]. Catena,2014,119:52-60.

[132] Zhang J H,Li X C,Guo L Q,et al. Assessment of heavy metal pollution and water quality characteristics of the reservoir control reaches in the middle Han River,China[J]. Science of the Total Environment,2021,799:149472.

[133] Varol M,Gündüz K,Sünbül M R. Pollution status,potential sources and health risk assessment of arsenic and trace metals in agricultural soils:A case study in Malatya province,Turkey[J]. Environmental Research,2021,202:111806.

[134] Sun K N,Wen D,Yang N,et al. Heavy metal and soil nutrient accumulation and ecological risk assessment of vegetable fields in representative facilities in Shandong Province,China[J]. Environmental Monitoring and Assessment,2019,191(4):240.

[135] Lazar G C B, Statescu F, Toma D. Study of heavy metal dynamics in soil [J]. Environmental Engineering and Management Journal,2020,19(2):359-367.

[136] Zhang L,Guan Y. Microbial investigations of new hydrogel-biochar composites as soil amendments for simultaneous nitrogen-use improvement and heavy metal immobilization[J]. Journal of Hazardous Materials,2022,424:127154.

[137] Janos P, Vavrova J, Herzogova L, et al. Effects of inorganic and organic amendments on the mobility (leachability) of heavy metals in contaminated soil: A sequential extraction study[J]. Geoderma,2010,159(3-4):335-341.

[138] 邱海源. 厦门市翔安区土壤重金属分布、形态及生态效应研究[D]. 厦门:厦门大学,2008.

[139] 任力洁. 湖库底泥及周边土壤对Pb、Cr、Ni吸附解吸特性的研究[D]. 长春:吉林农业大学,2017.

[140] Mattina M I,Lannucci-Berger W,Musante C,et al. Concurrent plant uptake of heavy metals and persistent organic pollutants from soil[J]. Environmental Pollution,2003,124(3):375-378.

[141] 赵怀敏,李艳,刘丽萍,等. 水稻和大豆对重金属Cd的富集效应差异性比较[J]. 绵阳师范学院学报,2021,40(2):60-64.

[142] Yang X,Ho P. Is mining harmful or beneficial? A survey of local community perspectives in China[J]. The Extractive Industries and Society,2019,6(2):584 - 592.

[143] Xie K, Zhang Y, Yi Q, et al. Optimal resource utilization and ecological restoration of aquatic zones in the coal mining subsidence areas of the Huaibei Plain in Anhui Province, China [J]. Desalination and Water Treatment, 2013, 51 (19 - 21):4019 - 4027.

[144] 常江,于硕,冯姗姗. 中国采煤塌陷型湿地研究进展[J]. 煤炭工程,2017,49(4):125 - 128.

[145] Tan M,Wang K,Xu Z,et al. Study on heavy metal contamination in high water table coal mining subsidence ponds that use different resource reutilization methods [J]. Water,2020,12(12):3348.

[146] Vymazal J,Svehla J. Iron and manganese in sediments of constructed wetlands with horizontal subsurface flow treating municipal sewage[J]. Ecological Engineering, 2013,50:69 - 75.

[147] Bier R L,Voss K A,Bernhardt E S. Bacterial community responses to a gradient of alkaline mountaintop mine drainage in Central Appalachian streams[J]. Isme Journal, 2015,9(6):1378 - 1390.

[148] 黄飞,王泽煌,蔡昆争,等. 大宝山尾矿库区水体重金属污染特征及生态风险评价[J]. 环境科学研究,2016,29(11):1701 - 1708.

[149] 陈军. 安徽省淮南潘一矿采煤塌陷区水体重金属污染分析与评价[D]. 南京:南京大学,2017.

[150] 魏焕鹏,党志,易筱筠,等. 大宝山矿区水体和沉积物中重金属的污染评价[J]. 环境工程学报,2011,5(9):1943 - 1949.

[151] 黄静. 淮南潘谢采煤塌陷区水污染源解析[D]. 淮南:安徽理工大学,2012.

[152] Cheng W,Bian Z F,Dong J H,et al. Soil properties in reclaimed farmland by filling subsidence basin due to underground coal mining with mineral wastes in China [J]. Transactions of Nonferrous Metals Society of China,2014,24(8):2627 - 2635.

[153] Li Y,Chen L,Wen H. Changes in the composition and diversity of bacterial communities 13 years after soil reclamation of abandoned mine land in eastern China [J]. Ecological Research,2015,30(2):357 - 366.

[154] Abakumov E V,Cajthaml T,Brus J,et al. Humus accumulation,humification, and humic acid composition in soils of two post-mining chronosequences after coal mining [J]. Journal of Soils and Sediments,2013,13(3):491 - 500.

[155] Krcmar D, Grba N, Isakovski M K, et al. Multicriteria to estimate the environmental risk of sediment from the Obedska Bog(Northern Serbia),a reservation area on UNESCO's list[J]. International Journal of Sediment Research,2020,35(5):527 - 539.

[156] Gao Z. Evaluation of heavy metal pollution and its ecological risk in one river

reach of a gold mine in Inner Mongolia, Northern China[J]. International Biodeterioration and Biodegradation, 2018, 128: 94 - 99.

[157] Eid E M, Shaltout K H, Al-Sodany Y M, et al. Common reed (Phragmites australis(Cav.) Trin. ex Steudel) as a candidate for predicting heavy metal contamination in Lake Burullus, Egypt: A biomonitoring approach [J]. Ecological Engineering, 2020, 148: 105787.

[158] Ju Y, Chen C, Chuang X, et al. Biometry-dependent metal bioaccumulation in aquaculture shellfishes in southwest Taiwan and consumption risk[J]. Chemosphere, 2020, 253: 126685.

[159] Satheeswaran T, Yuvaraj P, Damotharan P, et al. Assessment of trace metal contamination in the marine sediment, seawater, and bivalves of Parangipettai, southeast coast of India[J]. Marine Pollution Bulletin, 2019, 149: 110499.

[160] Rahim M, Yoshino J, Yasuda T. Evaluation of solar radiation abundance and electricity production capacity for application and development of solar energy [J]. International Journal of Energy and Environment, 2012, 3(5): 687 - 700.

[161] Sener S E C, Sharp J L, Anctil A. Factors impacting diverging paths of renewable energy: A review[J]. Renewable and Sustainable Energy Reviews, 2018, 81(2): 2335 - 2342.

[162] Chen G, Wang X, Wang R, et al. Health risk assessment of potentially harmful elements in subsidence water bodies using a Monte Carlo approach: An example from the Huainan coal mining area, China[J]. Ecotoxicology and Environmental Safety, 2019, 171: 737 - 745.

[163] Tripathi R D, Tripathi P, Dwivedi S, et al. Roles for root iron plaque in sequestration and uptake of heavy metals and metalloids in aquatic and wetland plants [J]. Metallomics, 2014, 6(10): 1789 - 1800.

[164] Fawzy M A, Badr N E S, El-Khatib A, et al. Heavy metal biomonitoring and phytoremediation potentialities of aquatic macrophytes in River Nile[J]. Environmental Monitoring and Assessment, 2012, 184(3): 1753 - 1771.

[165] Kamala-Kannan S, Batvari B P D, Lee K J, et al. Assessment of heavy metals (Cd, Cr and Pb) in water, sediment and seaweed (Ulva lactuca) in the Pulicat Lake, South East India[J]. Chemosphere, 2008, 71(7): 1233 - 1240.

[166] Barlas N, Akbulut N, Aydogan M. Assessment of heavy metal residues in the sediment and water samples of Uluabat Lake, Turkey[J]. Bulletin of Environmental Contamination and Toxicology, 2005, 74(2): 286 - 293.

[167] Mackenzie A B, Pulford I D. Investigation of contaminant metal dispersal from a disused mine site at Tyndrum, Scotland, using concentration gradients and stable Pb isotope ratios[J]. Applied Geochemistry, 2002, 17(8): 1093 - 1103.

[168] Sun R, Yang J, Xia P, et al. Contamination features and ecological risks of heavy metals in the farmland along shoreline of Caohai plateau wetland, China[J]. Chemosphere, 2020, 254: 126828.

[169] Li B, Xiao R, Wang C Q, et al. Spatial distribution of soil cadmium and its influencing factors in peri-urban farmland: a case study in the Jingyang District, Sichuan, China[J]. Environmental Monitoring and Assessment, 2017, 189(1): 21.

[170] Huang Y, Chen Q, Deng M, et al. Heavy metal pollution and health risk assessment of agricultural soils in a typical peri-urban area in southeast China[J]. Journal of Environmental Management, 2018, 207: 159 - 168.

[171] Equeenuddin S M, Tripathy S, Sahoo P K, et al. Metal behavior in sediment associated with acid mine drainage stream: Role of pH [J]. Journal of Geochemical Exploration, 2013, 124: 230 - 237.

[172] Ma Y J, Wang Y T, Chen Q, et al. Assessment of heavy metal pollution and the effect on bacterial community in acidic and neutral soils[J]. Ecological Indicators, 2020, 117: 106626.

[173] Imoto Y, Yasutaka T. Comparison of the impacts of the experimental parameters and soil properties on the prediction of the soil sorption of Cd and Pb [J]. Geoderma, 2020, 376: 114538.

[174] Bang J S, Hesterberg D. Dissolution of trace element contaminants from two coastal plain soils as affected by pH[J]. Journal Of Environmental Quality, 2004, 33(3): 891 - 901.

[175] Buchter B, Davidoff B, Amacher M C, et al. Correlation of Freundlich Kd and n retention parameters with soils and elements[J]. Soil Science, 1989, 148(5): 370 - 379.

[176] Elbana T A, Selim H M, Akrami N, et al. Freundlich sorption parameters for cadmium, copper, nickel, lead, and zinc for different soils: Influence of kinetics [J]. Geoderma, 2018, 324: 80 - 88.

[177] Caporale A G, Violante A. Chemical processes affecting the mobility of heavy metals and metalloids in soil environments [J]. Current Pollution Reports, 2016, 2(1): 15 - 27.

[178] Xiao W, Hu Z, Li J, et al. A study of land reclamation and ecological restoration in a resource-exhausted city- a case study of Huaibei in China[J]. International Journal of Mining Reclamation and Environment, 2011, 25(4): 332 - 341.

[179] Jing Z, Wang J, Zhu Y, et al. Effects of land subsidence resulted from coal mining on soil nutrient distributions in a loess area of China [J]. Journal of Cleaner Production, 2018, 177: 350 - 361.

[180] Thavamani P, Samkumar R A, Satheesh V, et al. Microbes from mined sites: Harnessing their potential for reclamation of derelict mine sites [J]. Environmental

Pollution,2017,230:495 - 505.

[181] Cheng Z,Zhang F,Gale W J,et al. Effects of reclamation years on composition and diversity of soil bacterial communities in Northwest China[J]. Canadian Journal of Microbiology,2018,64(1):28 - 40.

[182] Yan N,Marschner P,Cao W,et al. Influence of salinity and water content on soil microorganisms [J]. International Soil and Water Conservation Research, 2015, 3 (4):316 - 323.

[183] Amato M,Ladd J N. Application of the ninhydrin-reactive N assay for microbial biomass in acid soils[J]. Soil Biology and Biochemistry,1994,26(9):1109 - 1115.

[184] Guo Y D,Lu Y Z,Song Y Y,et al. Concentration and characteristics of dissolved carbon in the Sanjiang Plain influenced by long-term land reclamation from marsh [J]. Science of the Total Environment,2014,466:777 - 787.

[185] Dangi S R,Stahl P D,Wick A F,et al. Soil microbial community recovery in reclaimed soils on a surface coal mine site[J]. Soil Science Society of America Journal, 2012,76(3):915 - 924.

[186] Kneller T,Harris R J,Bateman A,et al. Native-plant amendments and topsoil addition enhance soil function in post-mining arid grasslands[J]. Science of the Total Environment,2018,621:744 - 752.

[187] Howell D M, Mackenzie M D. Using bioavailable nutrients and microbial dynamics to assess soil type and placement depth in reclamation[J]. Applied Soil Ecology, 2017,116:87 - 95.

[188] Xun W,Huang T,Zhao J,et al. Environmental conditions rather than microbial inoculum composition determine the bacterial composition, microbial biomass and enzymatic activity of reconstructed soil microbial communities[J]. Soil Biology and Biochemistry,2015,90:10 - 18.

[189] 张振佳,曹银贵,耿冰瑾,等. 黄土露天矿区不同复垦年限重构土壤微生物数量差异及其影响因素分析[J]. 中国土地科学,2020,34(11):103 - 112.

[190] Bartuška M,Pawlett M,Frouz J. Particulate organic carbon at reclaimed and unreclaimed post-mining soils and its microbial community composition[J]. Catena, 2015, 131:92 - 98.

[191] 侯湖平,王琛,李金融,等. 煤矸石充填不同复垦年限土壤细菌群落结构及其酶活性[J]. 中国环境科学,2017,37(11):4230 - 4240.

[192] 李媛媛. 采煤塌陷地泥浆泵复垦土壤微生物多样性及土壤酶活性研究[D]. 徐州:中国矿业大学,2015.

[193] Sheoran V,Sheoran A S,Poonia P. Soil reclamation of abandoned mine land by revegetation:a review[J]. International Journal of Soil Sediment and Water,2010,3(2):13.

[194] Li H, Han X, You M, et al. Organic matter associated with soil aggregate

fractions of a black soil in northeast china: impacts of land-use change and long-term fertilization[J]. Communications in Soil Science and Plant Analysis,2015,46(4):405－423.

[195] Pataki D E, Alig R J, Fung A S, et al. Urban ecosystems and the North American carbon cycle[J]. Global Change Biology,2006,12(11):2092－2102.

[196] Clough A, Skjemstad J O. Physical and chemical protection of soil organic carbon in three agricultural soils with different contents of calcium carbonate [J]. Australian Journal of Soil Research,2000,38(5):1005－1016.

[197] Deng X,Zhan Y,Wang F,et al. Soil organic carbon of an intensively reclaimed region in China:Current status and carbon sequestration potential[J]. Science of the Total Environment,2016,565:539－546.

[198] Yarwood S,Wick A,Williams M,et al. Parent material and vegetation influence soil microbial community structure following 30-years of rock weathering and pedogenesis [J]. Microbial Ecology,2015,69(2):383－394.

[199] Xie X,Pu L,Zhu M,et al. Effect of long-term reclamation on soil quality in agricultural reclaimed coastal saline soil, Eastern China[J]. Journal of Soils and Sediments, 2020,20(11):3909－3920.

[200] Edgar R C. Search and clustering orders of magnitude faster than BLAST [J]. Bioinformatics,2010,26(19):2460－2461.

[201] Quadros P D D,Zhalnina K,Davis-Richardson A G,et al. Coal mining practices reduce the microbial biomass,richness and diversity of soil[J]. Applied Soil Ecology,2016, 98:195－203.

[202] Mummey D L, Stahl P D, Buyer J S. Soil microbiological properties 20 years after surface mine reclamation:spatial analysis of reclaimed and undisturbed sites[J]. Soil Biology and Biochemistry,2002,34(11):1717－1725.

[203] Lewis D E,Chauhan A,White J R,et al. Microbial and geochemical assessment of bauxitic un-mined and post-mined chronosequence soils from Mocho mountains,Jamaica [J]. Microbial Ecology,2012,64(3):738－749.

[204] Rastogi G,Osman S,Vaishampayan P A,et al. Microbial diversity in uranium mining-impacted soils as revealed by high-density 16s microarray and clone library [J]. Microbial Ecology,2010,59(1):94－108.

[205] Zhang Y, Cui B, Xie T, et al. Gradient distribution patterns of rhizosphere bacteria associated with the coastal reclamation[J]. Wetlands,2016,36(1):69－80.

[206] Lauber C L,Hamady M,Knight R,et al. Pyrosequencing-based assessment of soil pH as a predictor of soil bacterial community structure at the continental scale [J]. Applied and Environmental Microbiology,2009,75(15):5111－5120.

[207] Shi Y,Li Y,Xiang X,et al. Spatial scale affects the relative role of stochasticity versus determinism in soil bacterial communities in wheat fields across the North China

Plain[J]. Microbiome,2018,6:27.

[208] Pulleman M,Tietema A. Microbial C and N transformations during drying and rewetting of coniferous forest floor material[J]. Soil Biology and Biochemistry,1999,31(2):275－285.

[209] Shrestha R K,Lal R,Jacinthe P-A. Enhancing carbon and nitrogen sequestration in reclaimed soils through organic amendments and chiseling[J]. Soil Science Society of America Journal,2009,73(3):1004－1011.

[210] Kong X, Li C, Wang P, et al. Soil pollution characteristics and microbial responses in a vertical profile with long-term tannery sludge contamination in Hebei,China[J]. International Journal of Environmental Research and Public Health,2019,16(4):563.

[211] Zhang M,Wang N,Hu Y,et al. Changes in soil physicochemical properties and soil bacterial community in mulberry(Morus alba L.)/alfalfa(Medicago sativa L.) intercropping system[J]. Microbiologyopen,2018,07(2):e555.

[212] Kumar P, Kumar T, Singh S, et al. Potassium: A key modulator for cell homeostasis- ScienceDirect[J]. Journal of Biotechnology,2020,324:198－210.

[213] Liu H,Wang C,Xie Y,et al. Ecological responses of soil microbial abundance and diversity to cadmium and soil properties in farmland around an enterprise-intensive region[J]. Journal of Hazardous Materials,2020,392:122478.

[214] Lauber C L,Strickland M S,Bradford M A,et al. The influence of soil properties on the structure of bacterial and fungal communities across land-use types[J]. Soil Biology and Biochemistry,2008,40(9):2407－2415.

[215] Fierer N, Jackson R B. The diversity and biogeography of soil bacterial communities[J]. Proceedings of the National Academy of Sciences of the United States of America,2006,103:3789－3793.

[216] Cong P, Wang J, Li Y, et al. Changes in soil organic carbon and microbial community under varying straw incorporation strategies[J]. Soil and Tillage Research, 2020,204:104735.

[217] Zhao F Z,Ren C J,Zhang L,et al. Changes in soil microbial community are linked to soil carbon fractions after afforestation[J]. European Journal of Soil Science, 2018,69(2):370－379.

[218] Chen Z,Wang H,Liu X,et al. Changes in soil microbial community and organic carbon fractions under short-term straw return in a rice － wheat cropping system[J]. Soil and Tillage Research,2017,165:121－127.

[219] Wang C,Jiang K,Zhou J,et al. Responses of soil N-fixing bacterial communities to redroot pigweed(Amaranthus retroflexus L.)invasion under Cu and Cd heavy metal soil pollution[J]. Agriculture Ecosystems and Environment,2018,267:15－22.

[220] Åkerblom S,Bāāth E,Bringmark B E. Experimentally induced effects of heavy

metal on microbial activity and community structure of forest mor layers[J]. Biology and Fertility of Soils,2007,44(1):79-91.

[221] Li C,Quan Q,Gan Y,et al. Effects of heavy metals on microbial communities in sediments and establishment of bioindicators based on microbial taxa and function for environmental monitoring and management[J]. Science of the Total Environment, 2020, 749:141555.

[222] 袁亮,彭苏萍,武强,等. 我国东部采煤沉陷区综合治理及生态修复战略研究[M]. 北京:科学出版社,2020.

[223] 刘辉,朱晓峻,程桦,等. 高潜水位采煤沉陷区人居环境与生态重构关键技术:以安徽淮北绿金湖为例[J]. 煤炭学报,2021,46(12):4021-4032.

[224] Raymond P A,Hartmann J,Lauerwald R,et al. Global carbon dioxide emissions from inland waters[J]. Nature,2013,503(7476):355-359.

[225] 杨科,刘丽香,韩永伟,等. 富营养化对城市水体温室气体排放的影响[J]. 环境科学与技术,2023,46(S1):231-236.

[226] 谢恒,龙丽,穆晓辉,等. 城市水体 CO_2 和 CH_4 通量监测的静态箱法与薄边界层模型估算法比较[J]. 三峡大学学报(自然科学版),2019,41(5):79-83.

[227] 倪茂飞,李思悦. 典型喀斯特河流二氧化碳分压及交换通量季节变化[J]. 第四纪研究,2023,43(2):412-424.

[228] 董霁红,刘峰,黄艳利,等. 矿业生态学[M]. 徐州:中国矿业大学出版社,2019.

[229] 李树志. 我国采煤沉陷区治理实践与对策分析[J]. 煤炭科学技术,2019,47(1):36-43.

[230] 雷震,郝雨辰,孔伯骏. 太阳辐射对大型渔光互补光伏电站发电效益影响分析[J]. 南京信息工程大学学报(自然科学版),2021,13(3):377-382.

[231] 尉海东. 稻田甲烷排放研究进展[J]. 中国农学通报,2013,29(18):6-10.

[232] 张坚超,徐镱钦,陆雅海. 陆地生态系统甲烷产生和氧化过程的微生物机理[J]. 生态学报,2015,35(20):6592-6603.

[233] 范廷玉,张金棚,王顺,等. 封闭式采煤沉陷积水区富营养化评价方法比较[J]. 安徽理工大学学报(自然科学版),2020,40(3):8-15.

[234] 蔡庆华. 湖泊富营养化综合评价方法[J]. 湖泊科学,1997(1):89-94.

[235] 舒金华. 我国主要湖泊富营养化程度的评价[J]. 海洋与湖沼,1993(6):616-620.

[236] 李凌宇. 黄河中游 pCO_2 与 FCO_2 时空变化与影响因素[D]. 呼和浩特:内蒙古大学,2017.

[237] Aho K S,Raymond P A. Differential Response of Greenhouse Gas Evasion to Storms in Forested and Wetland Streams[J]. Journal of Geophysical Research-Biogeosciences,2019,124(3):649-662.

[238] 齐天赐,肖启涛,苗雨青,等. 巢湖水体二氧化碳浓度时空分布特征及其水-气交

换通量[J]. 湖泊科学,2019,31(3):766-778.

[239] 顾世杰,李思悦. 低等级河流 CO_2 分压的时空变化及驱动因素——以汉江流域月河为例[J]. 湖泊科学,2023,35(1):349-358.

[240] Raymond P A,Cole J J. Gas exchange in rivers and estuaries:Choosing a gas transfer velocity[J]. Estuaries,2001,24(2):312-317.

[241] Demarty M,Bastien J,Tremblay A,et al. Greenhouse Gas Emissions from Boreal Reservoirs in Manitoba and Quebec,Canada,Measured with Automated Systems [J]. Environmental Science and Technology,2009,43(23):8908-8915.

[242] Tadonleke R D,Marty J,Planas D. Assessing factors underlying variation of CO_2 emissions in boreal lakes vs. reservoirs[J]. FEMS Microbiology Ecology,2012,79(2):282-297.

[243] Halbedel S,Koschorreck M. Regulation of CO_2 emissions from temperate streams and reservoirs[J]. Biogeosciences,2013,10(11):7539-7551.

[244] 赵登忠,谭德宝,李翀,等. 隔河岩水库二氧化碳通量时空变化及影响因素[J]. 环境科学,2017,38(3):954-963.

[245] 赵梦,焦树林,梁虹,等. 万峰湖水库回水区二氧化碳分压及扩散通量特征时空变化[J]. 环境化学,2019,38(6):1307-1317.

[246] 杨平,仝川. 淡水水生生态系统温室气体排放的主要途径及影响因素研究进展[J]. 生态学报,2015,35(20):6868-6880.

[247] Li S,Lu X X,He M,et al. Daily CO_2 partial pressure and CO_2 outgassing in the upper Yangtze River basin:A case study of the Longchuan River,China[J]. Journal of Hydrology,2012,466:141-150.

[248] Salimon C,Sousa E D S,Alin S R,et al. Seasonal variation in dissolved carbon concentrations and fluxes in the upper Purus River, southwestern Amazon [J]. Biogeochemistry,2013,114(1-3):245-254.

[249] 杨平,仝川,何清华,等. 闽江口鱼虾混养塘水-气界面温室气体通量及主要影响因子[J]. 环境科学学报,2013,33(5):1493-1503.

[250] Huttunen J T,Lappalainen K M,Saarijarvi E,et al. A novel sediment gas sampler and a subsurface gas collector used for measurement of the ebullition of methane and carbon dioxide from a eutrophied lake[J]. Science of the Total Environment,2001,266(1-3):153-158.

[251] Song N,Jiang H L. Coordinated photodegradation and biodegradation of organic matter from macrophyte litter in shallow lake water:Dual role of solar irradiation [J]. Water Research,2020,172:115516.

[252] 段登选,许国晶,栗明,等. 鲁南采煤塌陷水域渔业生态环境状况研究[J]. 中国农学通报,2015,31(5):75-80.

[253] 谷得明,严家平,范廷玉,等. 淮南潘集采煤沉陷积水区渔业水环境评价[J]. 环

境工程,2014,32(9):134－138.

[254] Thirumoorthy N,Kumar K,Sundar A S,et al. Metallothionein: An overview [J]. World Journal of Gastroenterology,2007,13(7):993－996.

[255] Dangleben N,Skibola C,Smith M. Arsenic immunotoxicity:a review [J]. Environmental Health,2013,12(1):73.

[256] Cai X, Shen Y L, Zhu Q, et al. Arsenic trioxide-induced apoptosis and differentiation are associated respectively with mitochondrial transmembrane potential collapse and retinoic acid signaling pathways in acute promyelocytic leukemia [J]. Leukemia,2000,14(2):262－270.

[257] Peters J L,Perlstein T S,Perry M J,et al. Cadmium exposure in association with history of stroke and heart failure[J]. Environmental Research,2010,110(2):199－206.

[258] Zhou H,Yang W,Zhou X,et al. Accumulation of Heavy Metals in Vegetable Species Planted in Contaminated Soils and the Health Risk Assessment[J]. International Journal of Environmental Research and Public Health,2016,13(3):289.

[259] Liu X,Song Q,Tang Y,et al. Human health risk assessment of heavy metals in soil-vegetable system: A multi-medium analysis[J]. Science of the Total Environment, 2013,463:530－540.

[260] 段凯祥. 兰州市农田土壤—作物系统中重金属的污染特征及其风险评估[D]. 兰州:兰州交通大学,2022.

[261] 黄华斌. 九龙江流域土壤-水稻系统重金属健康风险及来源解析[D]. 泉州:华侨大学,2021.

[262] Gui H,Yang Q,Lu X,et al. Spatial distribution,contamination characteristics and ecological-health risk assessment of toxic heavy metals in soils near a smelting area [J]. Environmental Research,2023,222:115328.

[263] 贺莉萍. 基于GIS和风险评估模型对矿区农用地土壤重金属污染和学龄儿童健康的研究[D]. 武汉:武汉大学,2018.

[264] 肖晴. 东北老钢铁工业区土壤和灰尘中重金属污染的生态风险、磁学监测与溯源[D]. 杭州:浙江大学,2019.

[265] 王中阳. 朝阳地区耕地土壤重金属污染风险评价与来源解析研究[D]. 沈阳:沈阳农业大学,2018.

[266] Qu C S,Ma Z W,Yang J,et al. Human exposure pathways of heavy metals in a lead-zinc mining area,Jiangsu Province,China[J]. PloS One,2012,7(11):e46793.

[267] Salmani-Ghabeshi S,Palomo-Marin M R,Bernalte E,et al. Spatial gradient of human health risk from exposure to trace elements and radioactive pollutants in soils at the Puchuncaví-Ventanas industrial complex, Chile [J]. Environmental Pollution, 2016, 218:322－330.

[268] Stamatelopoulou A, Dasopoulou M, Bairachtari K, et al. Contamination and

potential risk assessment of polycyclic aromatic hydrocarbons(pahs)and heavy metals in housc settled dust collected from residences of young children[J]. Applied Sciences-Basel, 2021,11(4):1479.

[269] Chabukdhara M, Nema A K. Heavy metals assessment in urban soil around industrial clusters in Ghaziabad, India: probabilistic health risk approach[J]. Ecotoxicology and Environmental Safety, 2013, 87: 57 - 64.

[270] Li X, Yu Y, Zheng N, et al. Exposure of street sweepers to cadmium, lead, and arsenic in dust based on variable exposure duration in zinc smelting district, Northeast China[J]. Chemosphere, 2021, 272: 129850.

[271] 程琳琳,娄尚,刘峦峰,等. 矿业废弃地再利用空间结构优化的技术体系与方法[J]. 农业工程学报,2013,29(7):207 - 218,297.

[272] 姜佳迪. 采煤塌陷区复垦后不同利用方式的优化研究[D]. 徐州:中国矿业大学,2014.